电工

自学·考证·上岗
一本通

张伯龙　主　编

许　良　谢东艳　张校珩　副主编

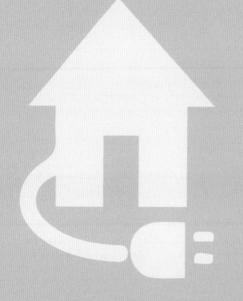

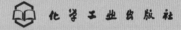

化学工业出版社

·北京·

本书结合电工上岗操作的实际，围绕电工考证相关标准和要求，全面介绍了电工考证、上岗必备的电工基础知识和各项操作技能。内容涵盖电路、电压、欧姆定律、交流电等电工基础知识，以及二极管、三极管整流，导线的识别，电工仪表的正确使用，常用照明线路的接线及要求，变压器、电气元件的选择与安全操作，电线电缆的选用与安全要求，电气控制线路安装与检修，以及电气安全技术等安全操作与专业技能，引导读者快速入门并考证、上岗。

书中配套电工考级试题和视频生动讲解电工考证、工作台操作，扫描书中二维码即可观看视频详细学习，如同老师亲临指导。

本书可供电工、电气技术人员以及电气维修人员阅读，也可供相关专业的院校师生参考。

图书在版编目（CIP）数据

电工自学•考证•上岗一本通 / 张伯龙主编 . —北京：
化学工业出版社，2020.1（2025.4 重印）
ISBN 978-7-122-35427-3

Ⅰ.①电…　Ⅱ.①张…　Ⅲ.①电工-基本知识
Ⅳ.①TM

中国版本图书馆CIP数据核字（2019）第234867号

责任编辑：刘丽宏　　　　　　　　　　　文字编辑：陈　喆
责任校对：盛　琦　　　　　　　　　　　装帧设计：刘丽华

出版发行：化学工业出版社（北京市东城区青年湖南街 13 号　邮政编码 100011）
印　　装：北京云浩印刷有限责任公司
710mm×1000mm　1/16　印张 22¼　字数 502 千字
2025 年 4 月北京第 1 版第 12 次印刷

购书咨询：010-64518888　　　　　　　售后服务：010-64518899
网　　址：http://www.cip.com.cn
凡购买本书，如有缺损质量问题，本社销售中心负责调换。

定　　价：89.80 元　　　　　　　　　　**版权所有　违者必究**

前言

随着生产和生活中用电量的不断增大，电工的工作显得越来越重要，为此，笔者从实际出发，本着易学、够用、实用的原则编写了本书，引导读者轻松掌握电工上岗必备的操作技能和技巧。

本书结合电工上岗操作的实际，围绕电工考证相关标准和要求，全面介绍了电工考证、上岗必备的电工基础知识和各项操作技能。内容涵盖了电路、电压、欧姆定律、交流电等电工基础，以及二极管、三极管等电子元器件识别与检测，电工仪表的正确使用，常用照明线路的接线及要求，变压器、电气元件的选择与安全操作，电线电缆的选用与安全要求，电气控制线路安装与检修，以及电气安全技术等安全操作与专业技能。

全书从电工初学者角度出发，以服务电工岗位需求为编写指导思想，对电工应掌握的基础知识和实用操作技能做了全面的介绍，力求内容实用和通俗易懂，注重提高技能和解决实际工作中遇到的问题。

全书具有以下特点：

1. 电工考证、上岗知识和技能全覆盖：围绕考证要求，结合电工现场工作实际，既有电工基础知识入门讲解，还有电工安全操作、接线、检修技巧；

2. 全彩图解，高清视频讲解，直观易懂：电工安装、检修技能，电工工具仪表使用等配合操作视频讲解，一看就懂；电工实验台操作全程演示，如同亲临考场。

3. 电工实验台操作、考级试题（附参考答案）随时练。

本书由张伯龙主编，由许良、谢东艳、张校珩副主编。参加编写的还有曹振华、王桂英、孔凡桂、张校铭、焦凤敏、张胤涵、张振文、蔺书兰、赵书芬、曹祥、曹铮、孔祥涛、王俊华、张书敏等，全书由张伯虎统稿。

由于编著者水平有限，书中不足之处难免，敬请广大读者批评指正（欢迎关注下方二维码咨询交流）。

电工考证
精选题库

同行交流
资源分享群

欢迎关注
专业公众号

编　者

目录

01 第一章 电工基础入门

02 第二章 常用电气部件与配电屏的检测与应用

视频页码

036, 039, 041, 045,
048, 051, 056, 057,
061, 075, 079, 084,
085, 087, 097, 102

第三章 常用电工工具、仪表的正确使用

第四章 照明线路与供配电线路安装与检修

第五章 电力线路

第六章 变压器与补偿电容

第七章 电动机与电动工具

视频页码

103、106、121、125、
129、160、161

视频页码

171, 173, 176, 179,
184, 185, 187, 190,
191, 195, 196, 197,
198, 199, 209, 216,
217, 218, 219

12 第十二章　PLC应用技术

13 第十三章　电气安全、防火、防爆及触电急救

14 第十四章　电工实验台的操作与实训

附录　电工考级试题（含答案）

考级试题
在线练习

视频页码

227, 230, 280, 285,
287, 289, 291, 292,
293, 297, 301, 302

二维码视频讲解目录

第一章

电工基础入门

一 直流电与电路

1.电流

电荷的定向运动形成电流。在金属导体中，电流是电子在外电场作用下有规则地运动形成的。在某些液体或气体中，电流则是正离子或负离子在电场力作用下有规则地运动形成的。

常用电流可分为直流电流和交流电流两种。方向保持不变的电流称为直流电流，简称直流（简写作 DC）。大小和方向均随时间变化的电流称为交变电流，简称交流（简写作 AC）。

在不同的导电物质中，形成电流的运动电荷可以是正电荷，也可以是负电荷，甚至两者都有。习惯上规定以正电荷移动的方向为电流的方向。

在分析或计算电路时，若难以判断出电流的实际方向，可先假定电流的参考方向，然后列方程求解，当解出的电流为正值时，则电流的实际方向与参考方向一致，如图 1-1（a）所示。反之，当电流为负值时，则电流的实际方向与参考方向相反，如图 1-1（b）所示。

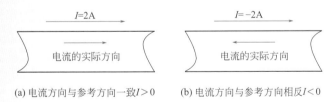

(a) 电流方向与参考方向一致$I > 0$　　(b) 电流方向与参考方向相反$I < 0$

图1-1 电流的参考方向

电流的大小取决于在一定时间内通过导体横截面的电荷量的多少。在相同时间内通过导体横截面的电荷量越多，就表示流过该导体的电流越强，反之越弱。

通常规定电流的大小等于通过导体横截面的电荷量与通过这些电荷量所用的时间的比值。用公式表示为

$$I = \frac{q}{t}$$

式中　q——通过导体横截面的电荷量，单位为库仑，C；

t——时间，单位为秒，s；

I——电流，单位为安培，简称安，A。

如果导体的横截面积上每秒有 1C 的电荷量通过，导体中的电流为 1A。电流很小时，可使用较小的电流单位，如毫安（mA）或微安（μA）。

$$1mA=10^{-3}A \quad 1\mu A=10^{-6}A$$

2.电压、电位与电动势

（1）电压

水总是从高处向低处流，要形成水流，就必须使水流两端具有一定的水位差，也叫水压。那么，在电路里使金属导体中的自由电子做定向移动形成电流的条件是导体的两端具有电压。在电路中，任意两点之间的电位差称为该两点间的电压。

电场力把单位正电荷从电场中 A 点移动到 B 点所做的功称为 A、B 两点间的电压，用 U_{AB} 表示

$$U_{AB}=\frac{W_{AB}}{q}$$

式中　U_{AB}——A、B 两点间的电压，单位为伏特，V；

　　　W_{AB}——将单位正电荷从电场中 A 点移动到 B 点所做的功，单位为焦耳，J；

　　　q——由 A 点移动到 B 点的电荷量，单位为库仑，C。

我们规定：电场力把 1 库仑的正电荷从 A 点移到 B 点，如果所做的功为 1 焦耳，那么 A、B 两点间的电压就是 1 伏特。

在国际单位制中，电压的单位为伏特，简称伏，用符号 V 表示。电压的常用单位还有 kV、mV、μV，其换算关系是

$$1kV=10^3V \quad 1V=10^3mV \quad 1mV=10^3\mu V$$

（2）电位

由于电压是对电路中某两点而言的，那么，电压就是两点间的电位差。在电路中，A、B 两点间的电压等于 A、B 两点间的电位之差，即

$$U_{AB}=U_A-U_B$$

如果在电路中任选一点为参考点，那么电路中某点的电位就是该点到参考点之间的电压。显然，参考点的电位一般为零电位，通常选择大地或某公共点（如机器外壳）作为参考点，一个电路中只能选一个参考点。

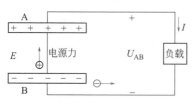

图1-2　电动势原理

（3）电动势

如果把电流比喻为"水流"，那么就像"抽水机"把低处的水抽到高处类似，电源把负极的正电荷运到正极，电动势就是表征电源运送电荷能力大小的物理量。

在图 1-2 中，A、B 为电源的正、负极板，两极板上带有等量异号的电荷，在两极板间形成电场。负电荷沿着电路，由低电位端（负极）经过负载流向高电位端（正极），从而形成电流 I。所以在电源外部电路中，

电流总是从电源正极流出，最后流回电源负极；或者说从高电位流向低电位。负电荷由正极板移动至负极板后与正电荷中和，使两极板上的电荷量减少，从而两极板间的电场减弱，相应的电流也逐渐减小。为了在电路中保持持续的电流，在电源内部必须有一种非电场力，将正电荷从低电位端（负极板）逆电场力不断推向高电位端（正极板），这个外力是由电源提供的，因此称为电源力。电动势用于表征电源力的能力，在数值上定义为电源力将单位正电荷从电源的负极移动到正极所做的功。

电动势用符号 E 表示，单位是伏特（V），表达式为

$$E = \frac{W}{q}$$

式中　E——电动势，V；

$\quad$ W——电源力所做的功，J；

$\quad$ q——电荷量，C。

电动势在数值上等于电源开路时正负两极之间的电压。电动势的方向：规定由电源的负极指向正极，即从低电位指向高电位。

3.电路

（1）电路的组成

在实际应用中，将电气元器件和用电设备按一定的方式连接在一起形成的各种电流通路称为电路。也就是电流流过的路径称为电路。

一个完整的电路通常要由电源、负载和中间环节（导线和开关等）三部分组成，如图 1-3 所示。

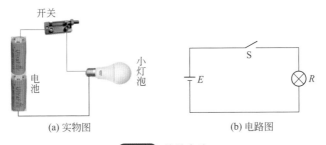

开关　小灯泡　电池

(a) 实物图　　　　　　(b) 电路图

图1-3　简单电路

① 电源　电源是供给电能的装置，它把其他形式的能转换成电能。光电池、发电机、干电池或蓄电池等都是电源。如干电池或蓄电池能把化学能转换成电能，发电机能把机械能转换成电能，光电池能把太阳的光能转换成电能等。通常也把给居民住宅供电的电力变压器看成电源。

② 负载　负载也称用电设备或用电器，是将电能转换成其他形式能量的装置。电灯泡、电炉、电动机等都是负载。如电灯把电能转换成光能，电动机把电能转换成机械能，电热器把电能转换成热能等。

③ 中间环节　用导线把电源和负载连接起来，为了使电路可靠工作还用开关、熔断器等器件对电路起控制和保护作用，这种导线、控制开关等所构成电流通路的部

分称为中间环节。

（2）电路的工作状态

① 通路　通路是指正常工作状态下的闭合电路。此时，开关闭合，电路中有电流通过，负载能正常工作，此时，灯泡发光。

② 开路　又叫断路，是指电源与负载之间未接成闭合电路，即电路中有一处或多处是断开的。此时，电路中没有电流通过，灯泡不发光。开关处于断开状态时，电路断路是正常状态；但当开关处于闭合状态时，电路仍然开路，就属于故障状态，需要检修了。

③ 短路　短路是指电源不经过负载直接被导线相连的状态。此时，电源提供的电流比正常通路时的电流大许多倍，严重时，会烧毁电源和短路内的电气设备。因此，电路中不允许无故短路，特别不允许电源短路。电路短路的保护装置是熔断器。

（3）电路图

图 1-3（a）所示为电路的实物图，它虽然直观，但画起来很复杂，为了便于分析和研究电路，在电路图中，电气元器件采用国家统一规定的图形符号来表示，电路图中部分常用的图形符号如图 1-4 所示。我们用统一规定的图形符号来表示电路，称为电路图，如图 1-3（b）所示。

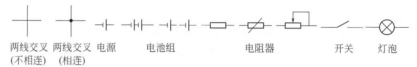

两线交叉　两线交叉　电源　　电池组　　　　电阻器　　　　开关　　灯泡
（不相连）　（相连）

图1-4 常用的图形符号

▪ 4.电阻与电阻的串并联

（1）电阻的特性

电流流过任何导体时都有阻碍作用，这种阻碍作用称为导体的电阻。金属导体存在电阻是因为大量自由电子在发生定向移动时要和原子发生碰撞，从而使自由电子的运动受阻，所以每个导体在一定的电压作用下只能产生一定的电流。导体电阻用符号 R 表示，基本单位为欧姆（Ω），另外还有千欧（kΩ）、兆欧（MΩ）。它们的换算关系为

$$1M\Omega=1000k\Omega,\ 1k\Omega=1000\Omega$$

如果把同一导体的横截面变小、长度变长，则导体的电阻变大；反之，则电阻变小。同样规格尺寸不同材料的导体，导体的电阻率越大，导体的电阻越大；反之，则电阻越小。用公式表示为

$$R = \rho \frac{l}{S}$$

式中　R——电阻，Ω；

　　　ρ——导体的电阻率，Ω·m；

　　　l——导体的长度，m；

　　　S——导体横截面积，m^2。

不同的材料有不同的电阻率。表 1-1 列出几种常用材料在 20℃时的电阻率。从表中可知，除银以外，铜、铝等金属的电阻率很小，导电性能很好，适于制作导线；铁、铝、镍、铬等的合金电阻率较大，常用于制作各种电热器的电阻丝、金属膜电阻和绕线电阻，石墨则可以用来制造电机的电刷、电弧炉的电极和碳膜电阻等。

表 1-1　常用材料在 20℃时的电阻率

材料	电阻率 /（Ω·m）	材料	电阻率 /（Ω·m）
银	1.6×10^{-8}	锰铜合金	4.4×10^{-7}
铜	1.7×10^{-8}	康铜	5.0×10^{-7}
铝	2.9×10^{-8}	镍铬合金	1.0×10^{-6}
钨	5.3×10^{-8}	石墨	3.5×10^{-5}
铁	1.0×10^{-7}		

另外，当温度改变时，导体的电阻会随温度变化。纯金属的电阻都是有规律地随温度的升高而增大。当温度的变化范围不大时，电阻和温度之间的关系可用下式表示：

$$R_2 = R_1[1 + \alpha(t_2 - t_1)]$$

式中　R_1——温度为 t_1 时的电阻，Ω；

　　　R_2——温度为 t_2 时的电阻，Ω；

　　　α——电阻的温度系数，℃$^{-1}$。

当 $\alpha > 0$ 时，叫做正温度系数，表示该导体的电阻随温度的升高而增大；当 $\alpha < 0$ 时，叫做负温度系数，表示该导体的电阻随温度的升高而减小。很多热敏电阻都具有这种特性。

实际中常常需要各种不同的电阻值，因而人们制成了许多类型的电阻器。电阻值不能改变的电阻器称为固定电阻器，电阻值可以改变的称为可变电阻器。电阻器的主要物理特性是变电能为热能，也可说它是一个耗能元件，电流经过它就产生热能。电阻器在电路中通常起分压分流的作用。常用的定值电阻和可变电阻在电路中的符号如图 1-5 所示。

(a) 定值电阻　　　　　　　　(b) 可变电阻

图1-5　定值电阻和可变电阻在电路中的符号

（2）电阻的串联电路

把两个或两个以上的电阻依次相连，组成一条无分支电路，叫作电阻的串联，如图 1-6 所示。

① 电阻串联电路的特点

a. 流过每个电阻的电流都相等，即 $I = I_1 = I_2$。

b. 串联电路两端的总电压等于各电阻两端电压之和，即 $U = U_1 + U_2$。

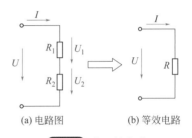

(a) 电路图　　　　　　(b) 等效电路

图1-6　电阻的串联

c. 串联电路的总电阻等于各串联电阻之和，即 $R=R_1+R_2$。

② 电阻串联电路的分压作用　如果两个电阻 R_1 和 R_2 串联，它们的分压公式为

$$U_1 = \frac{R_1}{R_1+R_2}U, \quad U_2 = \frac{R_2}{R_1+R_2}U$$

在工程上，常利用串联电阻的分压作用来使同一电源能供给不同的电压；在总电压一定的情况下，串联电阻可以限制电路电流。

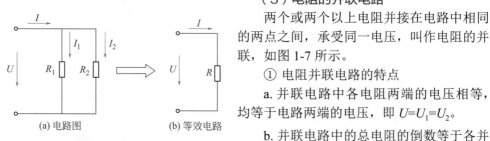

图1-7　电阻的并联

（3）电阻的并联电路

两个或两个以上电阻并接在电路中相同的两点之间，承受同一电压，叫作电阻的并联，如图 1-7 所示。

① 电阻并联电路的特点

a. 并联电路中各电阻两端的电压相等，均等于电路两端的电压，即 $U=U_1=U_2$。

b. 并联电路中的总电阻的倒数等于各并联电阻的倒数之和，即 $\frac{1}{R}=\frac{1}{R_1}+\frac{1}{R_2}$。

c. 并联电路的总电流等于流过各电阻的电流之和，即 $I=I_1+I_2$。

② 电阻并联电路的分流作用　如果两个电阻 R_1 和 R_2 并联，它们的分流公式为

$$I_1 = \frac{R_2}{R_1+R_2}I, \quad I_2 = \frac{R_1}{R_1+R_2}I$$

在实际电路中，凡是额定工作电压相同的负载都采用并联的工作方式，这样每个负载都是一个可独立控制的回路，任一负载的正常闭合或断开都不影响其他负载的正常工作。

（4）电阻的混联电路

在电路中，既有电阻串联又有电阻并联的电路，称为混联电路，如图 1-8 所示。

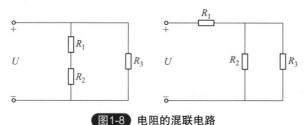

图1-8　电阻的混联电路

在电阻混联电路中，已知电路总电压，若求解各电阻上的电压和电流，其步骤一般是：

① 求出这些电阻的等效电阻。

② 应用欧姆定律求出总电流。

③ 应用电流分流公式和电压分压公式，分别求出各电阻上的电压和电流。

在电阻混联电路中，可以按照串联、并联电路的计算方法，一步一步地将电路简

化，从而得出最终的结果。采取如下步骤。

① 对电路进行等效变换，将原始电路简化成容易看清串、并联关系的电路图。

方法一：利用电流的流向及电流的分合，画出等效电路图。

方法二：利用电路中各等电位点分析电路，画出等效电路图。

② 先计算串联、并联支路的等效电阻，再计算电路总的等效电阻。

③ 由电路的总的等效电阻和电路的端电压计算电路的总电流。

④ 根据电阻串联的分压关系和电阻并联的分流关系，逐步推算出各部分的电压和电流。

如图 1-9 所示，将较复杂的电路化为简单的电路。

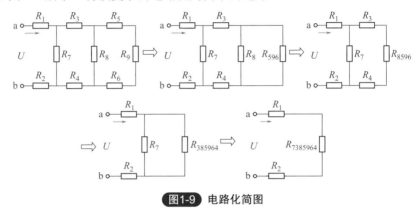

图1-9 电路化简图

二 欧姆定律

1.部分电路的欧姆定律

如图 1-10 所示为一段不含电源的电阻电路，又称部分电路。通过实验用万用表测量图 1-10 所示的电压 U、电流 I 和电阻 R，可以知道：电路中的电流，与电阻两端的电压 U 成正比，与电阻 R 成反比。这个规律叫作部分电路的欧姆定律，可以用公式表示为：

$$I = \frac{U}{R}$$

式中　I——电路中的电流，A；

　　　U——电阻两端的电压，V；

　　　R——电阻，Ω。

电流与电压间的正比关系，可以用伏安特性曲线来表示。伏安特性曲线是以电压 U 为横坐标，以电流 I 为纵坐标画出的关系曲线。电阻元件的伏安特性曲线如图 1-11（a）所示，伏安特性曲线是直线时，称为线性电阻，线性电阻组成的电路叫线性电

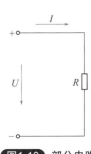

图1-10 部分电路

路。欧姆定律只适用于线性电路。如果不是直线，则称为非线性电阻。如一些晶体二极管的等效电阻就属于非线性电阻，如图 1-11（b）中伏安特性曲线所示。

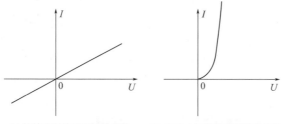

(a) 线性电阻的伏安特性曲线　　(b) 晶体二极管的伏安特性曲线

图1-11　伏安特性曲线

2. 全电路欧姆定律

　　全电路是指由电源和负载组成的闭合电路，如图 1-12 所示。电路中电源的电动势为 E；电源内部具有电阻 r，称为电源的内电阻；电路中的外电阻为 R。通常把虚线框内电源内部的电路叫做内电路，虚线框外电源外部的电路叫做外电路。当开关 S 闭合时，通过实验得知，在全电路中的电流，与电源电动势 E 成正比，与外电路电阻和内电阻之和（$R+r$）成反比，这个规律称为全电路欧姆定律，用公式表示为

$$I = \frac{E}{R+r}$$

式中　I——闭合电路的电流，A；

　　　　E——电源电动势，V；

　　　　r——电源内阻，Ω；

　　　　R——负载电阻，Ω。

图1-12　全电路

三 | 基尔霍夫定律解析复杂电路

1. 复杂电路的支路、节点、回路与网孔

　　（1）支路

　　指由一个或几个元件首尾相接构成的无分支电路。如图 1-13 中的 AF 支路、BE 支路和 CD 支路。

　　（2）节点

　　指三条或三条以上支路的交点。图 1-13 中的电路只有两个节点，即 B 点和 E 点。

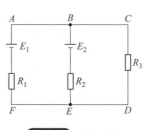

图1-13　复杂电路

（3）回路

指电路中任意的闭合电路。图 1-13 所示的电路中可找到三个不同的回路，它们是 *ABEFA*、*BCDEB* 和 *ABCDEFA*。

（4）网孔

网孔是内部不包含支路的回路。如图 1-13 所示的电路中网孔只有两个，它们是 *ABEFA*、*BCDEB*。

2.基尔霍夫定律

无法用串、并联关系进行简化的电路称为复杂电路。复杂电路不能直接用欧姆定律来求解，它的分析和计算可用基尔霍夫定律和欧姆定律。

（1）基尔霍夫电流定律

基尔霍夫电流定律又叫节点电流定律。内容：电路中任意一个节点上，流入节点的电流之和，等于流出节点的电流之和。

对于图 1-14 中的节点 A，有 $I_1=I_2+I_3$ 或 $I_1+(-I_2)+(-I_3)=0$。

如果我们规定流入节点的电流为正，流出节点的电流为负，则基尔霍夫电流定律可写成

$$\Sigma I=0$$

即在任一节点上，各支路电流的代数和永远等于零。

对于图 1-13 中电路的 B 节点来说，也可得到一个节点电流关系式，不过写出来就会发现，它和 A 点的节点电流关系式一样。所以电路中若有 n 个节点，则只能列出 $n-1$ 个独立的节点电流方程。

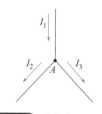

图1-14 节点电流示意图

> **注意：** 在分析与计算复杂电路时，往往事先不知道每一支路中电流的实际方向，这时可以任意假定各个支路中电流的方向，称为参考方向，并且标在电路图上。若计算结果中某一支路中的电流为正值，表明原来假定的电流方向与实际的电流方向一致；若某一支路的电流为负值，表明原来假定的电流方向与实际的电流方向相反。

（2）基尔霍夫电压定律

基尔霍夫电压定律又叫回路电压定律。内容：从一点出发绕回路一周回到该点各段电压（电压降）的代数和等于零。即：$\Sigma U=0$。

如图 1-15 所示的电路，若各支路电流如图所示，回路绕行方向为顺时针方向，则有

$$U_{ab}+U_{bc}+U_{cd}+U_{de}+U_{ea}=0$$

即

$$-E_1+I_1R_1-E_2-I_2R_2+I_3R_3=0$$

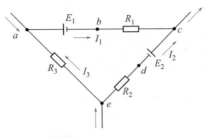

图1-15　复杂电路的一部分

四　戴维南定理

在分析电路时，我们常将电路称为网络。具有两个出线端钮与外部相连的网络被称为二端网络。若二端网络是线性电路（电压和电流成正比的电路称为线性电路）且内部含有电源，则称该网络为线性有源二端网络，如图1-16所示。

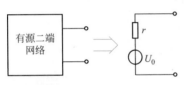

图1-16　线性有源二端网络

一个线性有源二端网络，一般都可以等效为一个理想电压源和一个等效电阻的串联形式。

戴维南定理的内容：电压源电动势的大小就等于该二端网络的开路电压，等效电阻的大小就等于该二端网络内部电源不作用时的输入电阻。

所谓开路电压，也就是二端网络两端钮间什么都不接时的电压 U_0。计算内电阻时要先假定电源不作用，所谓内部电源不作用，也就是内部理想电压源被视作短路，电流源视作开路，此时网络的等效电阻即为等效电源的内电阻 r。

五　叠加原理

在线性电路中，任一支路中的电流，都可以看成是由该电路中各电源（电压源或电流源）分别单独作用时在此支路中所产生的电流的代数和。这就是叠加原理。

如图1-17所示的电路中，U_{S1} 和 U_{S2} 是两个恒压源，它们共同作用在三个支路中，所形成的电流分别为 I_1、I_2 和 I_3。根据叠加原理，图1-17（a）就等于图1-17（b）和图1-17（c）的叠加，即

$$I_1=I'_1+I''_1, \quad I_2=I'_2+I''_2, \quad I_3=I'_3+I''_3$$

用叠加原理来分析复杂直流电路，就是把多个电源的复杂直流电路化为几个单电源电路来分析计算。在分析计算时要注意几个问题：

① 叠加原理仅适用于由线性电阻和电源组成的线性电路。

② 所谓电路中只有一个电源单独作用，就是假定其他电源去掉，即理想电压源（又称为恒压源，为电路提供恒定电压的电源）视作短接，理想电流源（又称为恒流

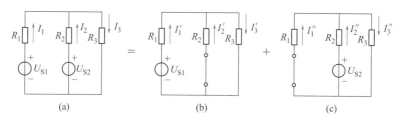

图1-17 叠加原理

源，为电路提供恒定电流的电源）视作开路。

③ 叠加原理只适用于线性电路中的电压和电流的叠加，而不能用于电路中的功率叠加。

六 电功与电功率

1.电功

电流通过负载时，将电能转换为另一种不同形式的能量，如电流通过电炉时，电炉会发热，电流通过电灯时，电灯会发光（当然也要发热）。这些能量的转换现象都是电流做功的表现。因此，在电场力作用下，电荷定向移动形成的电流所做的功，称为电功，也称为电能。

前面曾经讲过，如果 a、b 两点间的电压为 U，则将电量为 q 的电荷从 a 点移到 b 点时电场力所做的功为

$$W = U \times q$$

因为

$$I = \frac{q}{t}, \quad q = It$$

所以

$$W = UIt = I^2Rt = \frac{U^2}{R}t$$

式中，电压单位为 V，电流单位为 A，电阻单位为 Ω，时间单位为 s，则电功单位为 J。

在实际应用中，电功还有一个常用单位是 kW·h。

2.电功率

电功率是描述电流做功快慢的物理量。电流在单位时间内所做的功叫做电功率。如果在时间 t 内，电流通过导体所做的功为 W，那么电功率为

$$P = \frac{W}{t}$$

式中 P——电功率，W；

   W——电能，J；

   t——电流做功所用的时间，s。

在国际单位制中电功率的单位是瓦特，简称瓦，符号是 W。如果在 1s 时间内，电流通过导体所做的功为 1J，电功率就是 1W。电功率的常用单位还有千瓦（kW）和毫瓦（mW），它们之间的关系为

$$1kW=10^3W \qquad 1W=10^3mW$$

对于纯电阻电路，电功率的公式为

$$P=UI=I^2R=\frac{U^2}{R}$$

七 电压源与电流源

在电路中，负载从电源取得电压或电流。一个电源对于负载而言，既可看成是一个电压提供者，也可看成一个电流提供者。所以，一个电源可以用两种不同的等效电路来表示，一种是以电压的形式表示，称为电压源；另一种是以电流的形式表示，称为电流源。

1.电压源

任何一个实际的电源，例如电池、发动机等，都可以用恒定电动势 E 和内阻 r 串联的电路来表示，叫做电压源。如图 1-18 中的虚线框内表示电压源。

图1-18 电压源

电压源是以输出电压的形式向负载供电的，输出电压的大小为

$$U=E-Ir$$

当内阻 $r=0$ 时，不管负载变动时输出电流 I 如何变化，电源始终输出恒定电压，即 $U=E$。把内阻 $r=0$ 的电压源叫做理想电压源，符号如图 1-19 所示。应该指出的是，由于电源总是有内阻的，所以理想电压源实际是不存在的。

图1-19 理想电压源

2.电流源

电源除用等效电压源来表示外，还可用等效电流源来表示

$$I_s = I_0 + I$$

式中　I_s——电源的短路电流，A，大小为 $\dfrac{E}{r}$；

　　　I_0——电源内阻 r 上的电流，A，大小为 $\dfrac{U}{r}$；

　　　I ——电源向负载提供的电流，A。

根据上式可画出图 1-20 所示电路，因此，电源也可认为是以输送电流的形式向负载供电。电流源符号如图 1-20 虚线框中所示。

当内阻 $r=\infty$ 时，不管负载的变化引起端电压如何变化，电源始终输出恒定电流，即 $I=I_s$。把内阻 $r=\infty$ 的电流源叫做理想电流源，符号如图 1-21 所示。

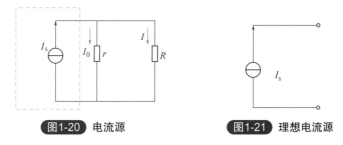

图1-20　电流源　　　　　　图1-21　理想电流源

3.电压源与电流源的等效变换

电压源和电流源对于电源外部的负载电阻而言是等效的，可以相互变换。

电压源与电流源之间的关系由下式决定

$$I_s = \frac{E}{r} \text{ 或 } E = I_s r$$

电压源可以通过 $I_s = \dfrac{E}{r}$ 转化为等效电流源，内阻 r 数值不变，改为并联；反之，电流源可以通过 $E = I_s r$ 转化为等效电压源，内阻 r 数值不变，改为串联。如图 1-22 所示。

图1-22　电压源与电流源的等效变换

提示：两种电源的互换只对外电路等效，两种电源内部并不等效；理想电压源与理想电流源不能进行等效互换；作为电源的电压源与电流源，它们的 E 和 I_s 的方向是一致的，即电压源的正极与电流源输出电流的一端相对应。

八 磁场与磁感应回路

1.磁体和磁场

我们把物体吸引铁、钴、镍等物质的性质称为磁性。具有磁性的物体称为磁体，磁体分为天然磁体（磁铁矿石）和人造磁体（铁的合金制成）。人造磁体根据需要可以制成各种形状。实验中常用的磁体有条形、蹄形和针形等。

磁体两端磁性最强的区域称为磁极。任何磁体都具有两个磁极。小磁针由于受到地球磁场的作用，在静止时总是一端指向北一端指向南。指北的一端叫北极，用 N 表示；指南的一端叫南极，用 S 表示。

两个磁体靠近时会产生相互作用力，同性磁极之间互相排斥，异性磁极之间互相吸引。磁极之间的相互作用力不是在磁极直接接触时才发生，而是通过两磁极之间的空间传递的。传递磁场力的空间称为磁场。磁场是由磁体产生的，有磁体才有磁场。

磁体的周围有磁场，磁体之间的相互作用是通过磁场发生的。把小磁针放在磁场中的某一点，小磁针在磁场力的作用下发生转动，静止时不再指向南北方向。在磁场中的不同点，小磁针静止时指的方向不相同。因为磁场具有方向性。我们规定，在磁场中的任一点，小磁针北极受力的方向，亦即小磁针静止时北极所指的方向，就是那一点的磁场方向。

2.电流周围的磁场与安培定则（右手螺旋定则）

（1）通电直导线周围的磁场

通电直导线周围的磁场方向，是在与导线垂直的平面上且以导线为圆心的同心圆。

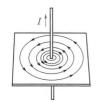

(a) 磁感线分布　　(b) 安培定则

图1-23 直线电流的磁场

磁场方向与电流方向之间的关系可用安培定则来判断（或叫右手螺旋定则）。如图 1-23 所示。

安培定则：用右手握住导线，让伸直的大拇指所指的方向跟电流的方向一致，那么弯曲的四指所指的方向就是磁感线的环绕方向。

（2）环形电流的磁场

环形电流磁场的磁感线是一些围绕环形导线的闭合曲线。在环形导线的中心轴线上，磁感线和环形导线的平面垂直。环形电流的方向跟它的磁感线方向之间的关系，也可以用安培定则来判断。如图 1-24 所示。

安培定则：让右手弯曲的四指和环形电流的方向一致，那么伸直的大拇指所指的方向就是环形导线中心轴线上磁力线的方向。

（3）通电螺线管的磁场

通电螺线管通电以后产生的磁场与条形磁铁的磁场相似，改变电流方向，它的两极就对调。通电螺线管的电流方向跟它的磁感线方向之间的关系，也可以用安培定则来判断。如图 1-25 所示。

安培定则：用右手握住螺线管，让弯曲的四指所指的方向跟电流的方向一致，那么大拇指所指的方向就是螺线管内部磁力线的方向，也就是说，大拇指指向通电螺线管的北极。

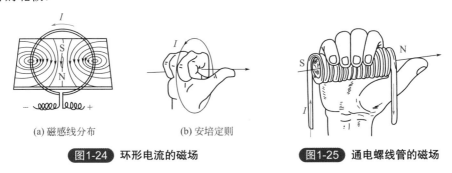

(a) 磁感线分布　　　　(b) 安培定则

图1-24 环形电流的磁场　　　　**图1-25** 通电螺线管的磁场

3.磁感应强度与左手定则

前面介绍了磁体和电流产生的磁场，由磁感线可见，磁场既有大小，又有方向。为了表示磁场的强弱和方向，引入磁感应强度的概念。

如图 1-26 所示，把一段通电导线垂直地放入磁场中，实验表明：导线长度 L 一定时，电流 I 越大，导线受到的磁场力 F 也越大；电流一定时，导线长度 L 越长，导线受到的磁场力 F 也越大。在磁场中确定的点，不论 I 和 L 如何变化，比值 $F/(IL)$ 始终保持不变，是一个恒量。在磁场中不同的地方，这个比值可以是不同的。这个比值越大的地方，那里的磁场越强。因此可以用这个比值来表示磁场的强弱。

图1-26 磁感应强度实验

在磁场中垂直于磁场方向的通电导线，所受到的磁场力 F 与电流 I 和导线长度 L 的乘积 IL 的比值叫做通电导线所在处的磁感应强度。磁感应强度用 B 表示，那么

$$B = \frac{F}{IL}$$

磁感应强度是矢量，大小如上式所示，它的方向就是该点的磁场方向。它的单位由 F、I 和 L 的单位决定，在国际单位制中，磁感应强度的单位称为特斯拉（T）。

磁感应强度 B 可以用高斯计来测量。用磁感线的疏密程度也可以形象地表示磁感应强度的大小。在磁感应强度大的地方磁感线密集，在磁感应强度小的地方磁感线稀疏。

根据通电导体在磁场中受到电磁力的作用，定义了磁感应强度。把磁感应强度的定义式变形，就得到磁场对通电导体的作用力公式

$$F=BIL$$

由上式可见，导体在磁场中受到的磁场力与磁感应强度、导体中电流的大小以及

导体的长度成正比。磁场力的大小由上式来计算，磁场力的方向可以用左手定则来判断。如图 1-27 所示。

左手定则：伸出左手，使大拇指跟其余四个手指垂直并且在一个平面内，让磁感线垂直进入手心，四指指向电流方向，则大拇指所指的方向就是通电导线在磁场中受力的方向。

处于磁场中的通电导体，当导体与磁场方向垂直时受到的磁场力最大；当导体与磁场方向平行时受到的磁场力最小，为零，即通电导体不受力；当导体与磁场方向成 α 角时（图 1-28），所受到的磁场力为

$$F=BIL\sin\alpha$$

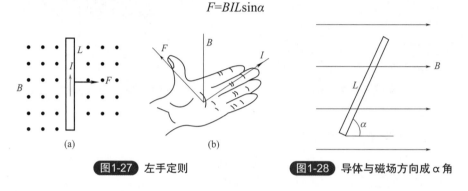

图1-27　左手定则　　　　　图1-28　导体与磁场方向成 α 角

4.磁通

在匀强磁场中，假设有一个与磁场方向垂直的平面，磁场的磁感应强度为 B，平面的面积为 S，磁感应强度 B 与面积 S 的乘积，称为通过该面积的磁通量（简称磁通），用 Φ 表示磁通，那么

$$\Phi=BS$$

在国际单位制中，磁通的单位称为韦［伯］（Wb）。

将磁通定义式变为

$$B=\frac{\Phi}{S}$$

可见，磁感应强度在数值上可以看成与磁场方向相垂直的单位面积所通过的磁通，因此磁感应强度又称为磁通密度，用 Wb/m^2 作单位。

5.磁导率

如图 1-29 所示，在一个空心线圈中通入电流 I，在线圈的下部放一些铁钉，观察吸引铁钉的数量；当通入电流不变，在线圈中插入一铁棒，再观察吸引铁钉的数量，发现明显增多。这一现象说明：同一线圈通过同一电流，磁场中的导磁物质不同（空气和铁），则其产生的磁场强弱不同。

在通电空心线圈中放入铁、钴、镍等，线圈中的磁感应强度将大大增强；若放入铜、铝等，则线圈中的磁感应强度几乎不变。这说明，线圈中磁场的强弱与磁场内媒介质的导磁性质有关。磁导率 μ 就是一个用来表示磁场媒介质导磁性能的物理量，也

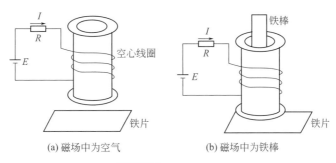

(a) 磁场中为空气　　　　　　(b) 磁场中为铁棒

图1-29 磁导率实验

就是衡量物质导磁能力大小的物理量。导磁物质的 μ 越大，其导磁性能越好，产生的附加磁场越强；μ 越小，导磁性能越差，产生的附加磁场越弱。

不同的媒介质有不同的磁导率。磁导率的单位为亨／米（H/m）。真空中的磁导率用 μ_0 表示，为一常数，即

$$\mu_0 = 4\pi \times 10^{-7}（\text{H/m}）$$

■ 6.磁场强度与右手定则

当通电线圈的匝数和电流不变时，线圈中的磁场强弱与线圈中的导磁物质有关。这就使磁场的计算比较复杂，为了使磁场的计算简单，引入了磁场强度这个物理量来表示磁场的性质。其定义为：磁场中某点的磁感应强度 B 与同一点的磁导率 μ 的比值称为该点的磁场强度。磁场强度用 H 来表示，公式表示为

$$H=B/\mu \quad \text{或} \quad B=\mu H$$

磁场强度的单位是安／米（A/m）。磁场强度是矢量，其方向与该点的电磁感应强度的方向相同。这样，磁场中各点的磁场强度的大小只与电流的大小和导体的形状有关，而与媒介质的性质无关。

穿过闭合回路的磁通量发生变化，闭合回路中就有电流产生，这就是电磁感应现象。由电磁感应现象产生的电流称为感应电流。

（1）感应电流的方向——右手定则

右手定则：当闭合电路的一部分导体做切割磁感线的运动时，感应电流的方向用右手定则来判定。伸开右手，使大拇指与其余四指垂直并且在一个平面内，让磁感线垂直进入手心，大拇指指向导体运动的方向，这时四指所指的方向就是感应电流的方向。如图 1-30 所示。

（2）感应电动势的计算

上述实验中，闭合回路中均产生感应电流，则回路中必然存在电动势，在电磁感应现象中产生的电动势称为感应电动势。不管外电路是否闭合，只要穿过电路的磁通发生变化，电路中就有感应电动势产生。如果外电路是闭合的就会有感应电流；如果外电路是断开的就没有感应电流，但仍然有感应电动势。下面学习感应电动势的计算方法。

① 切割磁感线产生感应电动势　如图 1-31 所示，当处在匀强磁场 B 中的直导线 L 以速度 v 垂直于磁场方向做切割磁感线的运动时，导线中便产生感应电动势，其表达式为

图1-30 右手定则

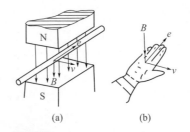

(a)   (b)

图1-31 切割磁感线产生感应电动势

$$E = BLv$$

式中 E——导体中的感应电动势，V；

　　　B——磁感应强度，T；

　　　L——磁场中导体的有效长度，m；

　　　v——导体运动的速度，m/s。

② 法拉第电磁感应定律　当穿过线圈的磁通量发生变化时，产生的感应电动势用法拉第电磁感应定律来计算。线圈中感应电动势的大小与穿过线圈的磁通的变化率成正比。用公式表示为

$$E = \frac{\Delta\Phi}{\Delta t}$$

式中 $\Delta\Phi$ ——穿过线圈的磁通的变化量，Wb；

　　　Δt ——时间变化量，s；

　　　E——线圈中的感应电动势，V。

如果线圈有 N 匝，每匝线圈内的磁通变化都相同，则产生的感应电动势为

$$E = N\frac{\Delta\Phi}{\Delta t}$$

公式变形为

$$E = \frac{N(\Phi_2 - \Phi_1)}{\Delta t} = \frac{(N\Phi_2 - N\Phi_1)}{\Delta t}$$

$N\Phi$ 表示磁通与线圈匝数的乘积，叫做磁链，用 Ψ 表示，即

$$\Psi = N\Phi$$

九　交流电与电路

1.交流电的基本概念

常用电源分为直流电源和交流电源两种。蓄电池、干电池、直流发电机以及交流电经整流器转换成直流的设备都是直流电源。直流电源的特点是输出端子标有极性 +、－（正、负）符号，也就是说直流电源有方向性，而且直流电源的电压、电流是恒定的，不随时间改变。

所谓交流电即指输出电压、电流的大小、方向每时每刻都在改变的电源。其电

压、电流称为交流电压、交流电流。

常用交流电源上按正弦规律变化，在电工理论中叫正弦交流电。应用交流电的电路也叫交流电路。交流电路和直流电路在实际应用和理论分析方面有很大的不同，这是因为交流电路中，作为负荷不只是电阻，而又引进电容、电感这样的电抗元件，因此交流电路发生了很多复杂电工学现象。

为什么常用电是交流电呢？这完全是由交流电的性质决定的：交流电容易产生、容易变换，既便于传输又便于应用。

我国电力标准为频率是 50Hz 的正弦交流电，在世界范围内频率是 60Hz 的正弦交流电也被广泛应用，50Hz 和 60Hz 的正弦交流电统称为工频电。在一些特殊领域，如航空、船舶、军事设备也常用 400Hz 作为系统工频电。

2.正弦交流电的表示方法

① 数学表达式 $e=E_m\sin(\omega t+\varphi)$，$i=I_m\sin(\omega t+\varphi)$。
② 图形表示如图 1-32 所示。
③ 矢量表示如图 1-33 所示。

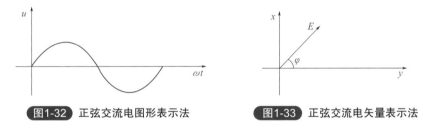

图1-32 正弦交流电图形表示法   图1-33 正弦交流电矢量表示法

3.正弦交流电的基本物理量

（1）幅值

① 瞬时值（u、i） 交流电在某一瞬时对应的幅值称为瞬时值，用小写的英文字母 u、i 表示。数学表达式即为瞬时表达式：$u=U_m\sin\omega t$，$i=I_m\sin\omega t$。

② 最大值（U_m、I_m） 交流电最大值是变化过程中最大的瞬时值，用大写字母 U_m、I_m 表示，有时也称为振幅或峰值。

③ 有效值（U、I） 交流电和直流电通过相同阻值电阻，如果时间相同，产生的热量也相同，则把这个直流电的电压或电流的大小定义为这个交流电的有效值，用大写英文字母 U、I 表示。

最大值、有效值存在着数学转换关系。转换公式为

$$E = \frac{E_m}{\sqrt{2}} = 0.707E_m \qquad U = \frac{U_m}{\sqrt{2}} = 0.707U_m \qquad I = \frac{I_m}{\sqrt{2}} = 0.707I_m$$

④ 平均值（U_p、I_p） 正弦交流电在正半周（$0\sim\pi$），将所有瞬时值平均，其大小称为平均值，用大写英文字母 U_p、I_p 表示。

（2）正弦交流电的周期、频率、角频率

① 周期（T） 交流电的一个完整波形所经过的时间称为周期。用 T 表示，基本

单位为 s（秒）。50Hz 交流电周期为 0.02s。

② 频率（f）　单位时间内波形重复变化的次数叫频率。也可以说在每秒钟时间间隔内波形变化的次数为频率。

50Hz 交流电，即每秒时间间隔内出现 50 个完整波形。频率用 f 表示，单位为赫兹（Hz）。频率和周期互为倒数关系

$$f=1/T \qquad T=1/f$$

③ 角频率（ω）　表示正弦交流电每秒变化的角度，角度用弧度值表示。角频率用 ω 来表示，单位为（rad/s）。角频率与频率关系为 $\omega=2\pi f$。

（3）相位角、初相角、相位差

① 相位角　正弦交流电某一瞬时值必须对应某一瞬时时刻，这一时刻用角度（弧度）表示，即为该瞬时值的相位角，用 $\pi t+\phi$ 来表示。

② 初相角　即 $\omega t=0$ 时的相位角，用 ϕ 来表示。

③ 相位差　相位差是两个同频率的正弦交流电的初相角之差，用 $\phi_1-\phi_2$ 来表示。相位差是相对比产生的，单一交流电进行研究时可以认为是 0，可是，几个交流电一起研究，只能设定其中任意一个为 0，其他交流电相对比则产生初相角、相位差。

例如　　　　　　　　$u=U_m\sin(\omega t+\phi_u)$，$i=I_m\sin(\omega t+\phi_i)$

则相位差　　　　　　$\phi=(\omega t+\phi_u)-(\omega t+\phi_i)=\phi_u-\phi_i$

通过公式得到的结论如图 1-34 所示。

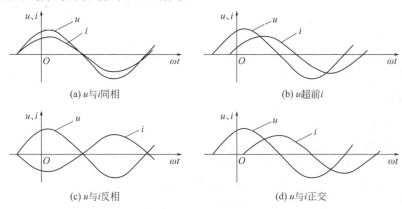

(a) u 与 i 同相　　　　　　　　(b) u 超前 i

(c) u 与 i 反相　　　　　　　　(d) u 与 i 正交

图1-34　同频率相位差

a. $\phi=0$，u 与 i 同相。

b. $\phi>0$，u 超前 i，或 i 滞后 u。

c. $\phi=\pm\pi$，u 与 i 反相。

d. $\phi=\pm\dfrac{\pi}{2}$，u 与 i 正交。

❖ 4. 交流电的电功率

（1）有效功率（$P=UI\cos\phi$）

有效功率表示被用电负载真正吸收的功率。$\cos\phi$ 叫做功率因数，它的大小完全由

电器设备具体电参数来决定。当 $\cos\phi=1$ 时，有效功率最大，负载从电源吸收功率能力最大，说明电路负载呈电阻性。如果 $\cos\phi<1$，则说明电路中含有一部分感性或容性负载。电气系统电路尽量调节负载，加接适当电容使 $\cos\phi$ 尽量接近1。

（2）无功功率

无功功率 Q 表示交流电路中电磁能量转换能力，不能简单地理解为无用功率。

（3）视在功率

视在功率表示交流电源能对负载（用电器）提供功率的额定能力。

视在功率 S 的单位为 V·A（伏·安）、kV·A（千伏·安）。上述三种功率存在着数学对应关系

$$S=\sqrt{P^2+Q^2}$$

十　交流电中的三相四线制与电路连接

1.三相交流电电势

三相交流电是由三相交流发电机产生的。由于三相发电机、变压器、电动机比单相电机节省材料，性能可靠，而且三相输电比单相输电要优越，所以，三相制得到了广泛应用。目前的电力系统都是三相系统。所谓三相系统，就是由三个频率和有效值都相同，而相位互差120°的正弦电势组成的供电体系。

对称三相交流电势的瞬时值为

$e_U=E_m\sin\omega t$

$e_V=E_m\sin(\omega t-120°)$

$e_W=E_m\sin(\omega t-240°)=E_m\sin(\omega t+120°)$

三相电势达到最大值的先后次序叫做相序，以上三相电势的相序为 U—V—W，称为正序。如任意两相对调后则称负序，如 W—V—U。在发电厂中，三相母线的相序是用颜色表示的，规定用黄色表示 L_1 相，绿色表示 L_2 相，红色表示 L_3 相。图 1-35 所示为三相交流电电势波形图。

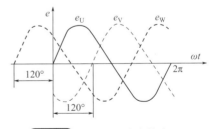

图1-35　三相交流电电势波形图

2.三相电源的接法

作为三相电源的发电机或三相变压器都有三个绕组，在向负载供电时，三相绕组通常是接成星形或三角形，如图 1-36 所示。下面讨论这两种连接方式供电的特点。

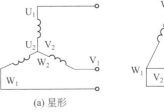

(a) 星形　　　　(b) 三角形

图1-36　三相电源的接法

（1）电源的星形连接

将电源的三相绕组的末端 U_2、V_2、W_2 连成一节点，而始端 U_1、V_1、W_1 分别用导线引出接负载，这种连接方式叫做星形连接，或称 Y 连接，如图 1-37 所示。

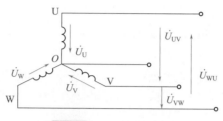

图1-37　电源的星形连接

三相绕组末端所连成的公共点叫做电源的中性点，简称中点，在电路中用 O 表示。有些电源从中性点引出一根导线，叫做中性线。当中性线接地时，又叫地线或称零线。

从绕组始端 U_1、V_1、W_1 引出的三根导线称为端线，通常也叫火线。

由三根火线和一根零线所组成的供电方式叫做三相四线制，常用于低压配电系统。星形连接的电源，也可不引出中性线，由三根火线供电，称为三相三线制，多用于高压输电。

在星形连接的电源中可以获得两种电压，即相电压和线电压。

相电压为每相绕组两端的电压，即火线与零线之间的电压。

U、V、W 三相的相电压向量，常表示为 $\dot{U}_U$、$\dot{U}_V$、$\dot{U}_W$。一般三相电源是对称的，所以，相电压也是对称的，这时相电压的有效值都相等，可用 $U_{相}$ 表示。

线电压为线路上任意两火线之间的电压。图 1-37 中的 $\dot{U}_{UV}$、$\dot{U}_{VW}$、$\dot{U}_{WU}$ 向量分别表示 UV、VW、WU 间的线电压。线电压的有效值可用 $U_{线}$ 表示。

$\dot{U}_{UV}$ 相位超前 $\dot{U}_U$ 30°。同理可得

$$U_{VW} = \sqrt{3} U_V$$
$$U_{WV} = \sqrt{3} U_W$$

用一般公式表示为

$$U_{线} = \sqrt{3}\ U_{相}$$

因此，对称三相电源星形连接时，线电压是相电压的 $\sqrt{3}$ 倍，且线电压相位超前相电压 30°。

平时所指发电机或线路的电压都是线电压。如 220kV 的高压输电线路，是指线电压 220kV。日常用电系统都采用三相四线制，因为这种系统有两种电压，用起来很方便。三相四线制的电压通常为 380/220V，即线电压是 380V，相电压为 220V。这种系统即可作为三相负载的电源，也可给单相负载供电，日常用来照明的电灯就是接在一根火线与零线之间的。

（2）电源的三角形连接

将三相电源的绕组依次首尾相连构成闭合回路，再自首端 U_1、V_1、W_1 引出导

线接负载，这种连接方式叫做三角形连接，或称为△连接，如图1-38所示。

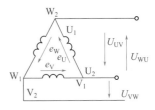

图1-38 电源的三角形连接

电源为三角形连接时，线电压等于相电压，即

$$U_{线}=U_{相}$$

当发电机绕组接成三角形时，在三个绕组构成的回路中总电势为零。因此，在该回路中不会产生环流。

当一相绕组接反时，回路电势不再为零。由于发电机绕组的阻抗很小，会产生很大的环流，可能烧毁发电机。

3.三相负载的连接

电力系统的负载，按其对电源的要求，可分为单相负载和三相负载。人们日常照明用的电灯及电风扇、电视机等都是单相负载。用来带动机械的三相电动机及大功率的三相电炉等，均为三相负载。

在三相负载中，如各相负载的电阻和电抗部分都相同，则称为三相对称负载，即三相负载的阻抗相等，阻抗角相同。

$$Z_U=Z_V=Z_W$$

$$\phi_U=\phi_V=\phi_W$$

（1）三相负载的星形连接

三相负载的星形连接与电源的星形接法相仿，即将三相负载的末端连成节点，也叫中点，用"O"表示，负载的首端分别接到三相电源上。如将电源的中点与负载的中点用导线连接起来，就构成三相四线制电路，如图1-39所示，一般照明用的电灯，实际上是属于这种连接方式，如图1-40所示。

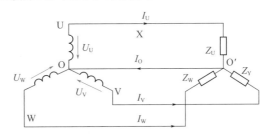

图1-39 三相四线制电路

图1-40 单相、三相负载的连接

在三相四线制中，常见的负载是三相电动机，它的三相绕组是绕在铁芯上的三组相同的线圈 U_1—U_2、V_1—V_2、W_1—W_2。每组绕组的首末端，都连到接线盒的接线端子 U_1、V_1、W_1 和 U_2、V_2、W_2 上，即把 U_2、V_2、W_2 连在一起，同时将 U_1、V_1、W_1 与电源三根火线相接，这就是电动机的星形连接。

各相负载的相电压知道以后，可以计算出各相的电流。每相负载中流过的电流，叫做相电流，用 $I_相$ 表示。每相电流的有效值为

$$I_U = \frac{U_U}{Z_U}, \quad I_V = \frac{U_V}{Z_V}, \quad I_W = \frac{U_W}{Z_W}$$

各相负载的相电压与相电流之间的相位差为

$$\phi_U = \arctan \frac{X_U}{R_U}, \quad \phi_V = \arctan \frac{X_V}{R_V}, \quad \phi_W = \arctan \frac{X_W}{R_W}$$

如果三相负载对称，这时三个相电流的有效值相等，各相的相电压之间、相电流之间的相位差也相同（互差120°）。因此三个相电流也是对称的，即

$$I_U = I_V = I_W = I_相 = \frac{U_相}{Z_相}$$

$$\phi_U = \phi_V = \phi_W = \phi_相 = \arctan \frac{X_相}{R_相}$$

在三相对称的情况下，先计算出一相的电流，然后由三相对称关系写出其他两相的电流。

以上讨论的是相电流。我们知道，相电流是每相负载中流过的电流，而负载是由电源经线路供电，在线路上通过的电流叫做线电流，用 $I_线$ 表示。由图1-39所示的电路可看出，星形连接的电路，线电流与相电流相等，即

$$I_线 = I_相$$

在三相四线电路中，由基尔霍夫定律可知，中线电流等于三相电流之和。在三相对称情况下，三相电流的向量和等于零，即中线电流为零。既然中线上没有电流通过，故可以把中线去掉，这时电路就成为三相三线系统，如图1-41所示。

（2）三相负载的三角形连接

三相负载依次首尾相连，构成一闭合回路，再把三个连接点与电源三根火线相接，就构成负载的三角形连接，如图1-42所示。

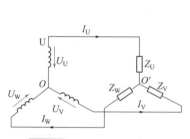

图1-41 三相三线制电路

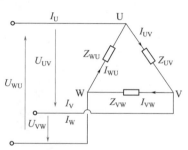

图1-42 负载的三角形连接

在负载的三角形连接中，各相负载的两端直接跨接在电源的线电压上，所以三角形连接的负载，其相电压等于线电压，即

$$U_{相}=U_{线}$$

当三相负载对称时，三相电流也是对称的，只要计算其中一相电流，即可得出其他两相电流。即

$$I_{UV}=I_{VW}=I_{WU}=I_{相}=\frac{U_{相}}{Z_{UV}}=\frac{U_{线}}{Z_{UV}}$$

相电流与相电压之间的相位差为

$$\phi_{UV}=\phi_{VW}=\phi_{WU}=\phi_{相}=\arctan\frac{X_{UV}}{R_{V}}$$

在三相对称情况下，求出三角形接法的线电流与相电流之间的大小和相位关系为

$$I_{U}=2I_{UV}\cos30°=\sqrt{3}I_{相}$$

i_{U} 滞后 i_{UV} 30°。因为相电流是对称的，所以三相的线电流也是对称的，三角形连接时，各线电流与相电流关系为

$$I_{线}=\sqrt{3}I_{相}$$

即线电流是相电流的 $\sqrt{3}$ 倍，而且线电流相位滞后相电流 30°。

十一 电气常用图形符号

同一个电气设备及元件在不同的电气图中往往采用不同的图形符号来表示，比如，对概略图、位置图，往往用方框符号或简单的一般图形符号来表示。对电路图和部分接线图，常采用一般图形符号来表示。对于驱动和被驱动部分间具有机械连接关系的电器元件，如继电器、接触器的线圈和触头，以及同一个设备的多个电器元件，可采用集中布置法、半集中布置法、分开布置法来表示。

集中布置法是把电器元件、设备或成套装置中一个项目各组成部分的图形符号在电气图上集中绘制在一起的方法，各组成部分用机械连接线（虚线）连接，连接线必须是直的。

一般为了使电路布局清晰，便于识别，通常将一个项目的某些部分的图形符号分开布置，并用机械连接符号表示它们之间的关系，这种方法称为半集中布置法。表1-2 为电气常用图形符号。电路图中的插座、连接片电气符号见表 1-3。电路图中的弱电标注见表 1-4。

表 1-2 电气常用图形符号

图形符号	说明及应用	图形符号	说明及应用
G	发电机		双绕组变压器
M 3~	三相笼型感应电动机		三绕组变压器
M 1~	单相笼型感应电动机		自耦变压器
M 3~	三相绕线转子感应电动机	形式1　形式2	扼流圈、电抗器
M	直流他励电动机	形式1　形式2	电流互感器脉冲变压器
M	直流串励电动机	形式1　形式2	电压互感器
M	直流并励电动机		断路器
	隔离开关		操作器件的一般符号,继电器、接触器的一般符号 具有几个绕组的操作器件,在符号内画与绕组数相等的斜线
	负荷开关		接触器主动合触点

续表

图形符号	说明及应用	图形符号	说明及应用
	具有内装的测量继电器或脱扣器触发的自动释放功能的负荷开关		接触器主动断触点
	手动操作开关的一般符号		动合（常开）触点 该符号可作开关的一般符号
	具有动合触点且自动复位的按钮开关		动断（常闭）触点
	具有复合触点且自动复位的按钮开关		先断后合的转换触点
	具有动合触点且自动复位的拉拔开关		位置开关的动合触点
	具有动合触点但无自动复位的旋转开关		位置开关的动断触点
	位置开关先断后合的复合触点		断电延时时间继电器线圈释放时，延时闭合的动断触点
	热继电器的热元件		断电延时时间继电器线圈释放时，延时断开的动合触点

续表

图形符号	说明及应用	图形符号	说明及应用
	热继电器的动合触点		接触敏感开关的动合触点
	热继电器的动断触点		接近开关的动合触点
	通电延时时间继电器线圈		磁铁接近动作的接近开关的动合触点
向左转　向右转	通电延时时间继电器触点圆弧向圆心方向移动，带动触点延时动作		熔断器的一般符号
向左转　向右转	断电延时时间继电器的触点，通电后触点动作，断电后，圆弧向圆心方向移动，带动触点延时复位		熔断器式开关
	断电延时时间继电器线圈		熔断器式隔离开关
	熔断器式负荷开关	U	压敏电阻器
	火花间隙	θ	热敏电阻器
	避雷器		光敏电阻器

续表

图形符号	说明及应用	图形符号	说明及应用
⊗	灯和信号灯的一般符号		电容器的一般符号
	电喇叭		极性电容器
	电铃		半导体二极管的一般符号
	具有热元件的气体放电管荧光灯启动器	θ	热敏二极管
	电阻器的一般符号		光敏二极管
	可变（调）电阻器		发光二极管
	稳压二极管		双向晶闸管
	双向击穿二极管		N 沟道结型场效应晶体管
	双向二极管		P 沟道结型场效应晶体管
	具有 P 型基极的单结晶体管		N 沟道耗尽型绝缘栅场效应晶体管
	具有 N 型基极的单结晶体管		P 沟道耗尽型绝缘栅场效应晶体管
	NPN 型晶体管		N 沟道增强型绝缘栅场效应晶体管
	PNP 型晶体管		P 沟道增强型绝缘栅场效应晶体管
	反向晶体管	◇	桥式整流器

表 1-3　建筑施工电路中的插座、连接片电气符号

图形符号	说明
	插头和插座（凸头的和内孔的）
	插座（内孔的）或插座的一个极
	插头（凸头的）或插头的一个极
	换接片
	接通的连接片
	吊线灯附装拉线开关，250V-3A（立轮式），开关绘制方向表示拉线开关的安装方向
	明装单极开关（单极二线），跷板式开关，250V-6A
	暗装单极开关（单极二线），跷板式开关，250V-6A
	明装双控开关（单极三线），跷板式开关，250V-6A
	暗装双控开关（单极三线），跷板式开关，250V-6A
	暗装按钮式定时开关，250V-6A
	明装按钮式定时开关，250V-6A
	明装按钮式多控开关，250V-6A
	暗装按钮式多控开关，250V-6A
	电铃开关，250V-6A
	天棚灯座（裸灯头）
	墙上灯座（裸灯头）
	开关一般符号
	单极开关
	暗装单极开关
	密闭（防水）单极开关
	防爆单极开关
	双极开关

续表

图形符号	说明	
	暗装双极开关	
	密闭（防水）双极开关	
	防爆双极开关	
	三极开关	
	暗装三极开关	
	密闭（防水）三极开关	
	防爆三极开关	
	单极拉线开关	
	单极限时开关	
	具有指示灯的开关	
	双极开关（单极三线）	
	安装Ⅰ型插座，50V-10A，距地 0.3m	
	暗装调光开关，调光开关，距地 1.4m	
	金属地面出线盒	
	防水拉线开关（单相二线），250V-3A，瓷制	
	拉线开关（单极二线），250V-3A	
	拉线双控开关（单极三线），250V-3A	
	明装单相二极插座	250V-10A，距地 0.3m，居民住宅及儿童活动场所应采用安全插座，如采用普通插座时，应距地 1.8m
	明装单相三极插座（带接地）	
	明装单相四极插座（带接地），380V-15A/25A，距地 0.3m	
	暗装单相二极插座	250V-10A，距地 0.3m，居民住宅及儿童活动场所应采用安全插座，如采用普通插座时，应距地 1.8m
	暗装单相三极插座（带接地）	
	暗装单相四极插座（带接地），380V-15A/25A，距地 0.3m	
	暗装单相二极防脱锁紧型插座，250V-10A，距地 0.3m，居民住宅及儿童活动场所应采用安全插座，如采用普通插座时，应距地 1.8m	

表 1-4　电路图中弱电的标注

图形符号	说明	图形符号	说明
	壁龛电话交接箱		感温火灾探测器
	室内电话分线盒		气体火灾探测器
	扬声器		火警电话机
	广播分线箱		报警发声器
——F——	电话线路		有视听信号的控制和显示设备
——S——	广播线路		发声器
——V——	电视线路		电话机
	手动报警器		照明信号
	感烟火灾探测器		

十二　电气常用文字符号

　　文字符号是表示电气设备、装置、电气元件的名称、状态和特征的字符代码，在电气图中，一般标注在电气设备、装置、电气元件上或其近旁。电气图中常用的文字符号见表 1-5。

表 1-5　电气图中常用的文字符号

单字母符号		双字母符号		
符号	种类	举例	符号	类别
D	二进制逻辑单元延迟器件、存储器件	数字集成电路和器件、延迟线、双稳态元件、单稳态元件、磁性存储器、寄存器磁带记录机、盒式记录机		
E	其他元器件	本表其他地方未提及的元件		
		光器件、热器件	EH	发热器件
			EL	照明灯
			EV	空气调节器
F	保护器件	熔断器、避雷器、过电压放电器件	FA	具有瞬时动作的限流保护器件
			FR	具有延时动作的限流保护器件
			FS	具有瞬时和延时动作的限流保护器件
			FU	熔断器
			FV	限压保护器件

续表

单字母符号		双字母符号		
符号	种类	举例	符号	类别
G	信号发生器、发电机、电源	旋转发电机、旋转变频机、电池、振荡器、石英晶体振荡器	GS	同步发电机
			GA	异步发电机
			GB	蓄电池
			GF	变频机
H	信号器件	光指示器、声响指示器、指示灯	HA	声光指示器
			HL	光指示器
			HL	指示灯
K	继电器、接触器		KA	电流继电器
			KA	中间继电器
			KL	闭锁接触继电器
			KL	双稳态继电器
			KM	接触器
			KP	压力继电器
			KT	时间继电器
			KH	热继电器
			KR	簧片继电器
L	电感器、电抗器	感应线圈、线路限流器、电抗器（并联和串联）	LC	限流电抗器
			LS	启动电抗器
			LF	滤波电抗器
M	电动机		MD	直流电动机
			MA	交流电动机
			MS	同步电动机
			MV	伺服电动机
N	模拟集成电路	运算放大器、模拟/数字混合器件		
P	测量设备、试验设备	指示、记录、计算、测量设备，信号发生器、时钟	PA	电流表
			PC	（脉冲）计数器
			PJ	电能表
			PS	记录仪器
			PV	电压表
			PT	时钟、操作时间表
Q	电力电路的开关	断路、隔离开关	QF	断路器
			QM	电动机保护开关
			QS	隔离开关
			QL	负荷开关

续表

单字母符号			双字母符号	
符号	种类	举例	符号	类别
R	电阻器	电位器、变阻器、可变电阻器、热敏电阻、测量分流器	RP	电位器
			RS	测量分流器
			RT	热敏电阻
			RV	压敏电阻
S	控制、记忆、信号电路的开关件	控制开关、按钮、选择开关、限制开关	SA	控制开关
			SB	按钮
			SP	压力传感器
			SQ	位置传感器（包括接近传感器）
			SR	转速传感器
			ST	温度传感器
T	变压器	电压互感器、电流互感器	TA	电流互感器
			TM	电力变压器
			TS	磁稳压器
			TC	控制电路电力变压器
			TV	电压互感器
V	电真空器件、半导体器件	电子管、气体放电管、晶体管、晶闸管、二极管	VE	电子管
			VT	晶体三极管
			VD	晶体二极管
			VC	控制电路用电源的整流器
X	端子、插头、插座	插头和插座、端子板、连接片、电缆封端和接头测试插孔	XB	连接片
			XJ	测试插孔
			XP	插头
			XS	插座
			XT	端子板
Y	电气操作的机械装置	制动器、离合器、气阀	YA	电磁铁
			YB	电磁制动器
			YC	电磁离合器
			YH	电磁吸盘
			YM	电动阀
			YV	电磁阀

（1）文字符号的用途

① 为项目代号提供电气设备、装置和电气元件各类字符代码和功能代码。

② 作为限定符号与一般图形符号组合使用，以派生新的图形符号。

③ 在技术文件或电气设备中表示电气设备及电路的功能、状态和特征。

未列入大类分类的各种电气元件、设备，可以用字母"E"来表示。

双字母符号由表 1-6 的左边部分所列的一个表示种类的单字母符号与另一个字母组成，其组合形式以单字母符号在前，另一字母在后的次序标出，见表 1-6 的右边部分。双字母符号可以较详细和更具体地表达电气设备、装置、电气元件的名称。双字母符号中的另一个字母通常选用该类电气设备、装置、电气元件的英文单词的首位字母，或常用的缩略语，或约定的习惯用字母。例如，"G"表示电源类，"GB"表示蓄电池，"B"为蓄电池的英文名称（Battery）的首位字母。

标准给出的双字母符号若仍不够用时，可以自行增补。自行增补的双字母代号，可以按照专业需要编制成相应的标准，在较大范围内使用；也可以用设计说明书的形式在小范围内约定俗成，只应用于某个单位、部门或某项设计中。

（2）辅助文字符号

电气设备、装置和电气元件的各类名称用基本文字符号表示，而它们的功能、状态和特征用辅助文字符号表示，通常用表示功能、状态和特征的英文单词的前一或两位字母构成，也可采用缩略语或约定俗成的习惯用法构成，一般不能超过三位字母。例如，表示"启动"，采用"START"的前两位字母"ST"作为辅助文字符号；而表示"停止（STOP）"的辅助文字符号必须再加一个字母，为"STP"。

辅助文字符号也可放在表示的单字母符号后边组合成双字母符号，此时辅助文字符号一般采用表示功能、状态和特征的英文单词的第一个字母，如"GS"表示同步发电机，"YB"表示制动电磁铁等。

某些辅助文字符号本身具有独立的、确切的意义，也可以单独使用。例如，"N"表示交流电源的中性线，"DC"表示直流电，"AC"表示交流电，"AUT"表示自动，"ON"表示开启，"OFF"表示关闭等。常用的辅助文字符号见表 1-6。

表 1-6 常用的辅助文字符号

符号	说明	符号	说明	符号	说明
H	高	RD	红	ADD	附加
L	低	GN	绿	ASY	异步
U	升	YE	黄	SYN	同步
D	降	WH	白	A（AUT）	自动
M	主	BL	蓝	M（MAN）	手动
AUX	辅	BK	黑	ST	启动
N	中	DC	直流	STP	停止
FW	正	AC	交流	C	控制
R	反	V	电压	S	停号
ON	开启	A	电流	IN	输入
OFF	关闭	T	时间	OUT	输出

（3）数字代码

数字代码的使用方法主要有两种：

① 数字代码单独使用 数字代码单独使用时，表示各种电气元件、装置的种类

或功能，须按序编号，还要在技术说明中对代码意义加以说明。例如，电气设备中有继电器、电阻器、电容器等，可用数字来代表电气元件的各类，如"1"代表继电器，"2"代表电阻器，"3"代表电容器。再如，开关有"开"和"关"两种功能，可以用"1"表示"开"，用"2"表示"关"。

电路图中电气图形符号的连线处经常有数字，这些数字称为线号。线号是区别电路接线的重要标志。

② 数字代码与字母符号组合使用　将数字代码与字母符号组合起来使用，可说明同一类电气设备、电气元件的不同编号。数字代码可放在电气设备、装置或电气元件的前面或后面，若放在前面应与文字符号大小相同，放在后面一般应作为下标，例如，3 个相同的继电器可以表示为"1KA、2KA、3KA"或"KA_1、KA_2、KA_3"。

（4）文字符号的使用

① 一般情况下，编制电气图及编制电气技术文件时，应优先选用基本文字符号、辅助文字符号以及它们的组合。而在基本文字符号中，应优先选用单字母符号，只有当单字母符号不能满足要求时方可采用双字母符号。基本文字符号不能超过两位字母，辅助文字符号不能超过 3 位字母。

② 辅助文字符号可单独使用，也可将首位字母放在表示项目种类的单字母符号后面组成双字母符号。

③ 当基本文字符号和辅助文字符号不够用时，可按有关电气名词术语国家标准或专业标准中规定的英文术语缩写进行补充。

④ 由于字母"I""O"易与数字"1""0"混淆，因此不允许用这两个字母作文字符号。

⑤ 文字符号可作为限定符号与其他图形符号组合使用，以派生出新的图形符号。

⑥ 文字符号一般标在电气设备、装置或电气元件的图形符号上或其近旁。

⑦ 文字符号不适于电气产品型号编制与命名。

十三　电工常用计算

电工常用计算可扫二维码详细学习。

电工常用计算

第二章　常用电气部件与配电屏的检测与应用

一　刀开关

1.刀开关的用途

刀开关是一种使用最多、结构最简单的手动控制的低压电器，是低压电力拖动系统和电气控制系统中最常用的电气元件之一，普遍用于电源隔离，也可用于直接控制接通和断开小规模的负载，如小电流供电电路、小容量电动机的启动和停止。刀开关和熔断器组合使用是电力拖动控制线路中最常见的一种结合。刀开关由操作手柄、动触点、静触点、进线端、出线端、绝缘底板和胶盖组成。

常见外形如图 2-1 所示。

图2-1　刀开关外形

2.刀开关的选用原则

在低压电气控制电路中选用刀开关时，常常只考虑刀开关的主要参数，如额定电流、额定电压。

① 额定电流：在电路中，刀开关能够正常工作而不损坏时所通过的最大电流。因此，选用刀开关的额定电流时，不应小于负载的额定电流。

因负载不同，选用额定电流的大小也不同。用作隔离开关或控制照明、加热等电阻性负载时，额定电流要等于或略大于负载的额定电流；用作直接启动和停止电动机时，瓷底胶盖闸刀开关只能控制容量 5.5kW 以下的电动机，额定电流应大于电动机的额定电流；铁壳开关的额定电流应大于或等于电动机额定电流的 2 倍；组合开关的额定电流应不小于电动机额定电流的 2～3 倍。

② 额定电压：在电路中，刀开关能够正常工作而不损坏时所承受的最高电压。因此，选用刀开关的额定电压时，应高于电路中实际工作电压。

3.刀开关的检测

检测刀开关时主要看刀开关触点处应无烧损现象，用手搬动弹片应有一定弹力，刀与接口应良好。否则应更换刀开关。

4.刀开关的常见故障及处理措施

刀开关的常见故障及处理措施如表 2-1 所示。

表 2-1　刀开关的常见故障及处理措施

种类	故障现象	故障分析	处理措施
开启式负荷开关	合闸后，开关一相或两相开路	静触点弹性消失，开口过大，造成动、静触点接触不良	整理或更换静触点
		熔丝熔断或虚连	更换熔丝或紧固
		动、静触点氧化或有尘污	清洗触点
		开关进线或出线线头接触不良	重新连接
	合闸后，熔丝熔断	外接负载短路	排除负载短路故障
		熔体规格偏小	按要求更换熔体
	触点烧坏	开关容量太小	更换开关
		拉、合闸动作过慢，造成电弧过大，烧毁触点	修整或更换触点，并改善操作方法
封闭式负荷开关	操作手柄带电	外壳未接地或接地线松脱	检查后，加固接地导线
		电源进出线绝缘损坏碰壳	更换导线或恢复绝缘
	夹座（静触点）过热或烧坏	夹座表面烧毛	用细锉修整夹座
		闸刀与夹座压力不足	调整夹座压力
		负载过大	减轻负载或更换大容量开关

5.刀开关使用注意事项

① 以使用方便和操作安全为原则：封闭式负荷开关安装时必须垂直于地面，距地面的高度应在 1.3～1.5m 之间，开关外壳的接地螺钉必须可靠接地。

② 接线规则：电源进线接在静夹座一边的接线端子上，负载引线接在熔断器一边的接线端子上，且进出线必须穿过开关的进出线孔。

③ 分合闸操作规则：应站在开关的手柄侧，不准面对开关，避免因意外故障电流使开关爆炸，造成人身伤害。

④ 大容量的电动机或额定电流在 100A 以上的负载不能使用封闭式负荷开关控制，避免产生飞弧灼伤手。

二　按钮开关

1.按钮的用途

按钮开关的检测

按钮是一种用来短时间接通或断开小电流电路的手动主令电器。由于按钮的触点允许通过的电流较小，一般不超过 5A，一般情况下，不直接控制主电路的通断，而是在控制电路中发出指令或信号去控制接触器、继电器等电器，再由它们去控制主电路的通断、功能转换或电气联锁。其外形如图 2-2 所示。

图2-2 按钮外形

2.按钮的分类

按钮由按钮帽、复位弹簧、桥式动触点和外壳等组成，通常被做成复合触点，即同时具有动触点和静触点。根据使用要求、安装形式、操作方式不同，按钮的种类很多。根据触点结构不同，按钮可分为停止按钮（常闭按钮）、启动按钮（常开按钮）及复合按钮（常闭、常开组合为一组按钮），它们的结构与符号见表 2-2。

表 2-2　按钮的结构与符号

名称	停止按钮（常闭按钮）	启动按钮（常开按钮）	复合按钮
结构			按钮帽 复位弹簧 支柱连杆 常闭静触点 桥式动触点 常开静触点 外壳
符号	SB	SB	SB

3.按钮的常见故障及处理措施

按钮的常见故障及处理措施如表 2-3 所示。

表 2-3　按钮的常见故障及处理措施

故障现象	故障分析	处理措施
触点接触不良	触点烧损	修正触点和更换产品
	触点表面有尘垢	清洁触点表面
	触点弹簧失效	重绕弹簧和更换产品
触点间短路	塑料受热变形,导线接线螺钉相碰短路	更换产品并查明发热原因,如灯泡发热所致,可降低电压
	杂物和油污在触点间形成通路	清洁按钮内部

4.按钮的选用与注意事项

（1）按钮选用原则

选用按钮时,主要考虑:

① 根据使用场合选择控制按钮的种类。

② 根据用途选择合适的形式。

③ 根据控制回路的需要确定按钮数。

④ 按工作状态指示和工作情况要求选择按钮和指示灯的颜色。

（2）按钮使用注意事项

① 按钮安装在面板上时,应布置整齐、排列合理,如根据电动机启动的先后顺序,从上到下或从左到右排列。

② 同一机床运动部件有几种不同的工作状态时（如上、下,前、后,松、紧等）,应使每一对相反状态的按钮安装在一组。

③ 按钮的安装应牢固,安装按钮的金属板或金属按钮盒必须可靠接地。

④ 由于按钮的触点间距较小,如有油污等极易发生短路故障,因此应注意保持触点间的清洁。

三　行程开关

1.行程开关的用途

行程开关也称位置开关或限位开关。它的作用与按钮相同,特点是触点的动作不靠手,而是利用机械运动部件的碰撞使触点动作来实现接通或断开控制电路。它是将机械位移转变为电信号来控制机械运动的,主要用于控制机械的运动方向、行程大小和位置保护。

行程开关主要由操作机构、触点系统和外壳三部分构成。行程开关种类很多,一般按其机构分为直动式、旋转式和微动式。常见的行程开关的外形、结构与符号见表 2-4。

表 2-4　常见的行程开关的外形、结构与符号

	直动式	单轮旋转式	双轮旋转式
外形			
结构			
符号	常开触点 SQ	常闭触点 SQ	复合触点 SQ

2.行程开关选用

行程开关选用时，主要考虑动作要求、安装位置及触点数量，具体如下。

① 根据使用场合及控制对象选择种类。

② 根据安装环境选择防护形式。

③ 根据控制回路的额定电压和额定电流选择系列。

④ 根据行程开关的传力与位移关系选择合理的操作形式。

行程开关的检测

3.行程开关的检测

有三个接点的行程开关和四个接点的行程开关。检测行程开关的时候，三个接点的行程开关检测首先要找到它的公共端，也就是按照外壳上面所标的符号来确定它的公共端，然后分别检测它的常开触点和常闭触点的通断，再按压行程开关的活动臂，分别检测行程开关的触点的通与断来判断他的好坏，如图 2-3 所示。用万用表电阻挡（低挡位）或者蜂鸣挡检测。在检测四个接点的行程开关时，首先要找到它的常开触点和常闭触点，然后分别测量常开触点和常闭触点在静态时也就是不按压活动臂的状态时的情况（正常时，常开触点不通，常闭触点通）。再按压行程开关的活动臂，也就是在动态时的开关状态（正常时，常开触点通，常闭触点不通）。如果不按照这个规定接通和断开，说明行程开关损坏。检测过程如图 2-4 所示。

静态时常开触点不通

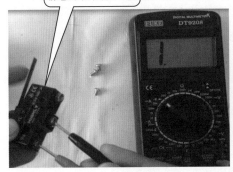

图2-3　三个接点的行程开关的检测过程

静态时常开触点不通

动态时常开触点通

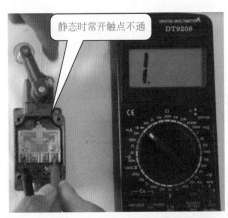

静态时常闭触点通

动态时常闭触点不通

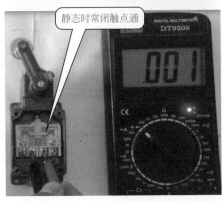

图2-4　四个接点的行程开关的检测过程

4.行程开关的常见故障及处理措施

行程开关的常见故障及处理措施见表 2-5。

表 2-5　行程开关的常见故障及处理措施

故障现象	故障分析	处理措施
挡铁碰撞位置开关后，触点不动作	安装位置不准确	调整安装位置
	触点接触不良或接线松脱	清理触点或紧固接线
	触点弹簧失效	更换弹簧
杠杆已经偏转，或无外界机械力作用，但触点不复位	复位弹簧失效	更换弹簧
	内部撞块卡阻	清扫内部杂物
	调节螺钉太长，顶住开关按钮	检查调节螺钉

5.行程开关使用注意事项

① 行程开关安装时，安装位置要准确，安装要牢固；滚轮的方向不能装反，挡铁与其碰撞的位置应符合控制线路的要求，并确保能可靠地与挡铁碰撞。

② 行程开关在使用中，要定期检查和保养，除去油垢及粉尘，清理触点，经常检查其动作是否灵活、可靠，及时排除故障。防止因行程开关触点接触不良或接线松脱产生误动作而导致设备和人身安全事故。

四　电接点开关

1.电接点开关（电接点压力表）的结构

电接点压力表由测量系统、指示系统、接点装置、外壳、调整装置和接线盒等组成。电接点压力表是在普通压力表的基础上加装电气装置，在设备达到设定压力时，现场指示工作压力并输出开关量信号的仪表，如图 2-5 所示。

图2-5　电接点开关的结构

2.工作原理

电接点压力表的指针和设定针上分别装有触点，使用时首先将上限和下限设定针调节至要求的压力点。当压力变化时，指示压力指针达到上限或者下限设定针时，指针上的触点与上限或者下限设定针上的触点相接触，通过电气线路发出开关量信号给其他工控设备，实现自动控制或者报警的目的。

3.电接点开关的检测

电接点开关，也有常开触点和常闭触点，在没有压力的情况下，测量通的触点为常闭触点，不通的触点为常开触点。而当有压力的时候，用万用表检测，原来不通的触点应该接通，原来通的触点应该断开。这是检测电接点开关的常开触点和常闭触点的方法，也就是说应该在有压力和无压力的情况下分别进行检测。

4.电接点开关的应用

电路工作原理由图2-6可知，闭合自动开关QK及开关S接通，电源给控制器供电。当气缸内空气压力下降到电接点压力表"G"（低点）整定值以下时，表的指针使"中"点与"低"点接通，交流接触器 KM_1 通电吸合并自锁，空压机 M 启动运转，红色指示灯 LED_1 亮，绿色指示灯 LED_2 点亮，空压机开始往气缸里输送空气（逆止阀门打开，空气流入气缸内）。气缸内的空气压力逐渐增大，使表的"中"点与"高"点接通，继电器 KM_2 通电吸合，其常闭触点 K_{2-0} 断开，切断交流接触器 KM_1 线圈供电，KM_1 即失电释放，空压机 M 停止运转，LED_2 熄灭，逆止阀闭上。假设喷漆时，手拿喷枪端，压力开关打开，关闭后，气门开关自动闭上；当空压机气缸内的压力下降到整定值以下时，空压机 M 又启动运转。如此周而复始，使空压机气缸内的压力稳定在整定值范围，满足喷漆用气的需要。

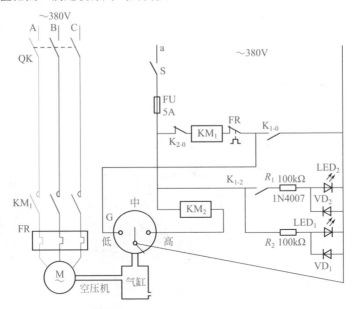

图2-6 自动压力控制电路工作原理

五 声光控开关

1.声光控开关的电路工作原理

光控开关能使白炽灯的亮灭跟随环境光线变化自动变化，在白天开关断开，即灯不亮，夜晚环境无光时闭合，即灯亮。声控开关电路与外形如图2-7所示。

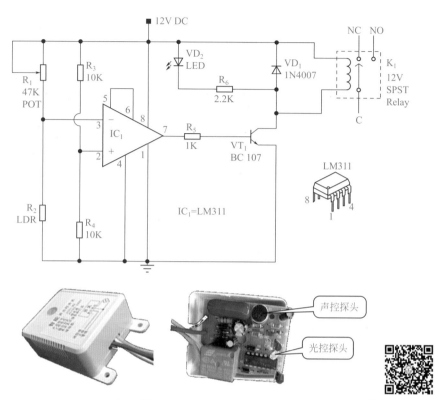

图2-7 声控开关电路与外形

声光控开关的检测

该电路是基于电压比较器集成电路LM311。IC₁同相输入端的电阻R₃和R₄给出一个6V的参考电压。因为光敏电阻在黑暗时阻值可达几兆欧，反相输入端的电位呈高电位，比较器呈低电位，VT₁不导通，继电器不吸合。反之，因为光敏电阻在照亮时阻值为5～10kΩ，反相输入端的电位呈低电位，比较器输出端呈高电位，VT₁导通，继电器吸合。如果将LM311输入端"+""－"对换，情况与前面所述正好相反。调节R₁可设定多大照度时起控继电器。

2.声光控开关的检测

（1）光控部分的检测

在检测光控部分的时候，最好使用指针表测量，首先在有光的情况下检测光敏电阻的阻值，记住这个阻值，然后用手指按住光敏电阻，或者是用黑的物体遮住光敏电阻测量光敏电阻的阻值，两个电阻阻值相比较应有较大的差异，说明光敏电阻是好的。如图2-8所示。

如果在亮阻和暗阻的时候万用表的表针没有摆动现象，那么说明光敏电阻是坏的，应该更换光敏电阻。

测量光敏感应头的亮阻值

测量光敏感应头的暗阻值

图2-8 光控部分的检测

（2）声控部分的检测

在电路当中检测声控探头（话筒）的时候，最好使用指针表测量，首先用电阻挡测出它的静态阻值，然后用手轻轻地敲动话筒，那么万用表的指针应该有轻微的抖动，摆动量越大，说明话筒的灵敏度越高，如果不摆动，说明话筒是坏的，应更换。如图2-9所示。

静态时测话筒电阻值

用手指敲击话筒，表针应摆动，说明声控感应头是好的

图2-9 声控部分的检测

六　磁控接近开关类开关

1.磁控接近开关类开关的原理

磁控开关是一种利用磁场信号来控制的线路开关器件，由永久磁铁和干簧管两部分组成。干簧管又称舌簧管，其构造是在充满惰性气体的密封玻璃管内封装2个或2个以上金属簧片。根据舌簧触点的构造不同，舌簧管可分为常开、常闭、转换三种类型。

该装置应用电路工作原理如图 2-10 所示。它可用于仓库、办公室或其他场所作开门灯之用。当永久磁铁 ZT 与干簧管 AG 靠得很近时，由于磁力线的作用，使 AG 内两触片断开，控制器 DM 的 4 端无电压，照明灯 H 中无电流通过，故灯 H 熄灭。一旦大门打开，控制器 DM 开通，灯 H 点亮。

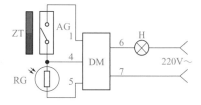

图2-10　磁控接近开关类开关的应用电路工作原理

白天由于光照较强，光敏电阻 RG 的内阻很小，即使 AG 闭合，RG 的分压也小于 1.6V，故白天打开大门，H 是不会点亮的。夜晚相当于 RG 两极开路，故控制器 DM 的 4 端电压高于 1.6V，H 点亮。RG 可用 MG45-32 非密封型光敏电阻，AG 可作 φ3～4mm 的干簧管（常闭型）。

2.磁控接近开关类开关的检测

检测磁控接近开关类开关的时候，最好使用指针表。首先给磁控接近开关类开关接通合适的电源，将黑表笔接负极，红表笔接信号的输出端，然后在不加磁场的情况下测试输出电压，记住此电压值。然后，将磁控接近开关类开关接触带磁性的金属或者磁铁，这样磁控接近开关类开关应该有输出，此时说明磁控开关是好的。如接触金属部分或者磁铁和不接触金属部分或磁铁表针均无摆动，那么说明磁控接近开关类开关是坏的。如图 2-11 所示。

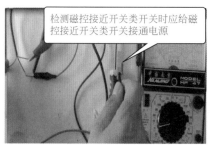
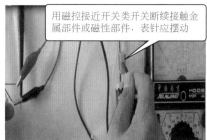

检测磁控接近开关类开关时应给磁控接近开关类开关接通电源

用磁控接近开关类开关断续接触金属部件或磁性部件，表针应摆动

图2-11　磁控接近开关类开关的检测

七　主令开关

1.主令开关

主令开关主要用于电力拖动系统中按照预定的程序分合触点，向控制系统发出指令，通过接触器达到控制电动机的启动、制动、调速及反转的目的，同时也可实现控制线路的连锁作用。图 2-12 所示是一种十字主令开关，可用于控制电气线路通断、信号灯指示、机床设备运动方向控制等。

主令开关的检测

图2-12 十字主令开关

2.主令开关的检测

下面以十字4路常开常闭触点的主令开关为例进行测试。

在检测主令开关时，首先要看清主令开关是由几组开关构成的，每组中有几个常开触点几个常闭触点。下面以四组开关（每组有一个常闭触点和一个常开触点的主令开关）为例，用万用表电阻挡（低挡位）或者蜂鸣挡检测。在检测时，首先在主令开关零位置时分别检测四组开关中的常闭触点，每个常闭触点应相通，再检测所有常开触点，均应不通。然后将主令开关的控制手柄搬动到某个方向位置，检测对应的开关的常开触点应该相通，其余三组的常开触点不应通。用同样的方法分别检测另外三组开关的常开触点是否能够相通。如果手柄搬到相对应的位置时，对应的常闭触点不能断开，常开触点不能相通，则说明对应组的开关损坏。如图 2-13 所示

图2-13 主令开关的检测

八 温度开关

1.机械式温度开关

机械式温度开关又称旋钮温度控制器，实物如图 2-14 所示。

图2-14 机械式温度控制器实物

其结构由波纹管、感温管（测试管）、温动调节凸轮、微动开关等组成一个密封的感应系统和一个转送信号的动力系统。如图 2-15 所示。

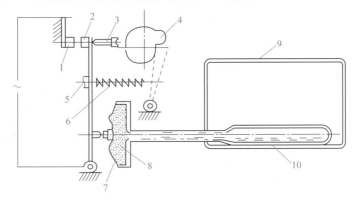

图2-15 温度控制器的工作原理

1—固定触点；2—快跳活动触点；3—温度调节螺钉；4—温度调节凸轮；5—温度范围调节螺钉；
6—主弹簧；7—传动膜片；8—感温腔；9—蒸发器；10—感温管

将温度控制器的感温元件——感温管末端紧压在需要测试温度的位置表面上，由表面温度的变化来控制开关的开、闭时间。当固定触点 1 与活动触点 2 接触时（组成闭合回路），电源被接通；温度下降，使感温腔的膜片向后移动，便导致温度控制器的活动触点 2 离开触点 1，电源被断开。要想得到不同的温度，只要旋动温度控制旋钮（即温度高低调节凸轮）就可；改变平衡弹簧对感温腔的压力，实现温度的自动控制。

2.电子式温度控制器结构

电子式温度控制器感温元件为热敏电阻，所以又称为热敏电阻式温度控制器，其控温原理是将热敏电阻直接放在冰箱内适当的位置，当热敏电阻受到冰箱内温度变化

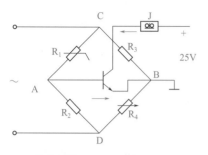

图2-16　控制部分原理示意

的影响时，其阻值就发生相应的变化。通过平衡电桥来改变通往半导体三极管的电流，再经放大来控制压缩机运转继电器的开启，实现对温度的控制。控制部分原理示意如图 2-16 所示。

图中 R_1 为热敏电阻，R_4 为电位器，J 为控制继电器。当电位器 R_4 不变时，如果温度升高，R_1 的电阻值就会变小，A 点的电位升高。R_1 的阻值越小，其电流越大，当集电极电流的值大于继电器 J 的吸合电流时，继电器吸合，J 触点接通电源。温度下降，热敏电阻则变大，其基极电流变小，集电极电流也随着变小。

3.温度开关的检测

用万用表电阻挡（低挡位）或者蜂鸣挡检测。检测温度控制开关时，首先要检测开关的通断状态，也就是说旋转转换开关的旋钮，应该能够切断和接通，然后检测其在温度变化时的状态。低温温度控制器可以放入冰箱中（高温度时可以用热源加温），然后进行冷冻（或者加温），检查开关的接通和断开状态，如放入冰箱（或加温）后开关不能够正常根据温度的变化接通或断开，说明温度开关损坏。如图 2-17 所示。

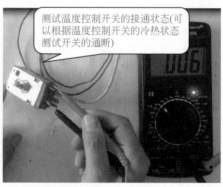

图2-17　温度开关的检测

九　倒顺开关

1.倒顺开关的作用与工作原理

倒顺开关也叫顺逆开关。它的作用是连通、断开电源或负载，可以使电机正转或反转，主要是给单相、三相电动机做正反转用的电气元件，但不能作为自动化元件。

三相电源提供一个旋转磁场，使三相电机转动，因电源三相的接法不同，磁场可顺时针或逆时针旋转，为改变转向，只需要将电机电源的任意两相相序进行改变即可完成。如原来的相序是 A、B、C，只需改变为 A、C、B 或 C、B、A。一般的倒顺开关有两排六个端子，调相通过中间触头换向接触达到换相目的，倒顺开关接线图如图 2-18 所示。倒顺开关内部结构有两种，如图 2-19 所示。

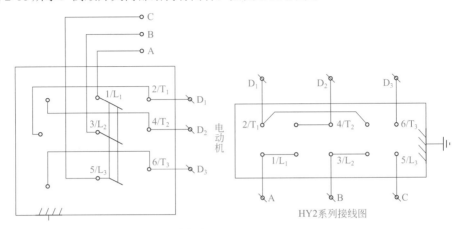

图2-18 倒顺开关的接线图

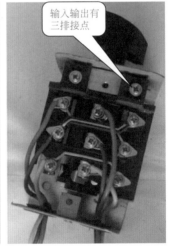

倒顺开关的检测

图2-19 倒顺开关的两种内部结构

以三相电机倒顺开关为例：设进线 A—B—C 三相，出线也是 A—B—C，因 ABC 三相是各相隔 120°，连接成一个圆周，设这个圆周上的 A、B、C 是顺时针的，连接到电机后，电机为顺时针旋转。

如在开关内将 B、C 切换一下，A 照旧不动，使开关的出线成了 A—C—B，那这个圆周上的 A、B、C 排列就成了逆时针的，连接到电机后，电机为逆时针旋转。

如将开关的把手往左扳，出线是 A—B—C；如将开关的把手扳到中间，A、B、C 全部断开，处于关的状态；如将开关的把手往右扳，出线是 A—C—B，电机的转动方向就与往左扳时相反。

倒顺开关三种状态工作过程如图 2-20 所示。

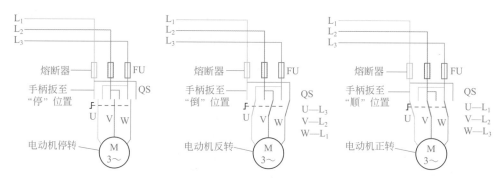

图2-20　倒顺开关三种状态工作过程

2.倒顺开关的检测

用万用表电阻挡（低挡位）或者蜂鸣挡检测。在检测倒顺开关时，首先将倒顺开关放置于零的位置，也就是停的位置，用万用表电阻挡检测输入端和输出端，三组开关均不应相通。如图 2-21 所示。

图2-21　在停的位置所有开关都不通

然后将开关拨向正转位置，那么检测它的三组输入端和输出端应相通，如不通，为对应开关损坏。如图 2-22 所示。

图2-22　在正转位置的开关导通情况

再将开关拨向反转位置，然后检测倒顺开关三组输入端与三组输出端应有两组交叉通，如输入输出两组开关不能交叉通或不能通，则说明开关损坏。如图 2-23 所示。

在反转位置的开关导通情况

图2-23　在反转位置的开关导通情况

3.倒顺开关的应用

（1）在三相电路中的应用如图 2-24 所示

U V W

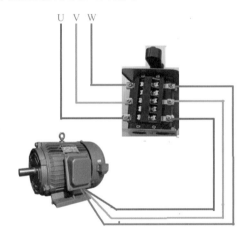

图2-24　倒顺开关在三相电路中的应用

当倒顺开关用于三相电动机控制时，按照图中接好线，倒顺开关在零位时电机不旋转，当将开关拨动到正位置时，则电机旋转（设定为正转），而当开关拨动到反位置时，电机旋转就是反转。这样完成了正反转控制。

（2）在单相电机中的应用

单相电机又分为电容运行式、单电容启动式和双电容启动运行式。

对于电容运行式单相电机来说，利用倒顺开关的正转和反转位置，实际上是利用开关触点调换了电容的两端接线，那么改变电容的两端接线就可以改变电动机的运转方向。如图 2-25 所示。

倒顺开关控制单电容启动电动机，实际上是利用倒顺开关改变了主绕组和副绕组的连接方式，那么改变了绕组的连接方式以后可以改变电流方向，从而可以控制电动机的正转或反转。在实际接线过程当中，只要按照图中接线图进行接线就可以正常控

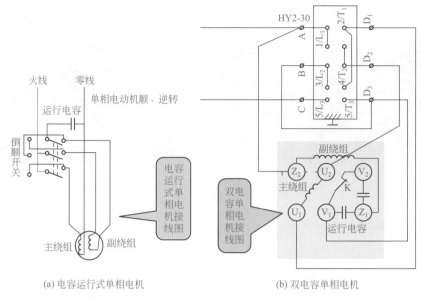

(a) 电容运行式单相电机　　　　　(b) 双电容单相电机

图2-25 倒顺开关在电容运行式单相电机运行控制中的接线

制电容启动式电机的正反转运行，此接线同样适用于电容启动运行电机，也就是双电容电动机的正反转控制。

✛ 万能转换开关

▣ 1.万能转换开关结构

万能转换开关（文字符号SA）的作用是用于不频繁接通与断开的电路，实现换接电源和负载，是一种多挡式、控制多回路的主令电器。

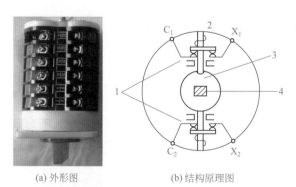

(a) 外形图　　　(b) 结构原理图

图2-26 万能转换开关结构

1—触点；2—触点弹簧；3—凸轮；4—转轴

万能转换开关由转轴、凸轮、触点座、定位机构、螺杠和手柄等组成。当手柄转动到不同的挡位时，转轴带着凸轮随之转动，使一些触头接通，另一些触头断开。它具有寿命长、使用可靠、结构简单等优点，适用于交流 50Hz、380V，直流 220V 及以下的电源引入，5kW 以下小容量电动机的直接启动，电动机的正反转控制及照明控制，但每小时的转换次数不宜超过 15~20 次。如图 2-26 所示。

2.万能转换开关符号与接线

如图 2-27 所示为万能转换开关的挡位、触点数目及接通状态，表中用"×"表示触点接通，否则为断开，由接线表才可画出其图形符号 [图 2-27（a）]。具体画法是：用虚线表示操作手柄的位置，用有无"·"表示触点的闭合和打开状态。例如，在触点图形符号下方的虚线位置上画"·"，表示当操作手柄处于该位置时，该触点处于闭合状态，若在虚线位置上未画"·"，则表示该触点处于打开状态。

由图 2-27（b）可知：

① 在 0 位时 1-2 触点闭合。

② 往左旋转触点，5-6、7-8 触点闭合。

③ 往右旋转触点，5-6、3-4 触点闭合。

LW26-25 万能转换开关是一种多挡式、控制多回路的主令电器，主要用于各种控制线路的转换，电压表、电流表的换相测量控制，配电装置线路的负荷遥控等，还可以用于直接控制小容量电动机的启动、调速和换向。如图 2-28 所示是工作原理接线图。

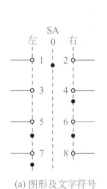

触点	位置		
	左	0	右
1-2		×	
3-4			×
5-6	×	×	
7-8	×		

(a) 图形及文字符号　　(b) 触点接线表

图2-27　万能转换开关符号表示

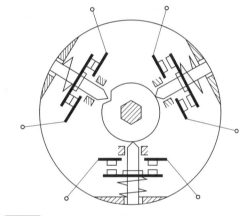

图2-28　LW26-25万能转换开关工作原理接线图

3.万能转换开关的使用注意事项

万能转换开关主要根据用途、接线方式、所需触点挡数和额定电流来选择。

① 万能转换开关的安装位置应与其他电器元件或机床的金属部件有一定的间隙，以免在通断过程中因电弧喷出而发生对地短路故障。

② 万能转换开关一般应水平安装在平板上，但也可以倾斜或垂直安装。

③ 万能转换开关的通断能力不强，当用来控制电动机时，LW5 系列只能控制 5.5kW 以下的小容量电动机。若用以控制电动机的正反转，则只有在电动机停止后才能反向启动。

④ 万能转换开关本身不带保护，使用时必须与其他电器配合。

⑤ 当万能转换开关有故障时，必须立即切断电路，检查有无妨碍可动部分正常转动的故障，检查弹簧有无变形或失效，触点工作状态和触点状况是否正常等。

4.万能转换开关的检测

（1）三挡位万能转换开关检测

三挡位万能转换开关种类比较多，下面以 LW5D-16 型为例讲解其检测。

用万用表电阻挡（低挡位）或者蜂鸣挡检测。在检测万能转换开关的时候，一定要熟悉它的触点接线表。在实际检测中，首先应将转换开关放在 0 位，按照接线表找到相通的开关，测量其应为通状态，其余所有开关均应处于断开状态（某些万能转换开关在 0 位时所有开关均不相同），如图 2-29 所示。然后将开关拨到向左或者是向右的位置，根据触点接通表测量相应的触点，其常开触点应该是不通的，对应的闭合触点应通，如不能按照触点接线表中的开关闭合断开，则说明开关有接触不良或损坏现象。

万能转换开关
的检测 1

在0位时所有组开关均不通

Ⅰ挡位时Ⅱ挡位所有组开关均不通

图2-29　三挡位万能转换开关在0位时所有开关均不通

在测量过程中，无论是向左还是向右，或者说Ⅰ挡或Ⅱ挡的位置时候，要把所有的开关全部测量到，也就是说和它相关的开关都应测量到，不能有遗漏。如图 2-30 所示。

万能转换开关
的检测 2

图2-30　在Ⅰ挡或Ⅱ挡位置时所有组开关全部通

（2）多挡位万能转换开关检测

多挡位万能转换开关型号也是比较多的，下面以 LW12-16 型万能转换开关为例进行检测。LW12-16 型有 40 个触点 20 组开关，共计 6 个挡位。如图 2-31 所示。

图2-31　多挡位万能转换开关的检测

　　用万用表电阻挡（低挡位）或者蜂鸣挡检测。在检测多挡位万能转换开关时，必须要有触点接线表，根据触点接线表分析清楚在开关不同位置时对应的触点接通断开状态，然后根据接通断开状态测量对应的开关的接通和断开。如在检测过程当中转换开关转到对应位置时，其控制的开关不能按照触点接线表通或断，则为开关损坏。在检测多挡开关的时候，要把所有触点组全部检测到，不能有遗漏。

十一　凸轮控制器

1.凸轮控制器用途

　　凸轮控制器也是一种万能转换开关。凸轮控制器是一种利用凸轮来操作动触点动作的控制电器。主要用于容量小于 30kW 的中小型绕线转子异步电动机线路中，控制电动机的启动、停止、调速、反转和制动，也广泛地应用于桥式起重等设备。常见的 KTJI 系列凸轮控制器主要由手柄（手轮）、触点系统、转轴、凸轮和外壳等部分组成，其结构如图 2-32 所示。

凸轮控制器的
检测

　　凸轮控制器头分合情况，通常使用触点分合表来表示。KTJI-50 型凸轮控制器的触点分合表如图 2-33 所示。

　　如图 2-34 所示为凸轮控制器实物。

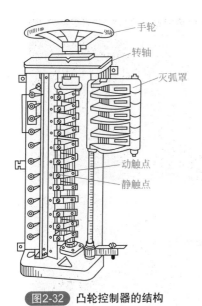

图2-32　凸轮控制器的结构

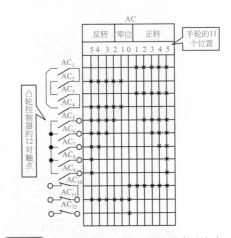

图2-33　KTJI-50型凸轮控制器的触点分合表

×—对应的触点在手轮处于此位置时是闭合的，
无此符号表示是分开的

2.凸轮控制器的选用

凸轮控制器在选用时主要根据所控制电动机的容量、额定电压、额定电流、工作制和控制位置数目等选择，可查阅相关技术手册。

3.凸轮控制器常见故障及处理措施

凸轮控制器常见故障及处理措施见表 2-6。

图2-34　凸轮控制器实物

表 2-6　凸轮控制器常见故障及处理措施

故障现象	故障分析	处理措施
主电路中常开主触点间短路	灭弧罩破损	调换灭弧罩
	触点间绝缘损坏	调换凸轮控制器
	手轮转动过快	降低手轮转动速度
触点过热使触点支持件烧焦	触点接触不良	修整触点
	触点压力变小	调整或更换触点压力弹簧
	触点上连接螺钉松动	旋紧螺钉
	触点容量过小	调换控制器
触点熔焊	触点弹簧脱落或断裂	调换触点弹簧
	触点脱落或磨光	更换触点
操作时有卡轧现象及噪声	滚动轴承损坏	调换轴承
	异物嵌入凸轮鼓或触点	清除异物

4.凸轮控制器使用注意事项

① 凸轮控制器在安装前应检查外壳及零件有无损坏，并清除内部灰尘。

② 安装前应操作控制器手柄不少于 5 次，检查有无卡轧现象。凸轮控制器必须牢固可靠地安装在墙壁或支架上，其金属外壳上的接地螺钉必须与接地线可靠接地。

5.凸轮控制器的检测

凸轮控制器的检测与多挡位万能转换开关检测方法相同，具体检测过程参见万能转换开关。

十二　熔断器

1.熔断器的用途

熔断器是低压电力拖动系统和电气控制系统中使用最多的安全保护电器之一，其主要用于短路保护，也可用于负载过载保护。熔断器主要由熔体和安装熔体的熔管和底座组成，各部分的作用如表 2-7 所示。

表 2-7　熔断器各部分的作用

各部分名称	材料及作用
熔体	由铅、铅锡合金或锌等低熔点材料制成的，多用于小电流电路；由银、铜等较高熔点金属制成的，多用于大电流电路
熔管	用耐热绝缘材料制成，再熔体熔断时兼有灭弧的作用
底座	用于固定熔管和外接引线

熔体在使用时应串接在需要保护的电路中，如图 2-35 所示熔断器与底座实物。

图2-35　熔断器与底座实物

2.熔断器的选用

在低压电气控制电路中选用熔断器时，常常只考虑熔断器的主要参数，如额定电流、额定电压和熔体的额定电流。

（1）额定电流

在电路中熔断器能够正常工作而不损坏时所通过的最大电流，该电流由熔断器各部分在电路中长时间正常工作时的温度所决定。因此，在选用熔断器的额定电流时，不应小于所选用熔体的额定电流。

（2）额定电压

在电路中熔断器能够正常工作而不损坏时所承受的最高电压。如果熔断器在电路中的实际工作电压大于其额定电压，那么会出现熔体熔断时有可能会引起电弧并且不能熄灭的恶果。因此，在选用熔断器的额定电压时，应高于电路中实际工作电压。

（3）熔体的额定电流

在规定的工作条件下，长时间流过熔体而熔体不损坏的最大安全电流。实际使用中，额定电流等级相同的熔断器可以选用若干个等级不同的熔体的额定电流。根据不同的低压熔断器所要保护的负载，选择熔体的额定电流的方法也有所不同，如表2-8所示。

表2-8 低压熔断器熔体选用原则

保护对象	选用原则
电炉和照明等电阻性负载短路保护	熔体的额定电流等于或稍大于电路的工作电流
保护单台电动机	考虑到电动机所受启动电流的冲击，熔体的额定电流应大于等于电动机额定电流的1.5~2.5倍。一般，轻载启动或启动时间短时选用1.5倍，重载启动或启动时间较长时选2.5倍
保护多台电动机	熔体的额定电流应大于等于容量最大电动机额定电流的1.5~2.5倍与其余电动机额定电流之和
保护配电电路	防止熔断器越级动作而扩大断路范围，后一级的熔体的额定电流比前一级熔体的额定电流至少大一个等级

3.熔断器的常见故障及处理措施

低压熔断器的好坏判断：万用指针表电阻挡测量，若熔体的电阻值为零说明熔体是好的；若熔体的电阻值不为零说明熔体损坏，必须更换熔体。低压熔断器的常见故障及处理措施，如表2-9所示。

表2-9 熔断器的常见故障及处理措施

故障现象	故障分析	处理措施
电路接通瞬间熔体熔断	熔体电流等级选择过小	更换熔体
	负载侧短路或接地	排除负载故障
	熔体安装时受了机械损伤	更换熔体
熔体未见熔断，但电路不通	熔体或接线座接触不良	重新连接

十三　断路器

1.断路器的用途

断路器的检测1　　断路器的检测2

低压断路器又称自动空气开关，是一种重要的控制和保护电器，主要用于交直流低压电网和电力拖动系统中，既可手动又可电动分合电路。它集控制和多种保护功能于一体，对电路或用电设备实现过载、短路和欠电压等保护，也可以用于不频繁地转换电路及启动电动机。低压断路器主要由触点、灭弧系统和各种脱扣器三部分组成。常见的低压断路器结构及用途见表 2-10。

表 2-10　低压断路结构及用途

名称	框架式	塑料外壳式
结构	电磁脱扣器　按钮　自由脱扣器　动触点　静触点　热脱扣器　接线柱	DW10系列　　DW16系列
用途	适用于手动不频繁地接通和断开容量较大的低压网络和控制较大容量电动机的场合（电力网主干线路）	适用于配电线路的保护开关，以及电动机和照明线路的控制开关等（电气设备控制系统）

如图 2-36 所示为断路器实物。

图2-36　断路器实物

2.断路器的选用

在低压电气控制电路中选用低压断路器时，常常只考虑低压断路器的主要参数，如额定电流、额定电压和壳架等级额定电流。

① 额定电流　低压断路器的额定电流应不小于被保护电路的计算负载电流。即用于保护电动机时，低压断路器的长延时电流整定值等于电动机的额定电流；用于保护三相笼型异步电动机时，其瞬时整定电流等于电动机额定电流的8～15倍，倍数与电动机的型号、容量和启动方法有关；用于保护三相绕线式异步电动机时，其瞬间整定电流等于电动机额定电流的3～6倍。

② 额定电压　低压断路器的额定电压应不高于被保护电路的额定电压，即低压断路器欠电压脱扣器额定电压等于被保护电路的额定电压，低压断路器分励脱扣器额定电压等于控制电源的额定电压。

③ 壳架等级额定电流　低压断路器的壳架等级额定电流应不小于被保护电路的计算负载电流。

④ 用于保护和控制不频繁启动电动机时，还应考虑断路器的操作条件和使用寿命。

3.通用断路器的检测

在检测断路器时，用万用表电阻挡（低挡位）或者蜂鸣挡检测。检测断路器在断开时的状态，其输入端和输出端均不应相通。然后将断路器接通，检测输入端和输出端，应该相通。最后接通电源将断路器闭合，检测输出端的电压应等于输入端电压，再按漏电实验按钮，此时断路器应该跳开切断电源。如图2-37所示。如果按动漏电实验按钮断路器不能跳开，说明漏电保护功能失效，也就是断路器损坏，应更换新断路器。

某些断路器有过电流调整，在使用时应根据负载电流调整过电流值到合适大小。其他测试方法与测量普通断路器的测量方法相同。如图2-38所示。

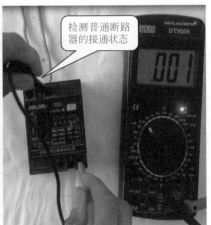

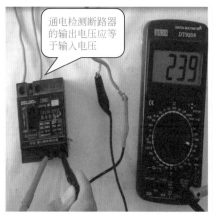
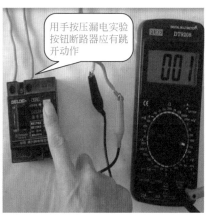

图2-37　通用断路器检测

图2-38　过电流调整型断路器检测

4.万能式断路器

（1）万能式断路器的用途与结构

万能式断路器用来分配电能和保护线路及电源设备免受过载、欠电压、短路、单相接地等故障的危害。该断路器具有智能化保护功能，选择性保护精确，能提高供电可靠性，避免不必要的停电。该断路器广泛适用于电站、工厂、矿山和现代高层建筑，特别是智能楼宇中的配电系统。万能式断路器的结构如图 2-39 所示。

（2）万能式断路器的安装

① 万能式断路器安装起吊时，应把吊索正确钩挂在断路器两侧提手上，起吊时应尽可能使其保持垂直，避免磕碰，以免造成内在的不易觉察的损伤而留下隐患。

② 检查万能式断路器的规格是否符合要求。

③ 以 500V 兆欧表检查万能式断路器各相之间及各相对地之间的绝缘电阻，在周围介质温度为 20℃±5℃和相对湿度为 50%～70% 时绝缘电阻值应大于 20MΩ，否则应进行干燥处理。

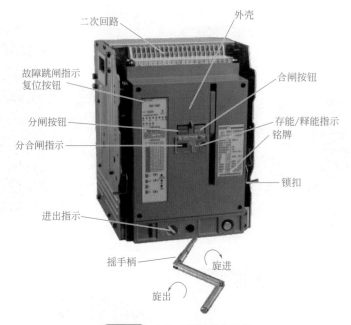

二次回路

外壳

故障跳闸指示
复位按钮

合闸按钮

分闸按钮

存能/释能指示

分合闸指示

铭牌

锁扣

进出指示

摇手柄

旋进

旋出

图2-39 万能式断路器的结构

④ 检查万能式断路器各部分动作的可靠性，电流、电压脱扣器特性是否符合要求，闭合、断开是否可靠。万能式断路器在闭合和断开过程中其可动部分与灭弧罩等零件应无卡、碰等现象。（注意：进行闭合操作时，欠压线圈应通以额定电压或用螺钉紧固，以免造成误判。）

⑤ 安装时应严格遵守万能式断路器的飞弧距离及安全间距（＞100mm）。

⑥ 万能式断路器必须垂直安装于平整坚固的底架或固定架上并用螺栓紧固，以免由于安装平面不平使断路器或抽屉式支架受到附加力而引起变形。

⑦ 抽屉式断路器安装时还必须检查主回路触点与触点座的配合情况和二次回路对应触点的配合情况是否良好，如发现由于运输等原因而产生偏移，应及时予以修正。

⑧ 在进行电气连接前应先切断电源，确保电路中没有电压存在。连接母排或连接电缆应与万能式断路器自然连接，若连接母排的形位尺寸不当应事先整形，不能用强制性外力使其与断路器主回路进出线勉强相接而使断路器发生变形，影响其动作的可靠性。

⑨ 用户应考虑到预期短路电流对母排之间可能产生强大的电动力而影响到断路器的进出线端，故必须用强度足够的绝缘板条在近万能式断路器处对母排予以紧固。

⑩ 用户应对万能式断路器进行可靠的保护接地，固定式断路器的接地处标有明显的接地标记，抽屉式断路器的接地借助于抽屉式支架来实现。

⑪ 按线路图连接好控制装置和信号装置，在闭合操作前必须安装好灭弧罩，插好隔弧板并清除安装过程中产生的尘埃及可能遗留下来的杂物（如金属屑、导线等）。

（3）万能式断路器的使用与维护

① 万能式断路器使用时应将磁铁工作极面上的防锈油擦净并保持清洁。

② 各转动轴孔及摩擦部分必须定期添加润滑油。

③ 万能式断路器在使用过程中要定期检查，以保证使用的安全性和可靠性。

· 定期清刷灰尘，以保持万能式断路器的绝缘水平。

· 按期对触点系统进行检查。（注意：检查时应使万能式断路器处于隔离位置。）

a. 检查弧触点的烧损程度，如果动、静弧触点刚接触时主触点的超程小于 2mm，必须重新调整或更换弧触点。

b. 检查主触点的电磨损程度，若发现主触点上有小的金属颗粒形成则应及时铲除并修复平整；如发现主触点超程小于 4mm，必须重新调整，如主触点上的银合金厚度小于 1mm 时，必须更换触点。

c. 检查软连接断裂情况，去掉折断的带层。若长期使用后软连接折断情况严重（接近二分之一），则应及时更换。

④ 当万能式断路器分断短路电流后，除必须检查触头系统外，还必须清除灭弧罩两壁烟痕及检查灭弧栅片烧损情况，如严重应更换灭弧罩。

5.断路器的常见故障及处理措施

断路器的常见故障及处理措施见表 2-11。

表 2-11　断路器的常见故障及处理措施

故障现象	故障分析	处理措施
不能合闸	欠压脱扣器无电压和线圈损坏	检查施加电压和更换线圈
	储能弹簧力过大	更换储能弹簧
	反作用弹簧力过大	重新调整
	机构不能复位再扣	调整再扣接触面至规定值
电流达到整定值，断路器不动作	热脱扣器双金属片损坏	更换双金属片
	电磁脱扣器的衔铁与铁芯的距离太大或电磁线圈损坏	调整衔铁与铁芯的距离或更换断路器
	主触点熔焊	检查原因并更换主触点
启动电动机时断路器立即分断	电磁脱扣器瞬动整定值过小	调高整定值至规定值
	电磁脱扣器某些零件损坏	更换脱扣器
断路器闭合后经一定时间自行分断	热脱扣器整定值过小	调高整定值至规定值
断路器温升过高	触点压力过小	调整触点压力或更换弹簧
	触点表面过分磨损或接触不良	更换触点或整修接触面
	两个导电零件连接螺钉松动	重新拧紧

6.断路器使用注意事项

① 安装时，低压断路器垂直于配电板，上端接电源线，下端接负载。

② 低压断路器在电气控制系统中若作为电源总开关或电动机的控制开关，则必

须在电源进线侧安装熔断器或刀开关等，这样可出现明显的保护断点。

③ 低压断路器在接入电路后，在使用前应将防锈油脂涂抹在脱扣器的工作表面上；设定好脱扣器的保护值后，不允许随意改动，避免影响脱扣器保护值。

④ 低压断路器在使用过程中分断短路电流后，要及时检修触点，发现电灼烧痕现象，应及时修理或更换。

⑤ 定期清扫断路器上的积尘和杂物，定期检查各脱扣器的保护值，定期给操作机构添加润滑剂。

十四 小型电磁继电器

1.电磁继电器的结构

继电器是具有隔离功能的自动开关元件，广泛应用于遥控、遥测、通信、自动控制、机电一体化及电力电子设备中，是最重要的控制元件之一。电磁继电器实物如图 2-40 所示。

图2-40 电磁继电器实物

2.电磁继电器的主要技术参数

① 额定工作电压和额定工作电流。额定工作电压是指继电器在正常工作时线圈两端所加的电压，额定工作电流是指继电器在正常工作时线圈需要通过的电流。使用中必须满足线圈对工作电压、工作电流的要求，否则继电器不能正常工作。

② 线圈直流电阻。线圈直流电阻是指继电器线圈直流电阻的阻值。

③ 吸合电压和吸合电流。吸合电压是指使继电器能够产生吸合动作的最小电压值，吸合电流是指使继电器能够产生吸合动作的最小电流值。为了确保继电器的触点

能够可靠吸合，必须给线圈加上稍大于额定电压（电流）的实际电压值，但也不能太高，一般为额定值的 1.5 倍，否则会导致线圈损坏。

④ 释放电压和释放电流。释放电压是指使继电器从吸合状态到释放状态所需的最大电压值，释放电流是指使继电器从吸合状态到释放状态所需的最大电流值。为保证继电器按需要可靠地释放，在继电器释放时，其线圈所加的电压必须小于释放电压。

⑤ 触点负荷。触点负荷是指继电器触点所允许通过的电流和所加的电压，也就是触点能够承受的负载大小。在使用时，为避免触点过电流损坏，不能用触点负荷小的继电器去控制负载大的电路。

⑥ 吸合时间。吸合时间是指给继电器线圈通电后，触点从释放状态到吸合状态所需要的时间。

3.电磁继电器的识别

根据线圈的供电方式，电磁继电器可以分为交流电磁继电器和直流电磁继电器两种。交流电磁继电器的外壳上标有"AC"字符，而直流电磁继电器的外壳上标有"DC"字符。根据触点的状态，电磁继电器可分为常开型继电器、常闭型继电器和转换型继电器三种。三种电磁继电器的图形符号如图 2-41 所示。

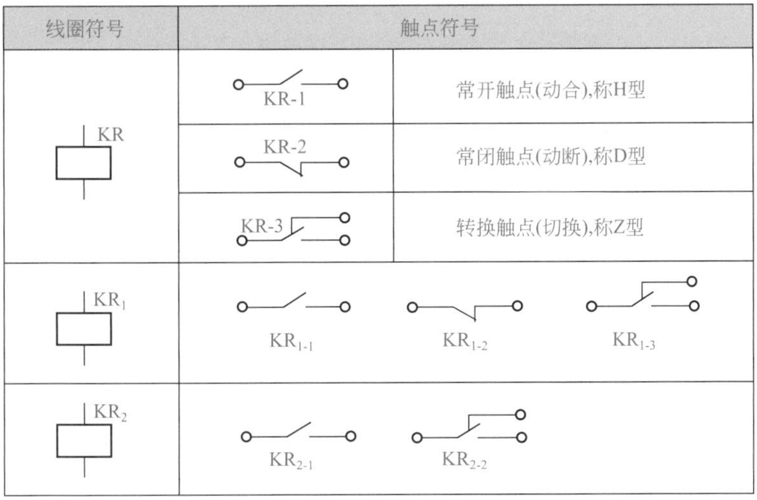

线圈符号	触点符号	
KR	KR-1	常开触点(动合),称H型
	KR-2	常闭触点(动断),称D型
	KR-3	转换触点(切换),称Z型
KR_1	KR_{1-1}　　　KR_{1-2}　　　KR_{1-3}	
KR_2	KR_{2-1}　　　KR_{2-2}	

图2-41　电磁继电器的图形符号

常开型继电器也称动合型继电器，通常用"合"字的拼音字头"H"表示，此类继电器的线圈没有电流时，触点处于断开状态，当　线圈通电后触点就闭合。

常闭型继电器也称动断型继电器，通常用"断"字的拼音字头"D"表示，此类继电器的线圈没有电流时，触点处于接通状态，当线圈通电后触点就断开。

转换型继电器用"转"字的拼音字头"Z"表示，转换型继电器有 3 个一字排开的触点，中间的触点是动触点，两侧的是静触点。此类继电器的线圈没有导通电流时，动触点与其中的一个静触点接通，而与另一个静触点断开；当线圈通电后动触点移动，与原闭合的静触点断开，与原断开的静触点接通。

电磁继电器按控制路数可分为单控型和双控型两大类。双控型电磁继电器就是设置了两组可以同时通断的触点的继电器，其结构及图形符号如图2-42所示。

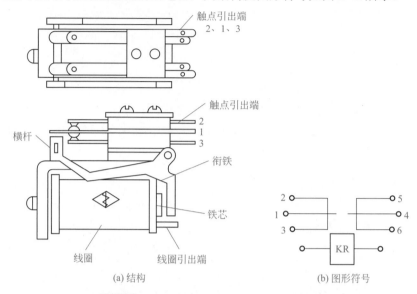

图2-42　双控型电磁继电器的结构及图形符号

4.电磁继电器的检测

（1）判别类型（交流或直流）

电磁继电器分为交流与直流两种，在使用时必须加以区分。凡是交流继电器，因为交流电不断呈正旋变化，当电流经过零值时，电磁铁的吸力为零，这时衔铁将被释放；电流过了零值，吸力恢复又将衔铁吸入。这样，伴着交流电的不断变化，衔铁将不断地被吸入和释放，势必产生剧烈的振动。为了防止这一现象的发生，在其铁芯顶端装有一个铜制的短路环。短路环的作用是，当交变的磁通穿过短路环时，在其中产生感应电流，从而阻止交流电过零时原磁场的消失，使衔铁和磁轭之间维持一定的吸力，从而消除了工作中的振动。另外，在交流继电器的线圈上常标有"AC"字样，直流电磁继电器则没有铜环。在直流继电器上标有"DC"字样。有些继电器标有AC/DC，则要按标称电压正确使用。

（2）测量线圈电阻

根据继电器标称直流电阻值，将万用表置于适当的电阻挡，可直接测出继电器线圈的电阻值。即将两表笔接到继电器线圈的两引脚，万用表指示应基本符合继电器标称直流电阻值。如果阻值无穷大，说明线圈有开路现象，可查一下线圈的引出端，看看是否线头脱落；如果阻值过小，说明线圈短路，但是通过万用表很难判断线圈的匝间短路现象；如果断头在线圈内部或看上去线包已烧焦，那么只有查阅数据，重新绕制，或换一个相同的线圈（图2-43）。

图2-43　测量线圈电阻

（3）判别触点的数量和类别

在继电器外壳上标有触点及引脚功能图，可直接判别；如无标注，可拆开继电器外壳，仔细观察继电器的触点结构，即可知道该继电器有几对触点、每对触点的类别以及与哪个簧片构成一组触点、对应的是哪几个引出端（图2-44、图2-45）。

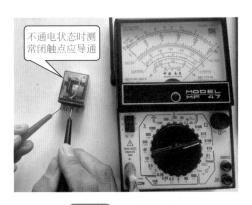

图2-44　测量常闭触点

图2-45　通电后测量常开触点

（4）检查衔铁工作情况

用手拨动衔铁，看衔铁活动是否灵活，有无卡滞的现象。如果衔铁活动受阻，应找出原因加以排除。另外，也可用手将衔铁按下，然后再放开，看衔铁是否能在弹簧（或簧片）的作用下返回原位。注意，返回弹簧比较容易锈蚀，应作为重点检查部位。

（5）测量吸合电压和吸合电流

给继电器线圈输入一组电压，且在供电回路中串入电流表进行监测。慢慢调高电源电压，听到继电器吸合声时，记下该吸合电压和吸合电流。为求准确，可以多试几次求平均值。

（6）测量释放电压和释放电流

也是像上述那样连接测试，当继电器发生吸合后，再逐渐降低供电电压，当听到继电器再次发生释放声音时，记下此时的电压和电流，亦可多试几次取得平均的释放电压和释放电流。一般情况下，继电器的释放电压为吸合电压的10%~50%。如果释放电压太小（小于1/10的吸合电压），则不能正常使用了，这样会对电路的稳定性造成威胁，工作不可靠。

十五 · 固态继电器

1.固态继电器的用途与结构

固态继电器（SSR）是一种全电子电路组合的元件，它依靠半导体器件和电子元件的电磁和光特性来完成其隔离和继电切换功能。固态继电器与传统的电磁继电器相比，是一种没有机械、不含运动零部件的继电器，但具有与电磁继电器本质上相同的功能。固态继电器的输入端用微小的控制信号直接驱动大电流负载，被广泛应用于工业自动化控制，如电炉加热系统、热控机械、遥控机械、电机、电磁阀以及信号灯、闪烁器、舞台灯光控制系统、医疗器械、复印机、洗衣机、消防安保系统等都有大量应用。固态继电器的外形如图2-46所示。

各种外形固态继电器，实现无触点开关

图2-46 固态继电器的外形

（1）固态继电器的特点

固态继电器的特点如下：一是输入控制电压低（3～14V），驱动电流小（3～15mA），输入控制电压与 TTL、DTL、HTL 电平兼容，直流或脉冲电压均能作输入控制电压；二是输出与输入之间采用光电隔离，可在以弱控强的同时，实现强电与弱电完全隔离，两部分之间的安全绝缘电压大于 2kV，符合国际电气标准；三是输出无触点、无噪声、无火花、开关速度快；四是输出部分内部一般含有 RC 过电压吸收电路，以防止瞬间过电压而损坏固态继电器；五是过零触发型固态继电器对外界的干扰非常小；六是采用环氧树脂全灌封装，具有防尘、耐湿、寿命长等优点。因此，固态继电器已广泛应用在各个领域，不仅可以用于加热管、红外灯管、照明灯、电机、电磁阀等负载的供电控制，而且可以应用到电磁继电器无法应用的单片机控制等领域，将逐步替代电磁继电器。

（2）固态继电器的分类

交流固态继电器按开关方式分为电压过零导通型（简称过零型）和随机导通型（简称随机型），按输出开关元件分为双向晶闸管输出型（普通型）和单向晶闸管反并联型（增强型），按安装方式分为印制电路板上用的针插式（自然冷却，不必带散热器）和固定在金属底板上的装置式（靠散热器冷却），另外输入端又有宽范围输入（DC3～32V）的恒流源型和串电阻限流型等。

固态继电器按触发形式分为零压型（Z）和调相型（P）两种。

（3）固态继电器的电路结构

固态继电器主要由输入（控制）电路、驱动电路、输出（负载控制）电路、外壳和引脚构成。

① 输入电路。输入电路是为输入控制信号提供的回路，使之成为固态继电器的触发信号源。固态继电器的输入电路多为直流输入，个别的为交流输入。直流输入又分为阻性输入和恒流输入。阻性输入电路的输入控制电流随输入电压呈线性正向变化，恒流输入电路在输入电压达到预置值后，输入控制电流不再随电压的升高而明显增大，输入电压范围较宽。

② 驱动电路。驱动电路包括隔离耦合电路、功能电路和触发电路 3 个部分。隔离耦合电路目前多采用光电耦合和高频变压器耦合两种电路形式。常用的光电耦合器有发光管 - 光敏三极管、发光管 - 光晶闸管、发光管 - 光敏二极管阵列等。高频变压器耦合是指在一定的输入电压下，形成约 10MHz 的自励振荡脉冲，通过变压器磁芯将高频信号传递到变压器二次侧。功能电路可包括检波整流、零点检测、放大、加速、保护等各种功能电路。触发电路的作用是给输出器件提供触发信号。

③ 输出电路。固态继电器的功率开关直接接入电源与负载端，实现对负载电源的通断切换。主要使用的有大功率三极管（开关管 -Transistor）、单向晶闸管（Thyristor 或 SCR）、双向晶闸管（Triac）、功率场效应管（MOSFET）和绝缘栅型双极晶体管（IGBT）。固态继电器的输出电路也可分为直流输出电路、交流输出电路和交直流输出电路等形式。按负载类型，可分为直流固态继电器和交流固态继电器。直流输出时可使用双极性器件或功率场效应管，交流输出时通常使用两只晶闸管或一只双向晶闸管。而交流固态继电器又可分为单相交流固态继电器和三相交流固态继电器。交流固态继

电器按导通与关断的时机，可分为随机型交流固态继电器和过零型交流固态继电器。

目前，直流固态继电器的输出器件主要使用大功率三极管、大功率场效应管、IGBT 等，交流固态继电器的控制器件主要使用单向晶闸管、双向晶闸管等。

按触发方式，交流固态继电器又分为过零触发型和随机导通型两种。其中，过零触发型交流固态继电器是当控制信号输入后，在交流电源经过零电压附近时导通，不仅干扰小，而且导通瞬间的功耗小。随机导通型交流固态继电器则是在交流电源的任一相位上导通或关断，因此在导通瞬间要能产生较大的干扰，并且它内部的晶闸管容易因功耗大而损坏。按采用的输出器件不同，交流固态继电器分为双向晶闸管普通型和单向晶闸管反并联增强型两种。单向晶闸管具有阻断电压高和散热性能好等优点，多被用来制造高电压、大电流产品和用于感性、容性负载中。

2.固态继电器的主要参数

① 输入电流（电压）：输入流过的电流值（产生的电压值），一般标示全部输入电压（电流）范围内的输入电流（电压）最大值；在特殊声明的情况下，也可标示额定输入电压（电流）下的输入电流（电压）值。

② 接通电压（电流）：使固态继电器从关断状态转换到接通状态的临界输入电压（电流）值。

③ 关断电压（电流）：使固态继电器从接通状态转换到关断状态的临界输入电压（电流）值。

④ 额定输出电流：固态继电器在环境温度、额定电压、功率因数、有无散热器等条件下，所能承受的电流最大有效值。一般生产厂家都提供热降降曲线，若固态继电器长期工作在高温状态下（40~80℃），用户可根据厂家提供的最大输出电流与环境温度曲线数据，考虑降额使用来保证它的正常工作。

⑤ 最小输出电流：固态继电器可以可靠工作的最小输出电流，一般只适用于晶闸管输出的固态继电器，类似于晶闸管的最小维持电流。

⑥ 额定输出电压：固态继电器在规定条件下所能承受的稳态阻性负载的最大允许电压的有效值。

⑦ 瞬态电压：固态继电器在维持其关断的同时，能承受而不致造成损坏或失误导通的最大输出电压。超过此电压可以使固态继电器导通，若满足电流条件则是非破坏性的。瞬态持续时间一般不作规定，可以在几秒的数量级，受内部偏值网络功耗或电容器额定值的限制。

⑧ 输出电压降：固态继电器在最大输出电流下，输出两端的电压降。

⑨ 输出接通电阻：只适用于功率场效应管输出的固态继电器，由于此种固态继电器导通时输出呈现线性电阻状态，故可以用输出接电阻来替代输出电压降表示输出的接通状态，一般采用瞬态测试法测试，以减少温升带来的测试误差。

⑩ 输出漏电流：固态继电器处于关断状态，输出施加额定输出电压时流过输出端的电流。

⑪ 过零电压：只适用于交流过零型固态继电器，表征其过零接通时的输出电压。

⑫ 电压指数上升率：固态继电器输出端能够承受的不至于使其接通电压上升率。

⑬ 接通时间：从输入到达接通电压时起，到负载电压上升到 90% 的时间。

⑭ 关断时间：从输入到达关断电压时起，到负载电压下降到 10% 的时间。

⑮ 电气系统峰值：在继电器工作状态，继电器输出端能够承受的最大叠加的瞬时峰值击穿电压。

⑯ 过负载：一般为 1 次 /s、脉宽 100ms、10 次，过载幅度为额定输出电流的 3.5 倍，对于晶闸管输出的固态继电器也可按晶闸管的标示方法，单次、半周期，过载幅度为 10 倍额定输出电流。

⑰ 功耗：一般包括固态继电器所有引出端电压与电流乘积的和。对于小功率固态继电器可以分别标示输入功耗和输出功耗，而对于大功率固态继电器则可以只标示输出功耗。

⑱ 绝缘电压（输入 / 输出）：固态继电器的输入和输出之间所能承受的隔离电压的最小值。

⑲ 绝缘电压（输入输出 / 底部基板）：固态继电器的输入输出和底部基板之间所能承受的隔离电压的最小值。

表 2-12 和表 2-13 列出了几种 ACSSR 和 DCSSR 的主要性能参数，可供选用时参考。表中，两个重要参数为输出负载电压和输出负载电流，在选用器件时应加以注意。

表 2-12　几种 ACSSR 的主要参数

参数	输入电压 /V	输入电流 /mA	输出负载电压 /V	断态漏电流 /mA	输出负载电流 /A	通态压降 /V
V23103-S 2192-B402	3～30	<30	24～280	4.5	2.5	1.6
G30-202P	3～28		75～250	<10	2	1.6
GTJ-1AP	3～30	<30	30～220	<5	1	1.8
GTJ-2.5AP	3～30	<30	30～220	<5	2.5	1.8
SP1110		5～10	24～140	<1	1	
SP2210		10～20	24～280	<1	2	
JGX-10F	3.2～14	20	25～250	10	10	

表 2-13　几种 DCSSR 主要参数

参数	#675	GTJ-0.5DP	GTJ-1DP	16045580
输入电压 /V	10～32	6～30	6～30	5～10
输入电流 /mA	12	3～30	3～30	3～8
输出负载电压 /V	4～55	24	24	25
输出负载电流 /A	3	0.5	1	1
断态漏电流 /mA	4	10（μA）	10（μA）	
通态压降 /V	2（2A 时）	1.5（1A 时）	1.5（1A 时）	0.6
开通时间 /μs	500	200	200	
关断时间 /ms	2.5	1	1	

3.固态继电器的检测

（1）输入部分检测

检测固态继电器输入部分如图 2-47 所示。固态继电器输入部分一般为光电隔离器件，因此可用万用表检测输入两引脚的正反向电阻。测试结果应为一次有阻值，一次无穷大。如果测试结果均为无穷大，说明固态继电器输入部分已经开路损坏；如果两次测试阻值均很小或者几乎为零，说明固态继电器输入部分短路损坏。

(a) 正向测量　　　　　　　(b) 反向测量

图2-47　输入部分检测

（2）输出部分检测

检测固态继电器输出部分如图 2-48 所示。用万用表测量固态继电器输出端引脚之间的正反向电阻，均应为无穷大。单向直流型固态继电器除外，因为单向直流型固体继电器输出器件为场效应管或 IGBT，这两种管在输出两脚之间会并有反向二极管，因此使用万用表测量时也会呈现出一次有阻值、一次无穷大的现象。

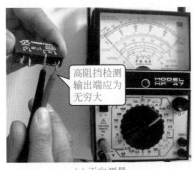

(a) 正向测量　　　　　　　(b) 反向测量

图2-48　输出部分检测

（3）通电检测固态继电器

在上一步检测的基础上，给固态继电器输入端接入规定的工作电压，这时固态继电器输出端两引脚之间应导通，万用表指针指示阻值很小，如图 2-49 所示。断开固态继电器输入端的工作电压后，其输出端两引脚之间应截止，万用表指针指示为无穷大，如图 2-50 所示。

图2-49　接入工作电压时

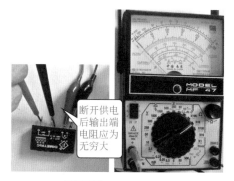

图2-50　断开工作电压时

十六　中间继电器

中间继电器的检测

1.中间继电器外形及结构

交直流中间继电器，常见的有 JZ7，其结构如图 2-51、图 2-52 所示。它是整体结构，采用螺管直动式磁系统及双断点桥式触点。基本结构交直通用，交流铁芯为平顶形；直流铁芯与衔铁为圆锥形接触面，以获得较平坦的吸力特性。触点采用直列式布置，对数可达 8 对，可按 6 开 2 闭、4 开 4 闭或 2 开 6 闭任意组合。变换反力弹簧的反作用力，可获得动作特性的最佳配合。如图 2-53 所示为中间继电器实物。

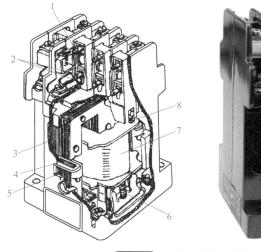

图2-51　JZ7中间继电器结构

1—常闭触点；2—常开触点；3—动铁芯；4—短路环；5—静铁芯；
6—反作用弹簧；7—线圈；8—复位弹簧

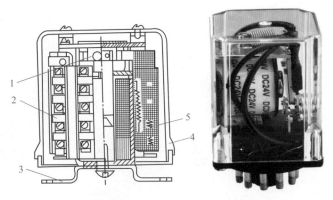

图2-52 电磁式中间继电器结构

1—衔铁；2—触点系统；3—支架；4—罩壳；5—电压线圈

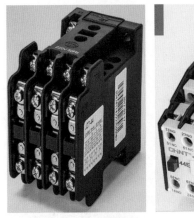

图2-53 中间继电器实物

2.中间继电器的选用

① 种类、型号与使用类别：选用继电器的种类，主要看被控制和保护对象的工作特性；而型号主要依据控制系统提出的灵敏度或精度要求进行选择；使用类别决定了继电器所控制的负载性质及通断条件，应与控制电路的实际要求相比较，看其能否满足需要。

② 使用环境：根据使用环境选择继电器，主要考虑继电器的防护和使用区域。如对于含尘埃及腐蚀性气体、易燃、易爆的环境，应选用带罩壳的全封闭式继电器。对于高原及湿热带等特殊区域，应选用适合其使用条件的产品。

③ 额定数据和工作制：继电器的额定数据在选用时主要注意线圈额定电压、触点额定电压和触点额定电流。线圈额定电压必须与所控电路相符，触点额定电压可为继电器的最高额定电压（即继电器的额定绝缘电压）。继电器的最高工作电流一般小于该继电器的额定发热电流。

④ 继电器一般适用于8小时工作制（间断长期工作制）、反复短时工作制和短时

工作制。在选用反复短时工作制时，由于吸合时有较大的启动电流，所以使用频率应低于额定操作频率。

3.中间继电器使用注意事项

（1）安装前的检查

① 根据控制电路和设备的要求，检查继电器铭牌数据和整定值是否与要求相符。

② 检查继电器的活动部分是否灵活、可靠，外罩及壳体是否有损坏或缺件等情况。

③ 清洁继电器表面的污垢，去除部件表面的防护油脂及灰尘，如中间继电器双E型铁芯表面的防锈油，以保证运行可靠。

（2）安装与调整

安装接线时，应检查接线是否正确，接线螺钉是否拧紧。对于导线线芯很细的应折一次，以增加线芯截面积，以免造成虚连。

对电磁式控制继电器，应在触点不带电的情况下，使吸引线圈带电操作几次，看继电器动作是否可靠。

对电流继电器的整定值做最后的校验和整定，以免造成其控制及保护失灵而出现严重事故。

（3）运行与维护

定期检查继电器各零部件有无松动、卡住、锈蚀、损坏等现象，一经发现及时修理。

经常保持触点清洁与完好，在触点磨损至 1/3 厚度时应考虑更换。触点烧损应及时修理。

如在选择时估计不足，使用时控制电流超过继电器的额定电流，或为了使工作更加可靠，可将触点并联使用。如需要提高分断能力（一定范围内），也可用触点并联的方法。

4.中间继电器的检测

检测中间继电器时，首先用万用表的电阻挡或者是蜂鸣挡测量所有的常闭触点是否接通，在检测所有的常开触点均为断开状态，然后用万用表测量线圈，应该有一定的电阻值，根据线圈的电压值不同，其电阻值有所变化，额定电压越高，线圈电阻值越大，如阻值为零或很小，为线圈烧毁，阻值为无穷大，为线圈断路。如图 2-54 所示。

一般情况下，用万用表按上述规律检测后认为中间继电器基本是好的。进一步测量，可用改锥按一下中间继电器的联动杆，测量常开触点应该闭合接通，对于判断中间继电器的电磁机械操作部件来讲可以进行通电试验，也就是给中间继电器加入额定的工作电压，此时中间继电器能吸合，然后用万用表测量其常开触点应接通，如图 2-54 所示。经上述测量说明中间继电器是好的。

5.中间继电器常见故障与处理措施

中间继电器的结构和接触器十分接近，其故障的检修可参照接触器进行。下面只对不同之处做简单介绍。

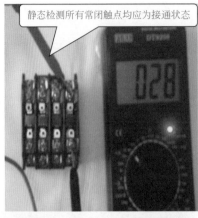

静态检测所有常闭触点均应为接通状态

静态检测所有常开触点均为断开状态

按压触点控制端，测试所有常开触点应接通

测试线圈电阻应有一定阻值，如为很大或不通为断路，阻值很小为短路

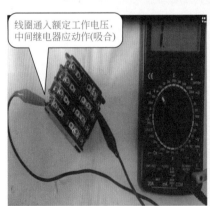

线圈通入额定工作电压，中间继电器应动作(吸合)

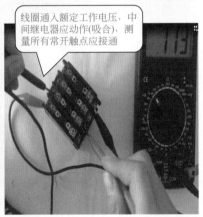

线圈通入额定工作电压，中间继电器应动作(吸合)，测量所有常开触点应接通

图2-54　中间继电器的检测

触点虚连现象：长期使用中，油污、粉尘、短路等现象造成触点虚连，有时会产生重大事故。这种故障一般检查时很难发现，除非进行接触可靠性试验。为此，对于中间继电器用于特别重要的电气控制回路时应注意下列情况：

① 尽量避免用 12V 及以下的低压电作为控制电压。在这种低压控制回路中，因

虚连引起的事故较常见。

② 控制回路采用 24V 作为额定控制电压时，应将其触点并联使用，以提高工作可靠性。

③ 控制回路必须用低电压控制时，以采用 48V 较优。

十七 热继电器

热继电器的检测

1.热继电器的外形及结构

热继电器是利用电流的热效应来推动机构使触点闭合或断开的保护电器，主要用于电动机的过载保护、断相保护、电流的不平衡运行保护及其他电气设备发热状态的控制。常见的双金属片式热继电器的外形、结构、符号如图 2-55 所示。如图 2-56 所示为热继电器实物。

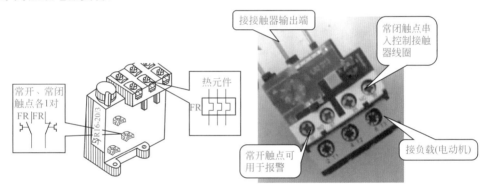

图2-55 热继电器的外形、结构、符号

图2-56 热继电器实物

2.热继电器的选用

热继电器的技术参数主要有额定电压、额定电流、整定电流和热元件规格。选用时，一般只考虑其额定电流和整定电流两个参数，其他参数只有在特殊要求时才考虑。

① 额定电压是指热继电器触点长期正常工作所能承受的最大电压。

② 额定电流是指热继电器允许装入热元件的最大额定电流，根据电动机的额定

电流选择热继电器的规格，一般应使热继电器的额定电流略大于电动机的额定电流。

③ 整定电流是指长期通过热元件而热继电器不动作的最大电流。一般情况下，热元件的整定电流为电动机额定电流的 0.95～1.05 倍；若电动机拖动的是冲击性负载或启动时间较长及拖动设备不允许停电的场合，热继电器的整定电流值可取电动机额定电流的 1.1～1.5 倍；若电动机的过载能力较差，热继电器的整定电流可取电动机额定电流的 0.6～0.8 倍。

④ 当热继电器所保护的电动机绕组是 Y 形接法时，可选用两相结构或三相结构的热继电器；当电动机绕组是△形接法时，必须采用三相结构带端相保护的热继电器。

■ 3.常见故障与检修

热继电器的常见故障及处理措施见表 2-14。

表 2-14　热继电器的常见故障及处理措施

故障现象	故障分析	处理措施
热元件烧断	负载侧短路，电流过大	排除故障，更换热继电器
	操作频率过高	更换合适参数的热继电器
热继电器不动作	热继电器的额定电流值选用不合适	按保护容量合理选用
	整定值偏大	合理调整整定值
	动作触点接触不良	消除触点接触不良因素
	热元件烧断或脱焊	更换热继电器
	动作机构卡阻	消除卡阻因素
	导板脱出	重新放入并调试
热继电器动作不稳定，时快时慢	热继电器内部机构某些部件松动	将这些部件加以紧固
	在检查中弯折了双金属片	用两倍电流预试几次或将双金属片拆下来热处理以除去内应力
	通电电流波动太大，或接线螺钉松动	检查电源电压或拧紧接线螺钉
热继电器动作太快	整定值偏小	合理调整整定值
	电动机启动时间过长	按启动时间要求，选择具有合适的可返回时间的热继电器
	连接导线太细	选用标准导线
	操作频率过高	更换合适的型号
	使用场合有强烈冲击和振动	采取防振动措施
	可逆转频繁	改用其他保护方式
	安装热继电器与电动机环境温差太大	按低温差情况配置适当的热继电器
主电路不通	热元件烧断	更换热元件或热继电器
	接线螺钉松动或脱落	紧固接线螺钉
控制电路不通	触点烧坏或动触点片弹性消失	更换触点或弹簧
	可调整式旋钮在不合适的位置	调整旋钮或螺钉
	热继电器动作后未复位	按动复位按钮

4.热继电器使用注意事项

① 必须按照产品说明书中规定的方式安装，安装处的环境温度应与所处环境温度基本相同。当与其他电器安装在一起时，应注意将热继电器安装在其他电器的下方，以免其动作特性受到其他电器发热的影响。

② 热继电器安装时，应清除触点表面尘污，以免因接触电阻过大或电路不通而影响热继电器的动作性能。

③ 热继电器出线端的连接导线应参照标准选择。导线过细，轴向导热性差，热继电器可能提前动作；反之，导线过粗，轴向导热快，继电器可能滞后动作。

④ 使用中的热继电器应定期通电校验。

⑤ 热继电器在使用中应定期用布擦净尘埃和污垢，若发现双金属片上有锈斑，应用清洁棉布蘸汽油轻轻擦除，切忌用砂纸打磨。

⑥ 热继电器在出厂时均调整为手动复位方式，如果需要自动复位，只要将复位螺钉顺时针方向旋转 3~4 圈并稍微拧紧即可。

5.热继电器的检测

检测热继电器时，用万用表电阻挡（低挡位）或者蜂鸣挡检测，测量其输入和输出端的阻值应很小或为零，说明常闭触点为通的状态。如果阻值较大或者是不通，说明热继电器损坏。如图 2-57 所示。

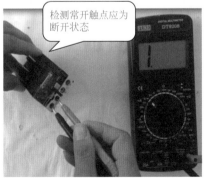

图2-57 热继电器的检测

用万用表检测热继电器的常开触点和常闭触点，其常开触点应为断开状态，常闭触点应为接通状态。

十八 时间继电器

1.时间继电器的外形结构

时间继电器是一种按时间原则进行控制的继电器，从得到输入信号（线圈的通电或断电）后，需经过一段时间的延时后才输出信号（触点的闭合或分断）。它广泛用于需要按时间顺序进行控制的电气控制线路中。时间继电器有电磁式、电动式、空气阻尼式、晶体管式等，目前电力拖动线路中应用较多的是空气阻尼式时间继电器和晶体管式时间继电器，它们的外形结构及特点见表2-15。

表2-15　常见时间继电器的外形结构及特点

名称	空气阻尼式时间继电器	晶体管式时间继电器
结构		
特点	延时范围较大，不受电压和频率波动的影响，可以做成通电和断电两种延时形式，结构简单、寿命长、价格低；但延时误差较大，难以精确地整定延时值，且延时值易受周围环境温度、尘埃等影响，主要用于延时精度要求不高的场合	机械结构简单、延时范围广、精度高、消耗功率小、调整方便及寿命长；适用于延时精度较高，控制回路相互协调需要无触点输出的场合

空气阻尼式时间继电器是交流电路中应用较广泛的一种时间继电器，主要由电磁系统、触点系统、空气室、传动机构、基座组成，其外形结构及符号如图2-58所示。

2.时间继电器的选用

时间继电器选用时，需考虑的因素主要如下。

① 根据系统的延时范围和精度选择时间继电器的类型和系列。在延时精度要求不高的场合，一般可选用价格较低的空气阻尼式时间继电器（JS7-A系列）；对精度要求较高的场合，可选用晶体管式时间继电器。

② 根据控制线路的要求选择时间继电器的延时方式（通电延时和断电延时）；同时，还必须考虑线路对瞬间动作触点的要求。

③ 根据控制线路电压选择时间继电器吸引线圈的电压。

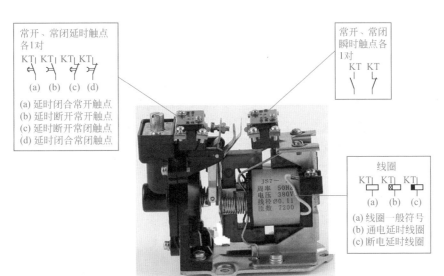

常开、常闭延时触点
各1对

KT KT KT KT
(a) (b) (c) (d)

(a) 延时闭合常开触点
(b) 延时断开常开触点
(c) 延时断开常闭触点
(d) 延时闭合常闭触点

常开、常闭
瞬时触点各
1对

KT KT

线圈

KT KT KT
(a) (b) (c)

(a) 线圈一般符号
(b) 通电延时线圈
(c) 断电延时线圈

图2-58 空气阻尼式时间继电器的外形结构及符号

3.时间继电器的检测

（1）机械式时间继电器的检测

机械式时间继电器在检测时，用万用表电阻挡（低挡位）或者蜂鸣挡检测，检测时间继电器的线圈是否良好，正常时应有一定的阻值，如果组织过小为线圈烧毁，如果阻值过大或不通，说明线圈断了。阻值根据额定电压的不同而有所不同，无论过大或过小均为损坏。当时间继电器线圈正常时，检测时间继电器控制的两组开关的常闭触点和常开触点是否正常。然后给继电器通入额定的工作电压，此时时间继电器应该动作。通电后如时间继电器不能够按照正常要求动作，说明机械传动部分和气囊有可能出现了故障，应进行更换。如可以正常动作，则再次测量常闭触点应断开、常开触点应接通，如图 2-59 所示。

（2）电子式时间继电器的检测

检测电子式时间继电器的时候，主要检测的是它的常闭触点的接通状态和常开触点的断开状态。如图 2-60 所示。

机械式时间继电器
的检测

检测时间继电器的线
圈电阻，通时阻值小
的为好，不通为开路

通电检测线
圈及继电器
动作情况

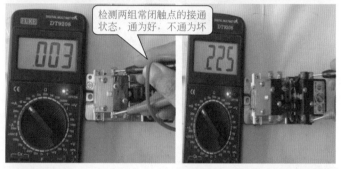

检测两组常闭触点的接通
状态，通为好，不通为坏

检测两组常开触点的接通
状态，通为坏，不通为好

图2-59　机械式时间继电器的检测

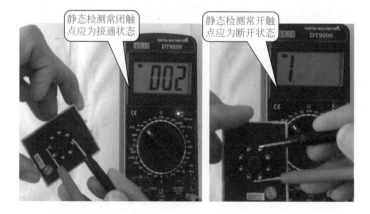

静态检测常闭触
点应为接通状态

静态检测常开触
点应为断开状态

接入电路通电
实验延时时间

电子式时间继电器
的检测

图2-60　电子式时间继电器的检测

如果静态检测电子式时间继电器的常闭触点和常开触点的接通、断开状态正常，可以给时间继电器加上合适的电压，观察其常开触点和常闭触点的接通和断开状态是否正常。同时调整电子式时间继电器的延时时间，检查时间是否是标准时间，如时间不能正常则为内部定时电路故障，有电子电路基础知识时可以拆开修理，无电子电路基础知识时应更换整个时间继电器。

4.时间继电器常见故障及处理措施

如表 2-16 所示，时间继电器常见故障及处理措施。

表 2-16　时间继电器常见故障及处理措施

故障现象	故障分析	处理措施
延时触点不动作	电磁线圈断线	更换线圈
	电源电压过低	调高电源电压
	传动机构卡住或损坏	排除卡住故障，更换部件
延时时间缩短	气室装配不严，漏气	修理或更换气室
	橡皮膜损坏	更换橡皮膜
延时时间变长	气室内有灰尘，使气道阻塞	消除气室内灰尘，使气道畅通

5.时间继电器使用注意事项

时间继电器使用注意事项：
① 时间继电器应按说明书规定的方向安装。
② 时间继电器的整定值，应预先在不通电时整定好，并在试车时校正。
③ 时间继电器金属板上的接地螺钉必须与接地线可靠连接。
④ 通电延时型和断电延时型可在整定时间内自行调换。
⑤ 使用时，应经常清除灰尘及油污，否则延时误差将更大。

十九 速度继电器

1.速度继电器作用及基本原理

速度继电器的作用是依靠速度大小为信号与接触器配合，实现对电动机的反接制动。故速度继电器又称反接制动继电器。速度继电器的结构如图2-61所示，实物如图2-62所示。

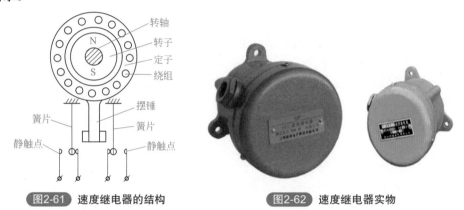

图2-61 速度继电器的结构　　　　图2-62 速度继电器实物

速度继电器的轴与电动机的轴连接在一起，轴上有圆柱形永久磁铁，永久磁铁的外边有嵌着笼型绕组可以转动一定角度的外环。

当速度继电器由电动机带动时，它的永久磁铁的磁通切割外环的笼型绕组，在其中感应电势与电流。此电流又与永久磁铁的磁通相互作用产生作用于笼型绕组的力而

图2-63 速度继电器的电路符号

使外环转动。和外环固定在一起的支架上的顶块使动合触点闭合，动断触点断开。速度继电器外环的旋转方向由电动机确定，因此，顶块可向左拨动触点，也可向右拨动触点使其动作，当速度继电器轴的速度低于某一转速时，顶块便恢复原位，处于中间位置。如图2-63所示。

2.速度继电器的检测

用万用表电阻挡（低挡位）或者蜂鸣挡检测，速度继电器在检测时主要在静态时检测它的常闭触点和常开触点的接通和断开状态。当良好时，如有条件可以给速度继电器施加转矩，当速度继电器旋转的时候，其常闭触点会断开，常开触点会接通。如不符合上述规律则速度继电器损坏。

3.速度继电器的应用

反接制动控制电路如图2-64所示。反接制动实质上是改变异步电动机定子绕组中的三相电源相序，产生与转子转动方向相反的转矩，因而起制动作用。

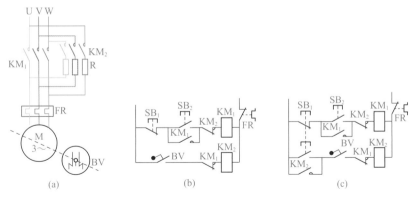

图2-64 反接制动控制线路

反接制动过程为：当想要停车时，首先将三相电源切换，然后当电动机转速接近零时，再将三相电源切除。控制线路就是要实现这一过程。

4.工作原理

图 2-64（a）、（b）、（c）都为反接制动的控制线路。我们知道电动机在正方向运行时，如果把电源反接，电动机转速将由正转急速下降到零。如果反接电源不及时切除，则电动机又要从零速反向启动运行。所以我们必须在电动机制动到零速时，将反接电源切断，电动机才能真正停下来。控制线路是用速度继电器来"判断"电动机的停与转的。电动机与速度继电器的转子是同轴连接在一起的，电动机转动时，速度继电器的动合触点闭合，电动机停止时动合触点打开。

线路图 2-64（b）工作过程如下：

按 SB_2 → KM_1 通电（电动机正转运行）→ BV 的动合触点闭合

按 SB_1 ┌ KM_1 断电
　　　　└ KM_2 通电（开始制动）→ $n≈0$，BV 复位→ KM_2 断电（制动结束）

二十 接触器

接触器的检测 1　　接触器的检测 2

1.接触器的用途

接触器工作时利用电磁吸力的作用把触点由原来的断开状态变为闭合状态或由原来的闭合状态变为断开状态，以此来控制电流较大的交直流主电路和容量较大的控制电路。在低压控制电路或电气控制系统中，接触器是一种应用非常普遍的低压控制电器，并具有欠电压保护的功能。可以用它对电动机进行远距离频繁接通、断开的控制，也可以用它来控制其他负载电路，如电焊机等。

接触器按工作电流不同可分为交流接触器和直流接触器两大类。交流接触器的电磁机构主要由线圈、铁芯和衔铁组成。交流接触器的触点有三对主常开触点用来控制主电路通断；有两对辅助常开触点和两对辅助常闭触点实现对控制电路的通断。直流接触器的电磁机构与交流接触器相同。直流接触器的触点有两对主常开触点。

接触器的优点：使用安全、易于操作和能实现远距离控制、通断电流能力强、动作迅速等。缺点：不能分离短路电流，所以在电路中接触器常常与熔断器配合使用。

交、直流接触器分别有 CJ10、CZ0 系列，03TB 是引进的交流接触器，CZ18 直流接触器是 CZ0 的换代产品。接触器的图形、文字符号如图 2-65 所示。

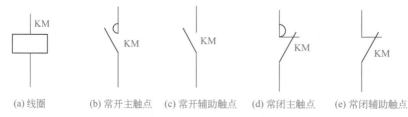

(a) 线圈　　　(b) 常开主触点　　(c) 常开辅助触点　　(d) 常闭主触点　　(e) 常闭辅助触点

图2-65　接触器的图形符号和文字符号

2.接触器的选用原则

在低压电气控制电路中选用接触器时，常常只考虑接触器的主要参数，如主触点额定电流、主触点额定电压、吸引线圈的电压。

① 接触器主触点的额定电压应不小于负载电路的工作电压，主触点的额定电流应不小于负载电路的额定电流，也可根据经验公式计算。

根据所控制的电动机的容量或负载电流种类来选择接触器类型，如交流负载电路应选用交流接触器来控制，而直流负载电路就应选用直流接触器来控制。

如图 2-66 所示为接触器实物，图 2-67 为交流接触器的外形结构及符号。

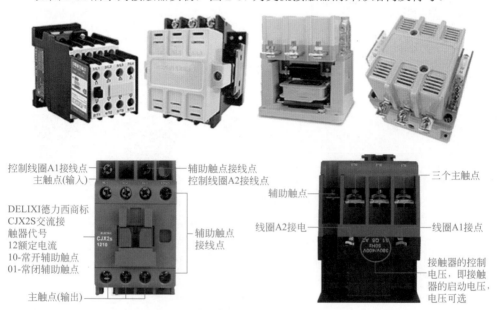

图2-66　接触器实物

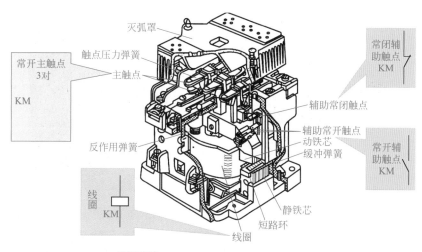

图2-67　交流接触器的外形结构及符号

② 交流接触器的额定电压有两个：一个是主触点的额定电压，由主触点的物理结构、灭弧能力决定；二是吸引线圈额定电压，由吸引线圈的电感量决定。而主触点和吸引线圈的额定电压是根据不同场所的需要而设计的。例如主触点380V额定电压的交流接触器的吸引线圈的额定电压就有36V、127V、220V与380V多种规格。接触器吸引线圈的电压选择，交流线圈电压有36V、110V、127V、220V、380V；直流线圈电压有24V、48V、110V、220V、440V。从人身安全的角度考虑，线圈电压可选择低一些，但当控制线路简单、线圈功率较小时，为了节省变压器，可选220V或380V。

③ 接触器的触点数量应满足控制支路数的要求，触点类型应满足控制线路的功能要求。

3.接触器的检测

检测接触器时，用万用表电阻挡（低挡位）或者蜂鸣挡检测。首先检测其常开触点均为断开状态，然后用螺钉旋具按压辅助触点连杆，再检测接触器的常开触点，应为接通状态。然后用万用表检测电磁线圈应有一定的阻值，如阻值为零或很小，说明线圈短路，如阻值为无穷大则为线圈开路，应进行更换。当检测线圈为正常时，可以给接触器施加额定工作电压，此时接触器应动作，再用万用表检测常开触点应该为接通状态。如接通合适的工作电源后接触器不能动作，则说明接触器的机械控制部分出现了问题，应进行更换。如图2-68所示。

很多接触器当常开、常闭触点不够用的时候，可以挂接辅助触点。辅助触点一般有两组常闭、两组常开触点（选用时可以根据实际情况选用不同型号）。在检测时可以先静态检测辅助触点的常闭和常开触点的接通和断开状态。然后将辅助触点挂接在接触器上给接触器通电，再分别用万用表电阻挡（低挡位）或者蜂鸣挡检测其常闭触点和常开触点的工作状态。如常闭触点和常开触点不能够正常的接通或断开，应更换触点。如图2-69所示。

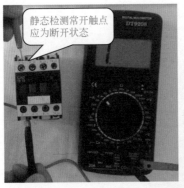

静态检测常开触点应为断开状态

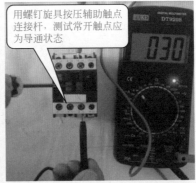

用螺钉旋具按压辅助触点连接杆，测试常开触点应为导通状态

检测电磁线圈，应有一定阻值，过小为断路，过大为开路

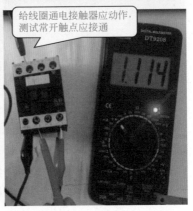

给线圈通电接触器应动作，测试常开触点应接通

图2-68　接触器的检测

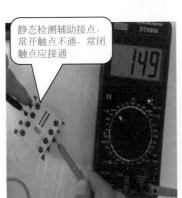

静态检测辅助接点，常开触点不通，常闭触点应接通

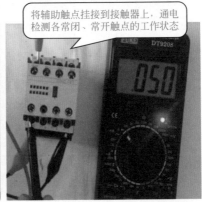

将辅助触点挂接到接触器上，通电检测各常闭、常开触点的工作状态

图2-69　辅助触点挂接到接触器上时，通电检测各常闭、常开触点的工作状态

4.接触器的常见故障及处理措施

（1）交流接触器在吸合时振动和有噪声

① 电压过低，其表现是噪声忽强忽弱。例如，电网电压较低，只能维持接触器

的吸合。大容量电动机启动时，电路压降较大，相应的接触器噪声也大，而启动过程完毕噪声变小，如表 2-17。

表 2-17 交流接触器常见故障及处理措施

故障现象	故障分析	处理措施
触点过热	通过动、静触点间的电流过大	重新选择大容量触点
	动、静触点间接触电阻过大	用刮刀或细锉修整或更换触点
触点磨损	触点间电弧或电火花造成电磨损	更换触点
	触点闭合撞击造成机械磨损	更换触点
触点熔焊	触点压力弹簧损坏使触点压力过小	更换弹簧和触点
	线路过载使触点通过的电流过大	选用较大容量的接触器
铁芯噪声大	衔铁与铁芯的接触面接触不良或衔铁歪斜	拆下清洗，修整端面
	短路环损坏	焊接短路环或更换
	触点压力过大或活动部分受到卡阻	调整弹簧，消除卡阻因素
衔铁吸不上	线圈引出线的连接处脱落，线圈断线或烧毁	检查线路，及时更换线圈
	电源电压过低或活动部分卡阻	检查电源，消除卡阻因素
衔铁不释放	触点熔焊	更换触点
	机械部分卡阻	消除卡阻因素
	反作用弹簧损坏	更换弹簧

② 短路环断裂。

③ 静铁芯与衔铁接触面之间有污垢和杂物，致使空气隙变大，磁阻增加。当电流过零时，虽然短路环工作正常，但因极面间的距离变大，不能克服恢复弹簧的反作用力而产生振动。如接触器长期振动，将导致线圈烧毁。

④ 触点弹簧压力太大。

⑤ 接触器机械部分故障，一般是机械部分不灵活、铁芯极面磨损、磁铁歪斜或卡住、接触面不平或偏斜。

（2）线圈断电，接触器不释放

线路故障、触点焊住、机械部分卡住、磁路故障等因素，均可使接触器不释放。检查时，应首先分清两个界限：是电路故障还是接触器本身的故障；是磁路的故障还是机械部分的故障。

区分电路故障和接触器故障的方法是：将电源开关断开，看接触器是否释放。如释放，说明故障在电路中，电路电源没有断开；如不释放，就是接触器本身的故障。区分机械故障和磁路故障的方法是：在断电后，用螺丝刀（螺钉旋具）木柄轻轻敲击接触器外壳，如释放，一般是磁路的故障；如不释放，一般是机械部分的故障，其原因如下。

① 触点熔焊在一起。

② 机械部分卡住，转轴生锈或歪斜。

③ 磁路故障，可能是被油污粘住或剩磁的原因，使衔铁不能释放。区分这两种情况的方法是：将接触器拆开，看铁芯端面上有无油污，有油污说明铁芯被粘住，无

油污可能是剩磁作用。造成油污粘住的原因，多数是在更换或安装接触器时没有把铁芯端面的防锈凡士林油擦去。剩磁造成接触器不能释放的原因是在修磨铁芯时，将 E 形铁芯两边的端面修磨过多，使去磁气隙消失，剩磁增大，铁芯不能释放。

（3）接触器自动跳开

① 接触器（指 CJ10 系列）后底盖固定螺钉松脱，使静铁芯下沉，衔铁行程过长，触点超行程过大，如遇电网电压波动就会自行跳开。

② 弹簧弹力过大（多数为修理时，更换弹簧不合适所致）。

③ 直流接触器弹簧调整过紧或非磁性垫片垫得过厚，都有自动释放的可能。

（4）线圈通电衔铁吸不上

① 线圈损坏。用欧姆表测量线圈电阻，如电阻很大或电路不通，说明线圈断路；如电阻很小，可能是线圈短路或烧毁。如测量结果与正常值接近，可使线圈再一次通电，听有没有"嗡嗡"的声音，是否冒烟。冒烟说明线圈已烧毁，不冒烟而有"嗡嗡"声，可能是机械部分卡住。

② 线圈接线端子接触不良。

③ 电源电压太低。

④ 触点弹簧压力和超程调整得过大。

（5）线圈过热或烧毁

① 线圈通电后由于接触器机械部分不灵活或铁芯端面有杂物，使铁芯吸不到位，引起线圈电流过大而烧毁。

② 加在线圈上的电压太低或太高。

③ 更换接触器时，其线圈的额定电压、频率及通电持续率低于控制电路的要求。

④ 线圈受潮或机械损伤，造成匝间短路。

⑤ 接触器外壳的通气孔应上下装置，如错将其水平装置，则空气不能对流，时间长了也会把线圈烧毁。

⑥ 操作频率过高。

⑦ 使用环境条件特殊，如空气潮湿，腐蚀性气体在空气中含量过高，环境温度过高。

⑧ 交流接触器派生直流操作的双线圈，因常闭联锁触点熔焊不能释放而使线圈过热。

（6）线圈通电后接触器吸合动作缓慢

① 静铁芯下沉，使铁芯极面间的距离变大。

② 检修或拆装时，静铁芯底部垫片丢失或撤去的层数太多。

③ 接触器的装置方法错误，如将接触器水平装置或倾斜角超过 5°以上，有的还悬空装置。这些不正确的装置方法都可能造成接触器不吸合、动作不正常等故障。

（7）接触器吸合后静触点与动触点间有间隙

这种故障有两种表现形式：一是所有触点都有间隙，二是部分触点有间隙。前者是因机械部分卡住，静、动铁芯间有杂物。后者可能是由于该触点接触电阻过大、触点发热变形或触点上面的弹簧片失去弹性。

检查双断点触点终压力的方法如图2-70所示。将接触器触点的接线全部拆除，打开灭弧罩，把一条薄纸放在动、静触点之间，然后给线圈通电，使接触器吸合，这时，可将纸条向外拉，如拉不出来，说明触点接触良好，如很容易拉出来或毫无阻力，说明动、静触点间有间隙。

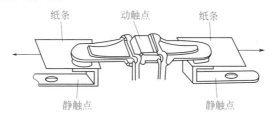

图2-70 双断点触点终压力的检查方法

检查辅助触点时，因小容量的接触器的辅助触点装置位置很狭窄，可用测量电阻的方法进行检查。

（8）静触点（相间）短路

① 油污及铁尘造成短路。

② 灭弧罩固定不紧，与外壳之间有间隙，接触器断开时电弧逐渐烧焦两相触点间的胶木，造成绝缘破坏而短路。

③ 可逆运转的联锁机构不可靠或联锁方法使用不当，由于误操作或正反转过于频繁，致使两台接触器同时投入运行而造成相间短路。另外，由于某种原因造成接触器动作过快，一接触器已闭合，另一接触器电弧尚未熄灭，形成电弧短路。

④ 灭弧罩破裂。

（9）触点过热

触点过热是接触器（包括交、直流接触器）主触点的常见故障。除分断短路电流外，主要原因是触点间接触电阻过大，触点温度很高，致使触点熔焊，这种故障可从以下几个方面进行检查。

① 检查触点压力，包括弹簧是否变形、触点压力弹簧片弹力是否消失。

② 触点表面氧化，铜材料表面的氧化物是一种不良导体，会使触点接触电阻增大。

③ 触点接触面积太小、不平、有毛刺、有金属颗粒等。

④ 操作频率太高，使触点长期处于大于几倍的额定电流下工作。

⑤ 触点的超程太小。

（10）触点熔焊

① 操作频率过高或过负载使用。

② 负载侧短路。

③ 触点弹簧片压力过小。

④ 操作回路电压过低或机械卡住，触点停顿在刚接触的位置。

（11）触点过度磨损

① 接触器选用欠妥，在反接制动和操作频率过高时容量不足。

② 三相触点不同步。

（12）灭弧罩受潮

有的灭弧罩是石棉和水泥制成的，容易受潮，受潮后绝缘性能降低，不利于灭弧。而且当电弧燃烧时，电弧的高温使灭弧罩里的水分汽化，进而使灭弧罩上部压力增大，电弧不能进入灭弧罩。

（13）磁吹线圈匝间短路

由于使用保养不善，使线圈匝间短路，磁场减弱，磁吹力不足，电弧不能进入灭弧罩。

（14）灭弧罩炭化

在分断很大的短路电流时，灭弧罩表面烧焦，形成一种炭质导体，也会延长灭弧时间。

（15）灭弧罩栅片脱落

由于固定螺钉或铆钉松动，造成灭弧罩栅片脱落或缺片。

5.接触器的修理

（1）触点的修理

① 触点表面的修磨　铜触点因氧化、变形积垢，会造成触点的接触电阻和温升增加。修理时可用小刀或锉修理触点表面，但应保持原来形状。修理时，不必把触点表面锉得过分光滑，这会使接触面减少；也不要将触点磨削过多，以免影响使用寿命。不允许用砂纸或砂布修磨，否则会使砂粒嵌在触点的表面，反而使接触电阻增大。银和银合金触点表面的氧化物，遇热会还原为银，不影响导电。触点的积垢可用汽油或四氯化碳清洗，但不能用润滑油擦拭。

② 触点整形　触点严重烧蚀后会出现斑痕及凹坑，或静、动触点熔焊在一起。修理时，将触点凸凹不平的部分和飞溅的金属熔渣细心地锉平整，但要尽量保持原来的几何形状。

③ 触点的更换　镀银触点被磨损而露出铜质或触点磨损超过原高度的1/2时，应更换新触点。更换后要重新调整压力、行程，保证新触点与其他各相（极）未更换的触点动作一致。

④ 触点压力的调整　有些电器触点上装有可调整的弹簧，借助弹簧可调整触点的初压力、终压力和超行程。触点的这三种压力定义是这样的：触点开始接触时的压力叫初压力，初压力来自触点弹簧的预先压缩，可使触点减少振动，避免触点的熔焊及减轻烧蚀程度；触点的终压力指动、静触点完全闭合后的压力，应使触点在工作时接触电阻减小；超行程指衔铁吸合后，弹簧在被压缩位置上还应有的压缩余量。

（2）电磁系统的修理

① 铁芯的修理　先确定磁极端面的接触情况，在极面间放一软纸板，使线圈通电，衔铁吸合后将在软纸板上印上痕迹，由此可判断极面的平整程度。如接触面积在80%以上，可继续使用；否则要进行修理。修理时，可将砂布铺在平板上，来回研磨铁芯端面（研磨时要压平，用力要均匀）便可得到较平的端面。对于E形铁芯，其中

柱的间隙不得小于规定间隙。

② 短路环的修理　如短路环断裂，应重新焊住或用铜材料按原尺寸制作一个新的换上，要固定牢固且不能高出极面。

（3）灭弧装置的修理

① 磁吹线圈的修理　如是并联磁吹线圈断路，可以重新绕制，其匝数和线圈绕向要与原来一致，否则不起灭弧作用。串联型磁吹线圈短路时，可拨开短路处，涂点绝缘漆烘干定型后方可使用。

② 灭弧罩的修理　灭弧罩受潮，可将其烘干；灭弧罩炭化，可以刮除；灭弧罩破裂，可以黏合或更新；栅片脱落或烧毁，可用铁片按原尺寸重做。

6.接触器的使用注意事项

① 安装前检查接触器铭牌与线圈的技术参数（额定电压、额定电流、操作频率等）是否符合实际使用要求；检查接触器外观，应无机械损伤，用手推动接触器可动部分时，接触器应动作灵活，灭弧罩应完整无损，固定牢固；测量接触器的线圈电阻和绝缘电阻正常。

② 接触器一般应安装在垂直面上，倾斜度不得超过5°；安装和接线时，注意不要将零件失落或掉入接触器内部，安装完的螺钉应装有弹簧垫圈和平垫圈，并应拧紧螺钉以防振动松脱；安装完毕，检查接线正确无误后，在主触点不带电的情况下操作几次，然后测量产品的动作值和释放值，所测得数值应符合产品的规定要求。

③ 使用时应对接触器作定期检查，观察螺钉有无松动，可动部分是否灵活等；接触器的触点应定期清扫，保持清洁，但不允许涂油，当触点表面因电灼作用形成金属小颗粒时，应及时清除；拆装时注意不要损坏灭弧罩，带灭弧罩的交流接触器绝不允许不带灭弧罩或带破损的灭弧罩运行。

二十一　频敏变阻器

1.频敏变阻器的用途

频敏变阻器是一种利用铁磁材料的损耗随频率变化来自动改变等效阻值的低压电器，能使电动机达到平滑启动，主要用于绕线转子回路，作为启动电阻，实现电动机的平稳无极启动。BP 系列频敏变阻器主要由铁芯和绕组两部分组成，其外形结构与符号如图 2-71 所示。频敏变阻器实物如图 2-72 所示。

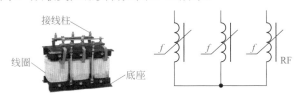

接线柱

线圈

底座

f　f　f　RF

图2-71 频敏变阻器的外形结构与符号

图2-72　频敏变阻器实物

　　常见的频敏变阻器有BP1、BP2、BP3、BP4和BP6等系列，每一系列有其特定用途，各系列用途详见表2-18。

表2-18　各系列频敏变阻器选用场合

频繁程度	轻载	重载
偶尔	BP1、BP2、BP4	BP4G、BP6
频繁	BP1、BP2、BP3	

2.频敏变阻器常见故障及处理措施

　　频敏变阻器常见的故障主要有线圈绝缘电阻降低或绝缘损坏、线圈断路或短路及线圈烧毁等情况，发生故障应及时更换。

　　① 频敏变阻器应牢固地固定在基座上，当基座为铁磁物质时应在中间垫入10mm以上的非磁性垫片，以防影响频敏变阻器的特性，同时变阻器还应可靠接地。

　　② 连接线应按电动机转子额定电流选用相应截面的电缆线。

　　③ 试车前，应先测量对地绝缘电阻，如阻值小于$1M\Omega$，则须先进行烘干处理后方可使用。

　　④ 试车时，如发现启动转矩或启动电流过大或过小，应对频敏变阻器进行调整。

　　⑤ 使用过程中应定期清除尘垢，并检查线圈的绝缘电阻。

3.频敏变阻器的检测

　　由于频敏变阻器应用的线较粗，因此用万用表测试时只要各绕组符合连接要求，用万用表电阻挡（低挡位）或者蜂鸣挡检测，单组线圈通即可认为是好的，检查外观无烧毁现象。

二十二　电磁铁

1.电磁铁用途及分类

　　电磁铁是一种把电磁能转换为机械能的电气元件，被用来远距离控制和操作各种机械装置及液压、气压阀门等。另外，它可以作为电器的一个部件，如接触器、继电器的电磁系统。

电磁铁是利用电磁吸力来吸持钢铁零件，操纵、牵引机械装置以完成预期的动作等。电磁铁主要由铁芯、衔铁、线圈和工作机构组成，类型有牵引电磁铁、制动电磁铁、起重电磁铁、阀用电磁铁等。常见的制动电磁铁与 TJ2 型闸瓦制动器配合使用，共同组成电磁抱闸制动器。如图 2-73 所示。

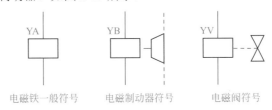

图2-73 电磁抱闸制动器

电磁铁的分类如图 2-74 所示。

电磁铁的检测

图2-74 电磁铁的分类

如图 2-75 所示为电磁铁的实物。

图2-75 电磁铁的实物

2.电磁铁的选用

电磁铁在选用时应遵循以下原则：
① 根据机械负载的要求选择电磁铁的种类和结构形式。
② 根据控制系统电压选择电磁铁线圈电压。
③ 电磁铁的功率应不小于制动或牵引功率。

3.电磁铁的常见故障及处理措施

电磁铁的常见故障及处理措施如表 2-19 所示。

表 2-19　电磁铁的常见故障及处理措施

故障现象	故障分析	处理措施
电磁铁通电后不动作	电磁铁线圈开路或短路	测试线圈阻值，修理线圈
	电磁铁线圈电源电压过低	调电源电压
	主弹簧张力过大	调整主弹簧张力
	杂物卡阻	清除杂物
电磁铁线圈发热	电磁铁线圈短路或接头接触不良	修理或调换线圈
	动、静铁芯未完全吸合	修理或调换电磁铁铁芯
	电磁铁的工作制或容量规格选择不当	调换容量规格或工作制合格的电磁铁
	操作频率太高	降低操作频率
电磁铁工作时有噪声	铁芯上短路环损坏	修理短路环或调换铁芯
	动、静铁芯极面不平或有油污	修整铁芯极面或清除油污
	动、静铁芯歪斜	调整对齐
线圈断电后衔铁不释放	机械部分被卡住	修理机械部分
	剩磁过大	增加非磁性垫片

4.电磁铁的使用注意事项

① 安装前应清除灰尘和杂物，并检查衔铁有无机械卡阻。

② 电磁铁要牢固地固定在底座上，并在紧固螺钉下放弹簧垫圈锁紧。

③ 电磁铁应按接线图接线，并接通电源，操作数次，检查衔铁动作是否正常以及有无噪声。

④ 定期检查衔铁行程的大小，该行程在运行过程中由于制动面的磨损而增大。当衔铁行程达不到正常值时，立即进行调整，以恢复制动面和转盘间的最小空隙。不让行程增加到正常值以上，因为这样可能引起吸力显著降低。

⑤ 检查连接螺钉的旋紧程度，注意可动部分的机械磨损。

5.电磁铁的检测

用万用表电阻挡（低挡位）或者蜂鸣挡检测，检测电磁铁时，首先用万用表检测电磁铁的线圈，正常情况下电磁铁的线圈应有一定的阻值，额定工作电压越高，其阻值越大。如检测电磁铁线圈阻值很小或为零，说明线圈短路；线圈阻值为无穷大，则说明线圈开路。

当测试线圈为正常情况时，应检测电磁铁的动铁芯的动作状态是否灵活。如有卡滞现象，说明动铁芯出现了问题；当动铁芯能灵活动作时，可以给电磁铁通入额定的工作电压，此时动铁芯应快速动作。

二十三　低压配电屏与配电屏接线

低压配电屏又叫开关屏或配电柜，它是将低压电路所需的开关设备、测量仪表、保护装置和辅助设备等，按一定的接线方案安装在金属柜内构成的一种组合式电气设备，用以进行控制、保护、计量、分配和监视等，适用于额定工作电压不超过 380V 低压配电系统中。

■ 1.低压配电屏结构特点

我国生产的低压配电屏有固定式和手车式两大类，基本结构方式可分为焊接式和积木组合式两种。常用的低压配电屏有：PGL 型交流低压配电屏、BFC 型抽屉式低压配电屏、GGL 型低压配电屏、GCL 系列动力中心，GCK 系列电动机控制中心、GGD 型交流低压配电柜。

现将以上几种低压配电屏分别介绍。

（1）PGL 型交流低压配电屏（P—配电屏，G—固定式，L—动力用）

最常使用的有 PGL1 型和 PGL2 型低压配电屏，其中 1 型分断能力为 15kA，2 型分断能力为 30kA，是主要用于户内安装的低压配电屏，其结构特点如下。

① 采用薄钢板焊接结构，可前后开启，双面进行维护。配电屏前后有门，上方是仪表板，装设指示仪表。

② 组合屏的屏间全部加有钢制的隔板，可减少事故。

③ 主母线的电流有 1000A 和 1500A 两种规格，主母线安装于屏后柜体骨架上方，设有母线防护罩，以防止物件坠落造成主母线短路事故。

④ 屏内外均涂有防护漆层，始端屏、终端屏装有防护侧板。

⑤ 中性母线（零线）装置于屏的下方绝缘子上。

⑥ 主接地点焊接在后下方的框架上，仪表门焊有接地点与壳体相连，可构成了完整的接地保护电路。

（2）BFC 型抽屉式低压配电屏［B—低压配电柜（板），F—防护型，C—抽屉式］

主要特点为各单元的所有电器设备均安装在抽屉中或手车中，当某一回路单元发生故障时，可以换用备用手车，以便迅速恢复供电。而且，由于每个单元为抽屉式，密封性好，不会扩大事故，便于维护，提高了运行可靠性。BFC 型抽屉式低压配电屏的主电器在抽屉或手车上均为插入式结构，抽屉或手车上均设有连锁装置，以防止误操作。

（3）GGL 型低压配电屏（G—柜式结构，G—固定式，L—动力用）

GGL 型低压配电屏为积木组装式结构，全封闭形式，防护等级为 IP30，内部选用新型的电器元件，内部母线按三相五线装置。此种配电屏具有分断能力强、动稳定性好、维修方便等优点。

（4）GCL 系列动力中心（G—柜式结构，C—抽屉式，L—动力中心）

GCL 系列动力中心适用于大容量动力配电和照明配电，也可作电动机的直接控制使用。其结构形式为组装式封闭结构，防护等级为 IP30，每一功能单元（回路）均为抽屉式，有隔板分开，有防止事故扩大作用，主断路导轨与柜门有机械连锁，保证人身安全。

（5）GCK系列电动机控制中心（G—柜式结构，C—抽屉式，K—控制中心）

GCK系列电动机控制中心是一种作为企业动力配电、照明配电与电动机控制用的新型低压配电装置。根据功能特征分为JX（进线型）和KD（馈线型）两类。

GCK系列电动机控制中心为全封闭功能单元独立式结构，防护等级为IP40级，这种控制中心保护设备完善，保护特性好，所有功能单元能通过接口与可编程序控制器或微处理机连接，作为自动控制系统的执行单元。

（6）GGD型交流低压配电柜（G—交流低压配电柜，G—固定安装，D—电力用柜）

GGD型交流低压配电柜是新型低压配电柜，具有分断能力强，动热稳定性好，电气组合方便，实用性强，结构新颖，防护等级高等特点，可作为低压成套开关设备的更新换代产品。

GGD型交流低压配电柜的构架采用钢材局部焊接并拼接而成，主母线在柜的上部后方，柜门采用整门或双门结构；柜体后面均采用对称式双门结构，具有安装、拆卸方便的特点。柜门的安装件与构架间有完整的接地保护电路。防护等级为IP30。

2.低压配电屏安装及投入运行前检查

安装时，配电屏相互间及其与墙体间的距离应符合要求，且应安装牢固、整齐美观。要求接地良好。两侧和顶部隔板完整，门应开闭灵活，回路名称及部件标号齐全，内外清洁无杂物。

低压配电屏在安装或检修后，投入运行前应进行下列各项检查试验。

① 柜体与基础型钢固定无松动，安装平直。屏面油漆应完好，屏内应清洁，无污垢。

② 检查各开关操作是否灵活，各触点接触是否良好。

③ 检查母线连接处接触是否良好。

④ 检查二次回路接线是否牢固，线端编号是否符合设计要求。

⑤ 检查接地是否良好。

⑥ 抽屉式配电屏抽屉应推抽灵活轻便，动、静触点应接触良好，并有足够的接触能力。

⑦ 试验各表计量是否准确，继电器动作是否正常。

⑧ 用1000V兆欧表测量绝缘电阻，应不小于0.5MΩ。应进行交流耐压试验，一次回路的试验电压为1kV。

3.低压配电屏巡视检查

为了保证对用电场所的正常供电，对配电屏上的仪表和电器要经常进行检查和维护，并做好记录，以便及时发现问题和消除隐患。

对运行中的低压配电屏，通常应检查以下内容。

① 配电屏及其电气元件的名称、标志、编号等是否模糊、错误，盘上所有的操作把手、按钮和按键等的位置与现场实际情况要相符，固定不得松动，操作不得迟缓。

② 检查配电屏上信号灯和其他信号指示是否正确。

③ 隔离开关、断路器、熔断器和互感器等的触点是否牢靠，有无过热、变色现象。

④ 二次回路导线的绝缘不得破损、老化，并要测其绝缘电阻。

⑤ 配电屏商标有操作模拟板时，模拟板与现场电气设备的运行状态是否对应。

⑥ 仪表或表盘玻璃不得松动，仪表指示不得错误，经常清扫仪表和其他电器上的灰尘。

⑦ 配电室内的照明灯具要完好，照度要明亮均匀。

⑧ 巡视检查中发现的问题应及时处理，并记录存档。

4.低压配电装置运行维护

① 对低压配电装置的有关设备，应定期清扫和摇测绝缘电阻，用 500V 兆欧表测量母线、断路器、接触器和互感器的绝缘电阻，以及二次回路的对地绝缘电阻等，均应符合规定要求。

② 低压断路器故障跳闸后，在没有查明并消除跳闸原因前，不得再次合闸运行。

③ 对频繁操作的交流接触器，每三个月进行一次检查。

④ 定期校验交流接触器的吸引线圈，在线路电压为额定值的 85%～105% 时吸引线圈应可靠吸合，而电压低于额定值的 40% 时则应可靠释放。

⑤ 经常检查熔断器的熔体与实际负荷是否匹配，各连接点接触是否良好，有无烧损现象，并在检查时清除各部位的积灰。

⑥ 铁壳开关的机械闭锁不得异常，速动弹簧不得锈蚀、变形。

⑦ 检查三相瓷底胶盖刀闸是否符合要求，在开关的出线侧是否加装了熔断器与之配合使用。

5.小型变电所的配电系统及配电线路连接方式

小型变电所的配电系统如图 2-76 所示，高压侧装有高压隔离开关与熔断器。为了防止雷电波沿架空线路侵入变电所，应安装避雷器 F，为了测量各相负荷电流与电能消耗，低压侧装设电流互感器。有的变电所在高压侧也装置电流互感器，可测量包括变压器在内的有功与无功电能消耗。

工厂的变电所与配电所是全厂供电的枢纽，它的位置应尽量靠近厂内的负荷中心（即用电最集中的地方），并应考虑进线和出线的方便。

配电线路连接方式如下。

放射式：如图 2-77 所示，这种接线方式是每一独立负载或一群集中负载均由单独的配电线路供电。这种配电线路的优点是供电可靠性强、维护方便，某一配电线路发生故障不会影响其他线路的运行。缺点是导线消耗量大、配电设备多、费用花销较大。

干线式：如图 2-78 所示，这种方式是每一独立负载或一群负载按其所在位置依次接到某一配电干线上。这种线路所用导线和电器均较放射式少，因此比较经济。缺点是当干线发生故障时，接在它上面的所有设备均将停电。

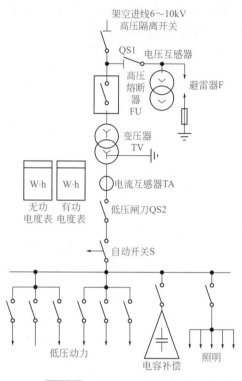

图2-76　小型变电所的配电系统

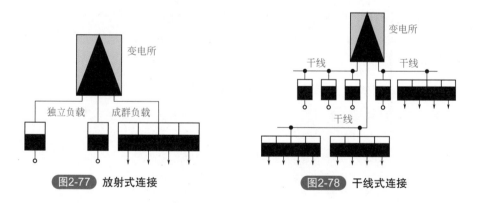

图2-77　放射式连接　　　　　　图2-78　干线式连接

二十四 保险及其他部件

保险、接近开关等的检测可扫二维码详细学习。

保险在路检测 1

保险在路检测 2

接近开关的检测

第三章 常用电工工具、仪表的正确使用

电工工具的使用

一 电压表

电压表是测量电压的常用仪器，如图3-1所示。常用电压表——伏特表（符号：V），在灵敏电流计里面有一个永磁体，在电流计的两个接线柱之间串联一个由导线构成的线圈，线圈放置在永磁体的磁场中，并通过传动装置与电压表的指针相连。大部分电压表都分为两个量程：0～3V 和 0～15V。电压表有三个接线柱，一个负接线柱，两个正接线柱（电压表的正极与电路的正极连接，负极与电路的负极连接）。电压表是一个相当大的电阻器，理想的认为是断路。

1.电压表的接线

采用一只转换开关和一只电压表测量三相电压的方式，测量三个线电压的电路如图3-2所示。其工作原理是：当扳动转换开关，使其触点 1-2、7-8 分别接通时，电压表测量的是 AB 两相之间的电压 U_{AB}；扳动转换开关使其触点 5-6、11-12 分别接通时，测量的是 U_{BC}；当扳动转换开关使其触点 3-4、9-10 分别接通时，测量的是 U_{AC}。

图3-1 电压表

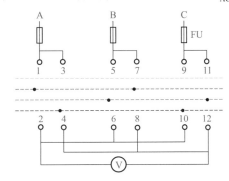

图3-2 电压测量电路

2.电压表的选择和使用注意事项

电压表的测量机构基本相同，但在测量线路中的连接有所不同。因此，在选择和使用电压表时应注意以下几点：

① 类型的选择。当被测量是直流时，应选直流表，即磁电系测量机构的仪表。当被测量是交流时，应注意其波形与频率。若为正弦波，只需测出有效值即可换算为

其他值（如最大值、平均值等），采用任意一种交流表即可；若为非正弦波，则应区分需测量的是什么值，有效值可选用磁系或铁磁电动系测量机构的仪表测量，平均值则选用整流系测量机构的仪表测量。电动系测量机构的仪表常用于交流电压的精密测量。

② 准确度的选择。仪表的准确度越高，价格越贵，维修也较困难。而且，若其他条件配合不当，再高准确度等级的仪表，也未必能得到准确的测量结果。因此，在选用准确度较低的仪表可满足测量要求的情况下，就不要选用高准确度的仪表。通常0.1 级和 0.2 级仪表作为标准表选用，0.5 级和 1.0 级仪表作为实验室测量使用，1.5 级以下的仪表一般作为工程测量选用。

③ 量程的选择。要充分发挥仪表准确度的作用，还必须根据被测量的大小合理选用仪表量限。如选择不当，其测量误差将会很大。一般使仪表对被测量的指示大于仪表最大量程的 1/2～2/3 以上，而不能超过其最大量程。

④ 内阻的选择。选择仪表时，还应根据被测阻抗的大小来选择仪表的内阻，否则会带来较大的测量误差。因为内阻的大小反映仪表本身功率的消耗，所以测量电压时应选用内阻尽可能大的电压表。

⑤ 正确接线。测量电压时，电压表应与被测电路并联。测量直流电压时，必须注意仪表的极性，应使仪表的极性与被测量的极性一致。

⑥ 高电压的测量。测量高电压时，必须采用电压互感器。电压表的量程应与互感器二次测的额定值相符，一般电压为 100V。

⑦ 量程的扩大。当电路中的被测量超过仪表的量程时，可采用外附分压器，但应注意其准确度等级应与仪表的准确度等级相符。

⑧ 注意仪表的使用环境要符合要求，要远离外磁场。

二 电流表

电流表（图 3-3）又称安培表，是测量电路中电流大小的常用仪器。电流表主要采用磁电系电表的测量机构。

1.电流测量电路

电流测量电路如图 3-4 所示。图中 TA 为电流互感器，每相一个，其一次绕组串接在主电路中，二次绕组各接一只电流表。三个电流互感器二次绕组接成星形，其公共点必须可靠接地。

图3-3　电流表

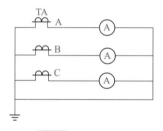

图3-4　电流测量电路

2.电流表的选择和使用注意事项

电流表的测量机构基本相同，但在测量线路中的连接有所不同。因此，在选择和使用电流表时应注意以下几点：

① 类型的选择。当被测量是直流时，应选直流表，即磁电系测量机构的仪表。当被测量是交流时，应注意其波形与频率。若为正弦波，只需测出有效值即可换算为其他值（如最大值、平均值等），采用任意一种交流表即可；若为非正弦波，则应区分需测量的是什么值，有效值可选用磁系或铁磁电动系测量机构的仪表测量，平均值则选用整流系测量机构的仪表测量。电动系测量机构的仪表常用于交流电流的精密测量。

② 准确度的选择。仪表的准确度越高，价格越贵，维修也较困难。而且，若其他条件配合不当，再高准确度等级的仪表，也未必能得到准确的测量结果。因此，在选用准确度较低的仪表可满足测量要求的情况下，就不要选用高准确度的仪表。通常0.1 级和 0.2 级仪表作为标准表选用，0.5 级和 1.0 级仪表作为实验室测量使用，1.5 级以下的仪表一般作为工程测量选用。

③ 量程的选择。要充分发挥仪表准确度的作用，还必须根据被测量的大小合理选用仪表量限。如选择不当，其测量误差将会很大。一般使仪表对被测量的指示大于仪表最大量程的 1/2～2/3 以上，而不能超过其最大量程。

④ 内阻的选择。选择仪表时，还应根据被测阻抗的大小来选择仪表的内阻，否则会带来较大的测量误差。因为内阻的大小反映仪表本身功率的消耗，所以测量电流时应选用内阻尽可能小的电流表。

⑤ 正确接线。测量电流时，电流表应与被测电路串联。测量直流电流时，必须注意仪表的极性，应使仪表的极性与被测量的极性一致。

⑥ 大电流的测量。测量大电流时，必须采用电流互感器。电流表的量程应与互感器二次测的额定值相符，一般电流为 5A。

⑦ 量程的扩大。当电路中的被测量超过仪表的量程时，可采用外附分流器，但应注意其准确度等级应与仪表的准确度等级相符。

⑧ 注意仪表的使用环境要符合要求，要远离外磁场。

三　万用表

数字万用表是利用模拟 / 数字转换原理，将被测模拟电量参数转换成数字电量参数，并以数字形式显示的一种仪表。它比指针式万用表具有精度高、速度快、输入阻抗高、对电路影响小、读数方便准确等优点。数字万用表外形如图 3-5 所示。

数字万用表的使用方法如下：首先打开电源，将黑表笔插入 "COM" 插孔，红表笔插入 "V·Ω" 插孔。

① 测量电阻时将转换开关调节到 Ω 挡，将表笔测量端接于电阻两端，即可显示相应示值。如显示最大值 "1"（溢出符号）时必须向高电阻值挡位调整，直到显示为有效值为止。

数字万用表
的使用

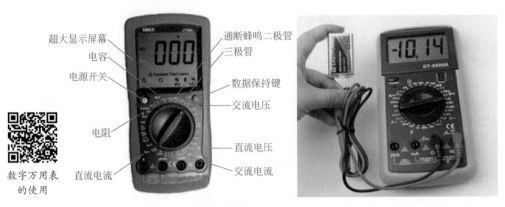

超大显示屏幕

电容

电源开关

电阻

直流电流

通断蜂鸣二极管

三极管

数据保持键

交流电压

直流电压

交流电流

图3-5 数字万用表外形

为了保证测量的准确性，在线测量电阻时，最好断开电阻的一端，以免在测量电阻时会在电路中形成回路，影响测量结果。

> **注意：** 不允许在通电情况下进行在线测量，测量前必须先切断电源，并将大容量电容放电。

②"DCV"——直流电压测量时表笔测试端必须与测试端可靠接触（并联测量）。原则上由高电压挡位逐渐往低电压挡位调节测量，直到该挡位示值的1/3～2/3为止，此时的示值才是一个比较准确的值。

> **注意：** 严禁以小电压挡位测量大电压。不允许在通电状态下调整转换开关。

③"ACV"——交流电压测量时表笔测试端必须与测试端可靠接触（并联测量）。原则上由高电压挡位逐渐往低电压挡位调节测量，直到该挡位示值的1/3～2/3为止，此时的示值才是一个比较准确的值。

> **注意：** 严禁以小电压挡位测量大电压。不允许在通电状态下调整转换开关。

④二极管测量时将转换开关调至二极管挡位，黑表笔接二极管负极，红表笔接二极管正极，即可测量出正向压降值。

⑤晶体管电流放大系数 h_{FE} 测量时将转换开关调至 h_{FE} 挡，根据被测晶体管选择"PNP"或"NPN"位置，将晶体管正确地插入测试插座即可测量到晶体管的 h_{FE} 值。

⑥开路检测时将转换开关调至有蜂鸣器符号的挡位，表笔测试端可靠地接触测试点，若两者在 $20\Omega \pm 10\Omega$，蜂鸣器就会响起来，表示该线路是通的，不响则表示该线路不通。

> **注意：** 不允许在被测量电路通电的情况下进行检测。

⑦ "DCA"——直流电流测量时若被测电流小于 200mA 时红表笔插入 mA 插孔，大于 200mA 时红表笔插入 A 插孔，表笔测试端必须与测试端可靠接触（串联测量）。原则上由大电流挡位逐渐往小电流挡位调节测量，直到该挡位示值的 1/3～2/3 为止，此时的示值才是一个比较准确的值。

> **注意：** 严禁以小电流挡位测量大电流。不允许在通电状态下调整转换开关。

⑧ "ACA"——交流电流测量时若被测电流小于 200mA 则红表笔插入 mA 插孔，大于 200mA 则红表笔插入 A 插孔，表笔测试端必须与测试端可靠接触（串联测量）。原则上由大电流挡位逐渐往小电流挡位调节测量，直到该挡位示值的 1/3～2/3 为止，此时的示值才是一个比较准确的值。

> **注意：** 严禁以小电流挡位测量大电流。不允许在通电状态下调整转换开关。

四 钳形电流表

钳形电流表主要用于测量焊机电流，由电流表头和电流互感线圈等组成。钳形电流表外形及结构如图 3-6 所示。

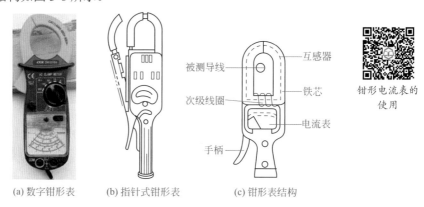

(a) 数字钳形表　　(b) 指针式钳形表　　(c) 钳形表结构

钳形电流表的使用

图3-6 钳形电流表的外形及结构

钳形电流表使用注意事项如下。

① 在使用钳形电流表时，要正确选择钳形电流表的挡位。测量前，根据负载的大小粗估电流数值，然后从大挡往小挡切换。换挡时被测导线要置于钳形电流表卡口之外。

② 检查指针在不测量电流时是否指向零位，若未指向零位，应用小螺丝刀调整表头上的调零螺钉使指针指向零位。

③ 测量电动机电流时扳开钳口，将一根电源线放在钳口中央位置，然后松手使钳口闭合。如果钳口接触不好，应检查是否弹簧损坏或有脏污。

④ 在使用钳形电流表时，要尽量远离强磁场。

⑤ 测量小电流时，如果钳形电流表量程较大，可将被测导线在钳形电流表口内多绕几圈，然后读数，实际的电流值应为仪表读数除以导线在钳形电流表上绕的匝数。

五　兆欧表

兆欧表俗称摇表，又称绝缘电阻表，如图 3-7 所示。兆欧表主要用来测量设备的绝缘电阻，检查设备或线路有没有漏电现象、绝缘损坏或短路。

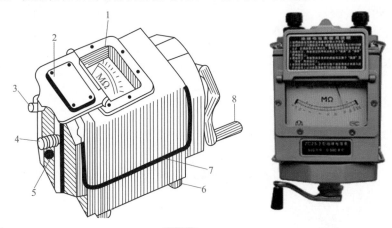

图3-7　兆欧表

1—刻度盘；2—表盘；3—接地接线柱；4—线路接线柱；5—保护环接线柱；
6—橡胶底脚；7—提手；8—摇柄

与兆欧表指针相连的有两个线圈，其中之一同表内的附加电阻 R_F 串联，另外一个和被测电阻 R 串联，然后一起接到手摇发电机上。

用手摇动发电机时，两个线圈中同时有电流通过，使两个线圈上产生方向相反的转矩，指针就随着两个转矩的合成转矩的大小而偏转某一角度，这个偏转角度取决于两个电流的比值。由于附加电阻是不变的，所以电流值仅取决于被测电阻的大小。图 3-8 所示为兆欧表的工作原理与线路。

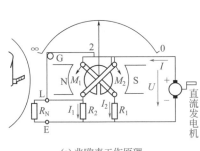

(a) 兆欧表工作原理

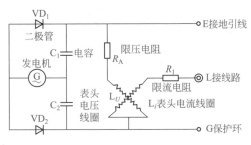

(b) 兆欧表线路

图3-8　兆欧表的工作原理与线路

> **注意：** 在测量额定电压在 500V 以上电气设备的绝缘电阻时，必须选用 1000～2500V 兆欧表；在测量额定电压在 500V 以下电气设备的绝缘电阻时，则以选用 500V 摇表为宜。

兆欧表使用注意事项如下：

① 正确选择其电压和测量范围。

② 选用兆欧表外接导线时，应选用单根的铜导线；绝缘强度要求在 500V 以上，以免影响精确度。

③ 测量电气设备绝缘电阻时，必须先断开设备的电源，在不带电情况下测量。对较长的电缆线路，应放电后再测量。

④ 兆欧表在使用时要远离强磁场，并且平放。

⑤ 在测量前，兆欧表应先做一次开路试验及短路试验，指针在开路试验中应指到"∞"（无穷大）处，而在短路试验中能摆到"0"处，表明兆欧表工作状态正常，方可测电气设备。

⑥ 测量时，应清洁被测电气设备表面，避免引起接触电阻大，测量结果有误差。

⑦ 在测电容器时需注意，电容器的耐压必须大于兆欧表发出的电压值。测完电容器后，必须先取下兆欧表线再停止摇动摇把，以防止已充电的电容器向兆欧表放电而损坏表。测完的电容器要进行放电。

⑧ 兆欧表在测量电动机绝缘电阻时，标有"L"的端子应接电气设备的带电体一端，标有"E"的接地端子应接设备的外壳或地线，如图 3-9（a）所示。在测量电缆的绝缘电阻时，除把兆欧表"接地"端接入电气设备地之外，另一端接线路后还要再将电缆芯之间的内层绝缘物接"保护环"，以消除因表面漏电而引起的读数误差，如图 3-9（b）所示。图 3-9（c）为测量架空线路对地绝缘电阻，图 3-9（d）所示为测量照明线路绝缘电阻，图 3-9（e）所示为测量线路中的绝缘电阻。

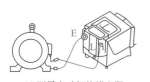
(a) 测量电动机绝缘电阻

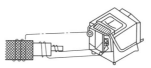
(b) 测量电缆绝缘电阻

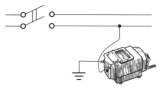
(c) 测量架空线路对地的绝缘电阻

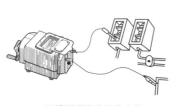
(d) 测量照明线路绝缘电阻

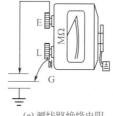
(e) 测线路绝缘电阻

图3-9 兆欧表测量电阻示意图

⑨ 在天气潮湿时，应使用"保护环"以消除绝缘物表面泄流，使被测绝缘电阻比实际值偏低。

⑩ 使用完兆欧表后应对电气设备进行一次放电。

⑪ 使用兆欧表时必须保持一定的转速，按兆欧表的规定一般为 120r/min 左右，在 1min 后取一稳定读数。测量时不要用手触摸被测物及兆欧表接线柱，以防触电。

⑫ 摇动兆欧表手柄应先慢再快，待调速器发生滑动后，应保持转速稳定不变。如果被测电气设备短路，指针摆动到"0"时应停止摇动手柄，以免兆欧表过电流发热烧坏。

六 电能表

1.认识电能表

电工用电能表（又称火表、电度表、千瓦小时表，见图 3-10）是用来测量电能的仪表。

单相电度表可以分为感应式单相电度表和电子式电度表两种。目前，家庭大多数用的是感应式单相电度表。其常用额定电流有 2.5A、5A、10A、15A 和 20A 等规格。

三相有功电度表分为三相四线制和三相三线制两种。常用的三相四线制有功电度表为 DT 系列。

三相四线制有功电度表的额定电压一般为 220V，额定电流有 1.5A、3A、5A、6A、10A、15A、20A、25A、30A、40A、60A 等数种，其中额定电流为 5A 的可经电流互感器接入电路；三相三线制有功电度表的额定电压（线电压）一般为 380V，额定电流有 1.5A、3A、5A、6A、10A、15A、20A、25A、30A、40A、60A 等数种，其中额定电流为 5A 的可经电流互感器接入电路。

2.单相电度表的接线

选好单相电度表后，应进行检查、安装和接线。图 3-11 所示为交叉接线，图中的

图3-10　电度表

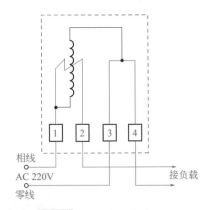

图3-11　单相电度表的接线

1、3 为进线，2、4 接负载，接线柱 1 要接相线（即火线），这种接线目前在我国最常见而且应用最多。

3.单相电度表与漏电保护器的安装与接线

单相电度表与漏电保护器的安装与接线如图 3-12 所示。

4.三相四线制交流电度表的安装与接线

三相四线制交流电度表共有 11 个接线端子，其中 1、4、7 端子是相线进线端子，3、6、9 是相线出线端子，10、11 分别是中性线（零线）进、出

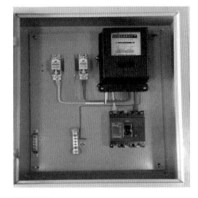

图3-12　单相电度表与漏电保护器的安装与接线

线接线端子，而 2、5、8 为电度表三个电压线圈连接接线端子。电度表电源接上后，通过连接片分别接入电度表三个电压线圈，电度表才能正常工作。图 3-13（a）所示为三相四线制交流电度表直接接线的安装示意，图 3-13（b）所示为三相四线制交流电度表接线示意，图 3-13（c）所示为三相四线制交流电度表安装连接片接线示意。

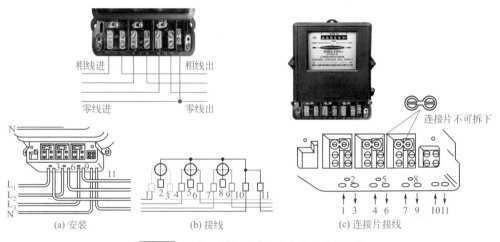

图3-13　三相四线制交流电度表的安装与接线

5.三相三线制交流电度表的安装与接线

三相三线制交流电度表有 8 个接线端子，其中 1、4、6 为相线进线端子，3、5、8 为相线出线端子，2、7 两个接线端子空着（目的是与接入的电源相线通过连接片取到电度表工作电压并接入到电度表电压线圈上）。图 3-14（a）所示为三相三线制交流电度表的安装及实际接线示意，图 3-14（b）所示为三相三线制交流电度表接线示意。

6.间接式三相三线制交流电度表的安装与接线

间接式（互感器式）三相三线制交流电度表配两个相同规格的电流互感器，电源

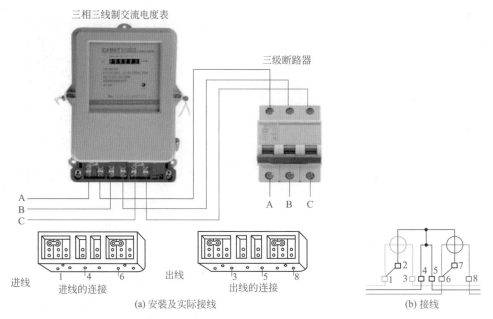

(a) 安装及实际接线

(b) 接线

图3-14　三相三线制交流电度表的安装及接线

进线中两根相线分别与两个电流互感器一次侧 L_1 接线端子连接，并分别接到电度表的 2 和 7 接线端（2、7 接线端上原先接的小铜连接片需拆除）；电流互感器二次侧 K_1 接线端子分别与电度表的 1 和 6 接线端相连；两个 K_2 接线端子相连后接到电度表的 3 和 8 接线端并同时接地；电源进线中的最后一根相线与电度表的 4 接线端相连接并作为这根相线的出线；电流互感器一次侧 L_2 接线端子作为另两相的出线。间接式三相三线制交流电度表的安装如图 3-15（a）所示，间接式三相三线制交流电度表的接线线路如图 3-15（b）所示。

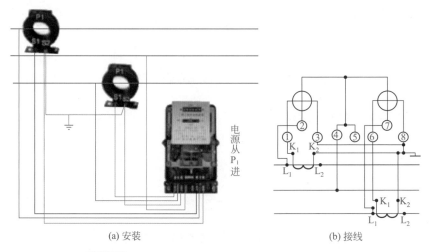

(a) 安装

(b) 接线

图3-15　间接式三相三线制交流电度表的安装及接线

7.间接式三相四线制交流电度表的安装与接线

间接式三相四线制交流电度表配用 3 个规格相同、比例适当的电流互感器，以扩大电度表量程。接线时，3 根电源相线的进线分别接在 3 个电流互感器一次绕组接线端子 L_1 上，3 根电源相线的出线分别从 3 个电流互感器一次绕组接线端子 L_2 引出，并与总开关进线接线端子相连。然后用 3 根绝缘铜芯线分别从 3 个电流互感器一次绕组接线端子 L_1 引出，与电度表 2、5、8 接线端子相连。再用同规格的绝缘铜芯线将 3 个电流互感器二次绕组接线端子 K_1 与电度表 1、4、7 接线端子以及 K_2 与电度表 3、6、9 接线端子分别相连，最后将 3 个 K_2 接线端子用 1 根导线统一接零线。由于零线一般与大地相连，使各电流互感器 K_2 接线端子均能良好接地。如果三相电度表中如 1、2、4、5、7、8 接线端子之间有连接片，应事先将连接片拆除。间接式三相四线制交流电度表的安装如图 3-16（a）所示，间接式三相四线制交流电度表的接线线路如图 3-16（b）所示。

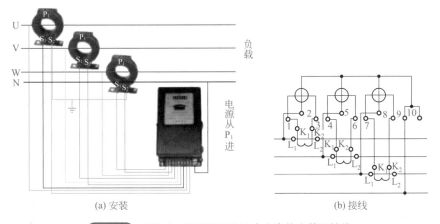

(a) 安装　　　　　　　　　　　(b) 接线

图3-16 间接式三相四线制交流电度表的安装及接线

七 功率表

功率表主要用来测量电功率，如图 3-17 所示。在配电屏上常采用功率表（W）、功率因数表（cosϕ）、频率表（Hz）、三块电流表（A）经两个电流互感器 TA 和两个电压互感器 TV 的联合接线线路，如图 3-18 所示。

图3-17 功率表

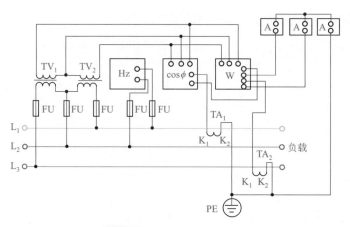

图3-18 配电屏联合接线线路

接线时注意以下几点：

① 三相有功功率表（W）的电流线圈、三相功率因数表（cosφ）的电流线圈以及电流表（A）的电流线圈与电流互感器二次侧串联成电流回路，但 A 相、C 相两电流回路不能互相接错。

② 三相有功功率表（W）的电压线圈、三相功率因数表（cosφ）的电压线圈与电压互感器二次侧并联成电压回路，但各相电压相位不可接错。

③ 电流互感器二次侧"K_2"或"−"端，与第三只电流表 A 末端相连接，并须可靠接地。

八 · 示波器

1.示波器各操作功能

对于维修人员来说，掌握示波器的使用将会大大加快判断故障的速度，提高判断故障的准确率。特别是检修疑难故障时，示波器是得力的工具。示波器不仅可以测量电压，还可以快速地把电压变化的幅值描绘成随时间变化的曲线，这就是常说的波形图。通用示波器品种繁多，但基本功能相似，虽然各种示波器操作面板千差万别，但操作的基本方法是相同的。这里以常用的 VP-5565A 双踪示波器为例进行介绍。示波器的面板如图 3-19 所示，它由三个部分组成：显示部分、X 轴插件和 Y 轴插件。

（1）显示部分

包括显示屏和基本操作旋钮两个部分。

显示屏为显示波形的地方，屏幕上刻有 8×10 的等分坐标刻度，垂直方向的刻度用电压定标，水平方向用时间定标。下面以方波波形为例简单说明这个波形的基本参数。假如 X 轴插件中的 TIME/DIV 开关置于 0.1ms/DIV（毫秒 / 格），水平方向刚好为一个周期；Y 轴插件中的 VOLTS/DIV 开关置于 0.2V/DIV，垂直方向为 5 格。可以

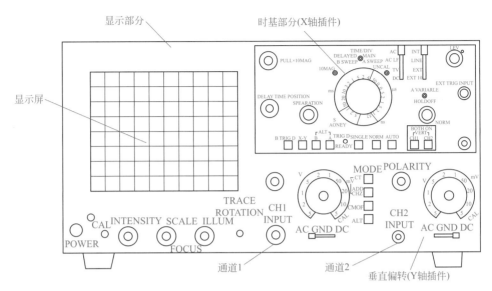

图3-19 双踪示波器面板

算出，波形的周期为 0.1ms/DIV×10DIV=1ms，电压幅值为 0.2V/DIV×5DIV=1V，这是一个频率为 1000Hz 且电压幅值为 1V 的方波信号。

（2）各旋钮及接插件

屏幕下方的旋钮为仪器的基本操作旋钮，其名称和作用如图 3-20（a）所示。

（3）X 轴插件

X 轴插件是示波器控制电子束水平扫描的系统，该部分旋钮的作用如图 3-20（b）所示。

这里说明一下"扩展"。"扩展"是加快扫描的装置，可以将水平扫描速度扩展 10 倍，扫描线长度也扩展相应倍数，主要用于观察波形的细节。例如，当仪器测试接近带宽上限的信号时，显示的波形周期太多，单个波形相隔太密不利于观察，如果将几十个周期的波形扩展后，显示的就只有几个波形了，适当调节 X 轴位移旋钮，使扩展后的波形刚好落在坐标定标上，即可方便读出时间。扩展后，扫描时间误差将会增大，光迹的亮度也将变暗，测试时应当予以注意。

（4）Y 轴插件

VP-5565A 是双踪单时基示波器，可以同时测量两个相关的信号，电路结构上多了一个电子开关，并且有相同的两套 Y 轴前置放大器，后置放大器是共用的，因此，面板上有 CH1 和 CH2 两个输入插座、两个灵敏度调节旋钮、一个用来转换显示方式的开关等。Y 轴插件旋钮的名称和作用如图 3-20（c）所示。

单踪测量时，选择 CH1 通道或 CH2 通道均可，输入插座、灵敏度微调和 VOLTS/DIV 旋钮、Y 轴平衡、Y 轴位移等与之对应就行了。

"VOLTS/DIV"旋钮用于垂直灵敏度调节，单踪和双踪显示时操作方法是相同的。该仪器最高灵敏度为 5mV/DIV，最大输入电压为 440V。为了不损坏仪器，测试前操

示波器功能键
及按钮使用

电源开关：按下时电源接通，
其右上侧指示灯亮
POWER

电源指示灯

光迹焦距：
调节扫描线焦距
FOCUS

光迹旋转：调节扫描线因受地磁
场影响引起的倾斜
ILLUM　TRACE
ROTATION

CAL　INTENSITY　SCALE

校准信号输出：输出100Hz/0.3V
方波信号，用来校准垂直轴的灵
敏度或调节探头

光迹亮度：调节
扫描线和光点亮度

标尺亮度：调节刻度线的
照明亮度，便于照像

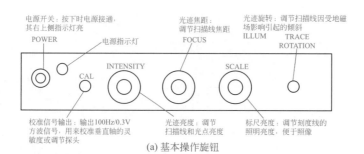

(a) 基本操作旋钮

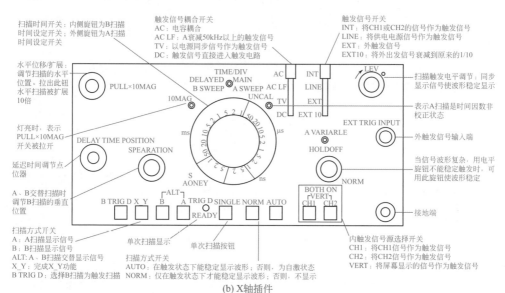

扫描时间开关：内侧旋钮为B扫描
时间设定开关；外侧旋钮为A扫描
时间设定开关

触发信号耦合开关
AC：电容耦合
AC LF：A衰减50kHz以上的触发信号
TV：以电源同步信号作为触发信号
DC：触发信号直接进入触发电路

触发信号开关
INT：将CH1或CH2的信号作为触发信号
LINE：将供电电源信号作为触发信号
EXT：外触发信号
EXT10：将外出信号衰减到原来的1/10

水平位移/扩展：
调节扫描的水平
位置。拉出此钮
水平扫描被扩展
10倍
PULL×10MAG

10MAG

灯亮时，表示
PULL×10MAG
开关被拉开
DELAY TIME POSITION
SEPEARATION

延迟时间调节点
位器

A、B交替扫描时
调节B扫描的垂直
位置

TIME/DIV
DELAYED MAIN
B SWEEP A SWEEP
UNCAL

AC

AC LF

TV

DC

INT

LINE

EXT

EXT 10

LEV

扫描触发电平调节：同步
显示信号使波形稳定显示

表示A扫描是时间因数非
校正状态

EXT TRIG INPUT

外触发信号输入端

A VARIARLE
HOLDOFF

NORM

当信号波形复杂，用电平
旋钮不能稳定触发时，可
用此旋钮使波形稳定

扫描方式开关
A：A扫描显示信号
B：B扫描显示信号
ALT：A、B扫描交替显示信号
X_Y：完成X_Y功能
B TRIG D：选择B扫描为触发扫描

B TRIG D X_Y　B　A TRIG D SINGLE NORM AUTO

ALT

READY

BOTH ON
VERT
CH1 CH2

接地端

单次扫描显示

单次扫描按钮

扫描方式开关
AUTO：在触发状态下能稳定显示波形；否则，为自激状态
NORM：仅在触发状态下才能稳定显示波形；否则，不显示

内触发信号源选择开关
CH1：将CH1信号作为触发信号
CH2：将CH2信号作为触发信号
VERT：将屏幕显示的信号作为触发信号

(b) X轴插件

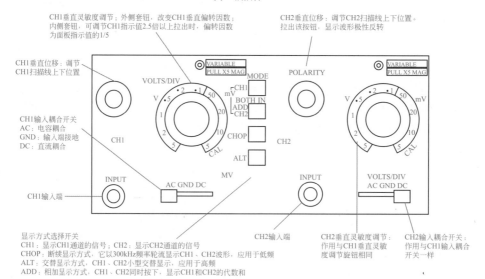

CH1垂直灵敏度调节；外侧套钮，改变CH1垂直偏转因数；
内侧套钮，可调节CH1指示值2.5倍以上拉出时，偏转因数
为面板指示值的1/5

CH2垂直位移：调节CH2扫描线上下位置。
拉出该按钮，显示波形极性反转

CH1垂直位移：调节
CH1扫描线上下位置

VARIABLE
PULL X5 MAG

VOLTS/DIV

MODE

POLARITY

VARIABLE
PULL X5 MAG

CH1输入耦合开关
AC：电容耦合
GND：输入端接地
DC：直流耦合

CH1

CH1
mV
BOTH IN
ADD
CH2

CHOP

ALT

CH2

INPUT

AC GND DC

MV

INPUT

VOLTS/DIV
AC GND DC

CH1输入端

CH2输入端

CH2垂直灵敏度调节：
作用与CH1垂直灵敏
度调节旋钮相同

CH2输入耦合开关：
作用与CH1输入耦合
开关一样

显示方式选择开关
CH1：显示CH1通道的信号；CH2：显示CH2通道的信号
CHOP：断续显示方式，它以300kHz频率轮流显示CH1、CH2波形，应用于低频
ALT：交替显示方式，CH1、CH2小型交替显示，应用于高频
ADD：相加显示方式，CH1、CH2同时按下，显示CH1和CH2的代数和

(c) Y轴插件

图3-20 示波器的旋钮及各插件的作用

作者应对被测信号的最大幅值有明确的了解，正确选择垂直衰减器。示波器测试的是电压幅值，其值与直流电压等效，与交流信号峰-峰值等效。

双踪显示时，可以根据被测信号或测试需要，选择交替、断续、相加三种方式。

交替工作方式，就是把两个输入信号轮流地显示在屏幕上，当扫描电路第一次扫描时，示波器显示出第一个波形；第二次扫描时，显示出第二个波形。以后的各次扫描，只是轮流显示这两个被测波形。由于这种显示电路技术的限制，在扫描时间过长时，不适宜观测频率较低的信号。

断续工作方式，就是在第一次扫描的第一瞬间显示出第一个被测波形的某一段，第二个瞬间显示出第二个被测信号的某一段，以后的各个瞬间，轮流显示出这两个被测波形的其余各段，经过若干次断续转换之后，屏幕上就可以显示出两个完整的波形。由于断续转换频率较高，显示每小段靠得很近，人眼看起来仍然是连续的波形，与交替显示方式刚好相反，这种方式不适宜观测较高频率的信号。

相加工作方式实际上是把两个测试信号代数相加，当 CH1 和 CH2 两个通道信号同相时，总的幅值增加；当两个信号反相时，显示的是两个信号幅值之差。

双踪示波器一般有四根测试电缆：两根直通电缆和两根带有 10∶1 的衰减探头。直通电缆只能用于测量低频小信号，如音频信号，这是因为电缆本身的输入电容太大。衰减探头可以有效地将电缆的分布电容隔离，还可以大大提高仪器接入电路时的输入阻抗，当然输入信号也受到衰减，在读取电压幅值时要把衰减考虑进去。

2.示波器的应用

了解仪器面板上操作旋钮的功能，只能说为实际操作做好了准备，要想用于实际维修，还必须进行一些基本的测试演练。维修中需要测试的信号波形千差万别，不可能全部列出来作为标准进行对比来确定故障。因此，从一些基本波形测试入手，学会识读，掌握测试要领，这样才能举一反三地用于维修实践。

示波器使用时应放在工作台上，屏幕要避开直射光，检修彩电之类的电器还要用隔离变压器与市电隔离。有些场合，为了避免干扰，仪器面板上专用接地插口要妥善接地。打开仪器之后，不要忙于接上测试信号，首先要将光点或光迹亮度、清晰度调节好，并将光迹移至合适位置，根据被测信号的幅值和时间选择好 TIME/DIV 与 VOLTS/DIV 旋钮，连接好测试电缆或探头。在与电路中的待测点连接时，应在电路测试点附近找到连接地线的装置，以便固定地线鳄鱼夹。

（1）测试前的校准

测试之前应对仪器进行一些常规校准，如垂直平衡、垂直灵敏度、水平扫描时间。校准垂直平衡时，将扫描方式置于自动扫描状态，在屏幕上形成水平扫描基线，调节 Y 轴微调。正常时，扫描线沿垂直方向应当没有明显变化，如果变化较大，调节平衡旋钮予以校正。一般这种校正需要反复进行几次才能达到最佳平衡。对于垂直灵敏度和扫描时间的校准，可输入仪器面板上频率为 1000kHz、电压幅值为 1V 的方波信号进行。采用单踪显示方式进行（图 3-21）调校时，如果显示的波形幅值、时间和形状总不能达到标准，表明该信号不准确，或者示波器存在问题。

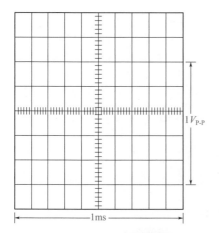

单踪显示方式，两个通道分别进行检查。"TIME/DIV"置于0.1ms/DIV；"VOLTS/DIV"置于0.2V/DIV；同步置于+，自动、AC、DC方式均可；扫描扩展、显示极性等置于常态；调整垂直和水平位移波形与坐标重合。左图为校准好的波形图

$1V_{P-P}$

|← 1ms →|

图3-21 垂直灵敏度与扫描时间校准

（2）波形测试的基本方法

① 直流电压幅值的测量　测量电压实际上就是测量信号波形的垂直幅度。被测信号在垂直方向占据的格数，与 VOLTS/DIV 所对应标称值的乘积为该信号的电压幅值。假设 VOLTS/DIV 开关置于 0.5V/DIV，波形垂直方向占据 5 格，则这个信号的幅值为 0.5V/DIV×5DIV=2.5V（定量测试电压时，垂直微调应当放在校准位置）。对于直流信号，由于电压值不随时间变化，其最大值和瞬时值是相同的，因此，示波器显示的光迹仅仅是一条在垂直方向产生位移的扫描直线。电压幅值包括直流幅值和交流幅值。

现代示波器的垂直放大器都是直流器、宽带放大器，示波器测量电压的频率范围可以从零一直到数千兆，这是其他电压测量仪器很难实现的。图 3-22（a）所示为幅值的测试。

② 交流电压幅值的测量　交流信号与直流信号不同，直流信号的幅值不随时间变化，交流信号则随着时间在不断变化。对应不同的时间，幅值不同（表现在波形的形状上）。大多数情况下，这些信号都是周期性变化的，一个周期的信号波形就能够帮助我们了解这个信号。

比较简单和常见的有正弦波、方波、锯齿波等，这些信号变化单一。而 LED 中的彩条视频信号、灰度视频信号等是典型的复合信号，在一个周期内往往由几种不同的分量在幅度和时间上不同组合，不仅需要测量它们的电压和时间，还要根据图形中的分量来具体区分。如一个行扫描周期的视频信号，其中还包括同步信号、色度信号等。

波形幅值的测试是示波器最基本的，也是经常的操作。有些时候只需要测量幅值，操作过程相对可以简化，测试时先根据待测信号的可能幅度初步确定垂直衰减，并将垂直微调置于校准，实际显示的波形以占据坐标的 70% 左右为宜（过小则分辨率降低，过大则由于显示屏的非线性会增大误差）。根据待测信号选择垂直输入方式，如果是交流信号，采用 AC；如果是直流信号，采用 DC。在不需要准确读出时间时，扫描时间等的设置可以随意一些，只要能够显示一个周期以上的波形，即使没有稳定同步，都是可以读出幅值的。

（3）信号周期、时间间隔和频率的测试

大多数交流信号都是周期性变化的，如我国的市电，变化（一个周期）的时间为20ms，LED 的场扫描信号一个周期也是 20ms，行扫描信号的周期为 64s，当把这些信号用示波器显示出来之后，依据扫描速度开关（TIME/DIV）对应的标称值和波形在屏幕上占据的水平格数，就能读出这个信号的周期。周期和频率互为倒数关系，即 $f = 1/T$。因此，周期与频率之间是可以相互转换的。图 3-22（b）所示为时间间隔测试。

（4）双踪波形信号相位比较

在实际应用中，有时需要比较两个信号的相位，此时需用 CH1、CH2 同时输入信号，通过图 3-22（c）所示即可知道两信号的相位差值。

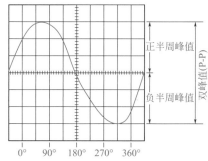
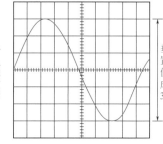

(a) 幅值测试

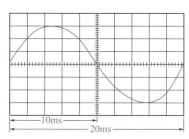
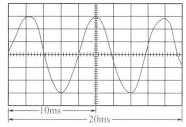

(b) 时间间隔测试

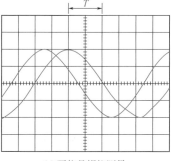

(c) 两信号相位测量

示波器的操作

示波器的实测波形

图3-22　波形测试方法

第四章

照明线路与供配电线路安装与检修

一 白炽灯照明线路

1.灯具

（1）灯泡

灯泡由灯丝、玻璃壳和灯头三部分组成。灯头有螺口和插口两种。白炽灯按工作电压分有 6V、12V、24V、36V、110V 和 220V 等六种，其中 36V 以下的灯泡为安全灯泡。在安装灯泡时，必须注意灯泡电压和线路电压一致。

（2）灯座

灯座如图 4-1 所示。

图4-1　常用灯座

（3）开关

开关有拉线开关、顶装式拉线开关、防水式拉线开关、平开关、暗装开关和台灯开关等几类，如图 4-2 所示。

图4-2　开关的种类

2.白炽灯照明线路原理图

单联开关控制白炽灯接线原理如图 4-3 所示。
双联开关控制白炽灯接线原理如图 4-4 所示。

双控开关控制电路　　　多开关控制电路

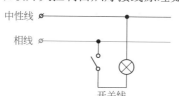

图4-3　单联开关控制白炽灯接线原理

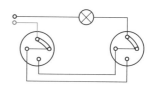

图4-4　双联开关控制白炽灯接线原理

二　照明线路的安装

1.圆木的安装

如图 4-5 所示安装步骤。先在准备安装挂线盒的地方打孔，预埋木榫或膨胀螺栓。在圆木底面用电工刀刻两条槽；在圆木中间钻 3 个小孔。将两根导线嵌入圆木槽内，并将两根电源线端头分别从两个小孔中穿出，用木螺钉通过第三个小孔将圆木固定在木榫上。

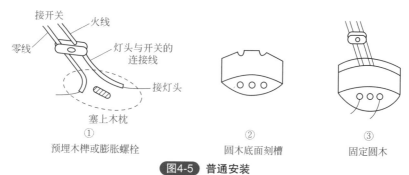

①　预埋木榫或膨胀螺栓　　　②　圆木底面刻槽　　　③　固定圆木

图4-5　普通安装

在楼板上安装：首先在空心楼板上选好弓板位置；按图示方法制作弓板；将圆木安装在弓板上。如图 4-6 所示。

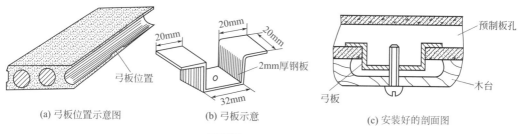

(a) 弓板位置示意图　　　(b) 弓板示意　　　(c) 安装好的剖面图

图4-6　在楼板上安装

2.挂线盒的安装

如图 4-7 所示。将电源线由挂线盒的引线孔穿出。确定好挂线盒在圆木上的位置后，用木螺钉将其紧固在圆木上。一般为方便木螺钉旋入，可先用钢锥钻一个小孔。拧紧木螺钉，将电源线接在挂线盒的接线桩上。按灯具的安装高度要求，取一段铜芯软线做挂线盒与灯头之间的连接线，上端接挂线盒内的接线桩，下端接灯头接线桩。为了不使接头处承受灯具重力，吊灯电源线在进入挂线盒盖后，在离接线端头 50mm 处打一个结（电工扣）。

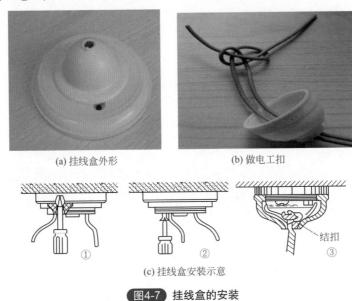

(a) 挂线盒外形   (b) 做电工扣

(c) 挂线盒安装示意

图4-7 挂线盒的安装

3.灯头的安装

① 吊灯头的安装如图 4-8 所示：把螺口灯头的胶木盖子卸下，将软吊线下端穿过灯头盖孔，在离导线下端约 30mm 处打一电工扣。把去除绝缘层的两根导线下端芯

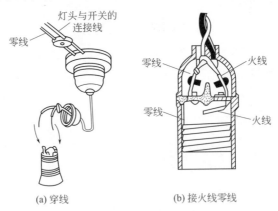

(a) 穿线   (b) 接火线零线

图4-8 吊灯头的安装

线分别压接在两个灯头接线端子上。旋上灯头盖。注意，火线应接在跟中心铜片相连的接线桩上，零线应接在螺口相连的接线桩上。

② 平灯头的安装如图4-9所示：平灯座在圆木上的安装与挂线盒在圆木上的安装方法大体相同，不同之处只是由圆木穿出的电源线直接与平灯座两接线桩相接，而且现在多采用圆木与灯座一体的灯座。

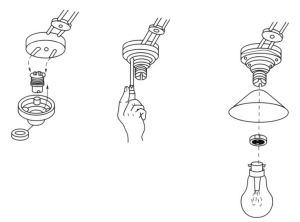

(a) 接线　　　(b) 安装卡门矮脚或底座　　(c) 灯罩、灯头、灯泡组装

图4-9 平灯头的安装

4.吸顶式灯具的安装

① 较轻灯具的安装如图4-10所示：首先用膨胀螺栓或塑料胀管将过渡板固定在顶棚预定位置。在底盘元件安装完毕后，再将电源线由引线孔穿出，然后托着底盘穿过过渡板上的安装螺栓，上好螺母。安装过程中因不便观察而不易对准位置时，可用十字螺丝刀穿过底盘安装孔，顶在螺栓端部，使底盘轻轻靠近，沿刀杆顺利对准螺栓并安装到位。

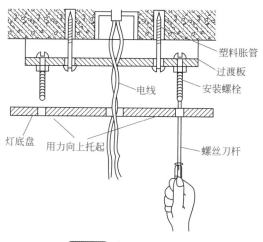

塑料胀管
过渡板
电线
安装螺栓
灯底盘
用力向上托起
螺丝刀杆

图4-10 较轻灯具的安装

② 较重灯具的安装如图 4-11 所示：用直径为 6mm、长约 8cm 的钢筋做成图示的形状。再做一个图示形状的钩子，钩子的下段铰 6mm 螺纹。将钩子勾住钢筋后再送入空心楼板内。做一块和吸顶灯座大小相似的木板，在中间打个孔，套在钩子的下段上并用螺母固定。在木板上另打一个孔用以穿电线，然后用木螺钉将吸顶灯底座板固定在木板上，接着将灯座装在钢圈内木板上。经通电试验合格后，最后将玻璃罩装入钢圈内，用螺栓固定。

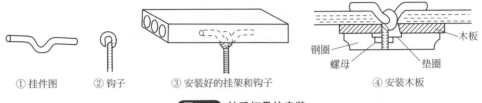

① 挂件图　② 钩子　③ 安装好的挂架和钩子　④ 安装木板

图4-11 较重灯具的安装

③ 嵌入式安装如图 4-12 所示：制作吊顶时，应根据灯具的嵌入尺寸预留孔洞，安装灯具时，将其嵌装在吊顶上。

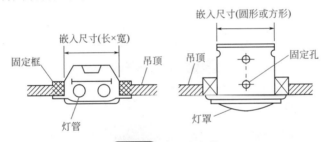

图4-12 嵌入式安装

三　日光灯的安装

⬛ 1.日光灯一般接法

普通日光灯接线如图 4-13 所示。安装时，开关 S 应控制日光灯火线，并且应接在镇流器一端。零线直接接日光灯另一端。日光灯启辉器并接在灯管两端即可。

安装时，镇流器、启辉器必须与电源电压、灯管功率相配套。

双日光灯线路一般用于厂矿和户外广告要求照明亮度较高的场所。在接线时应尽可能减少外部接头。如图 4-14 所示。

⬛ 2.日光灯的安装步骤与方法

① 组装接线如图 4-15 所示：启辉器座上的两个接线端分别与两个灯座中的一个接线端连接，余下的接线端，其中一个与电源的中性线相连，另一个与镇流器的一个出线头连接。镇流器的另一个出线头与开关的一个接线端连接，而开关的另一个接线

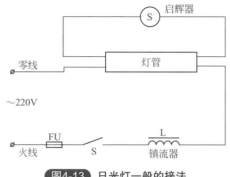

图4-13 日光灯一般的接法

日光灯布线

日光灯电路

日光灯接线

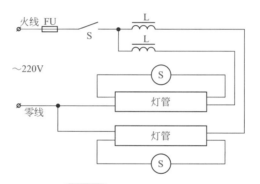

图4-14 双日光灯的接法

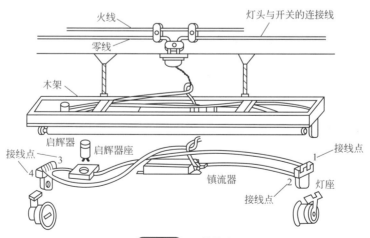

图4-15 组装接线

端则与电源中的一根相线相连。与镇流器连接的导线既可通过瓷接线柱连接，也可直接连接。接线完毕，要对照电路图仔细检查，以免错接或漏接。

② 安装灯管如图 4-16 所示：安装灯管时，对插入式灯座，先将灯管一端灯脚插入带弹簧的一个灯座，稍用力使弹簧灯座活动部分向外退出一小段距离，另一端趁势插入不带弹簧的灯座。对开启式灯座，先将灯管两端灯脚同时卡入灯座的开缝中，再用手握住灯管两端头旋转约 1/4 圈，灯管的两个引脚即被弹簧片卡紧使电路连通。

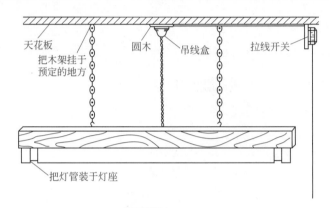

图4-16 安装灯管

③ 安装启辉器如图 4-17 所示。开关、熔断器等按白炽灯安装方法进行接线。在检查无误后，即可通电试用。

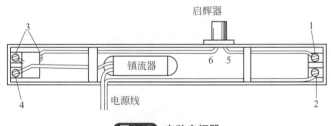

图4-17 安装启辉器

近几年发展起来的电子式日光灯，安装方法是用塑料胀栓直接固定在吊顶上即可。

四　**其他灯具的安装**

⊞ **1.水银灯**

高压水银荧光灯（水银灯）应配用瓷质灯座。镇流器的规格必须与荧光灯泡功率一致。灯泡应垂直安装。功率偏大的高压水银荧光灯由于温度高，应装置散热设备。对自镇流水银灯，没有外接镇流器，灯泡直接拧到相同规格的瓷灯口上即可。如图4-18 所示。

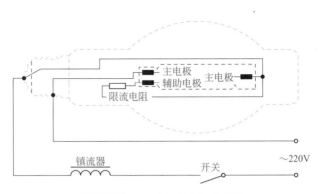

图4-18　高压水银荧光灯的安装

2. 钠灯

高压钠灯必须配用镇流器，电源电压的变化不宜大于 ±5%。高压钠灯功率较大，灯泡发热厉害，因此电源线应有足够的面积。如图 4-19 所示。

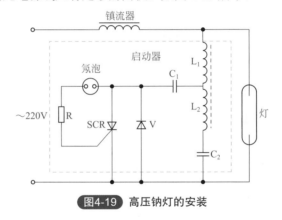

图4-19　高压钠灯的安装

3. 碘钨灯的安装

碘钨灯必须水平安装，水平线偏角应小于 4°。灯管必须装在专用的有隔热装置的金属灯架上，同时，不可在灯管周围放置易燃物。在室外安装，要有防雨措施。功率在 1kW 以上的碘钨灯，不可安装一般电灯开关，应安装漏电保护器。如图 4-20 所示。

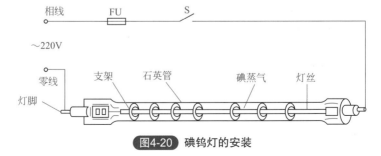

图4-20　碘钨灯的安装

五 插座与插头的安装

1.三孔插座的暗装

将导线剥去 15mm 左右绝缘层后，分别接入插座接线桩中，拧紧螺钉，如图 4-21（a）所示。将插座用平头螺钉固定在开关暗盒上，压入装饰钮，如图 4-21（b）所示。

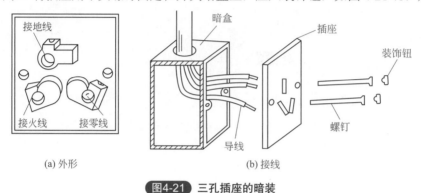

(a) 外形　　　　　　　　　　　　(b) 接线

图4-21 三孔插座的暗装

2.二脚插头的安装

将两根导线端部的绝缘层剥去，在导线端部附近打一个电工扣。拆开端头盖，将剥好的多股线芯拧成一股，固定在接线端子上。注意，不要露铜丝毛刷，以免短路。盖好插头盖，拧上螺钉即可。如图 4-22 所示。

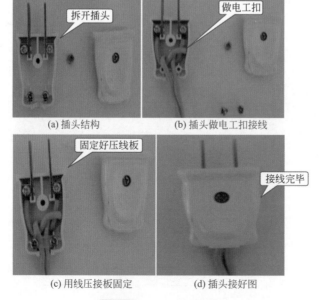

(a) 插头结构　　　　　　　　　　(b) 插头做电工扣接线

(c) 用线压接板固定　　　　　　　(d) 插头接好图

图4-22 二脚插头的安装

3. 三脚插头的安装

三脚插头的安装与两脚插头的安装类似，不同的是导线一般选用三芯护套软线。其中一根带有黄绿双色绝缘层的芯线接地线，其余两根一根接零线，一根接火线。如图 4-23 所示。

(a) 外形　　　　(b) 接线

图4-23　三脚插头安装

带开关插座安装

多联插座安装

六　照明线路故障的检修

照明线路的常见故障主要有断路、短路和漏电三种。

1. 断路

产生断路的原因主要是熔丝熔断、线头松脱、断线、开关没有接通，铜铝接头腐蚀等。

2. 短路

造成短路的原因大致有以下几种：
① 用电器具接线不好，以致接头碰在一起。
② 灯座或开关进水，螺口灯头内部松动或灯座顶芯歪斜造成内部短路。
③ 导线绝缘外皮损坏或老化，并在零线和相线的绝缘处碰线。

3. 漏电

相线绝缘损坏而接地，用电设备内部绝缘损坏使外壳带电等原因，均会造成漏电。漏电不但造成电能浪费，还可能造成人身触电伤亡事故。

漏电保护装置一般采用漏电开关。当漏电电流超过整定电流值时，漏电保护器动作，切断电路。若发现漏电保护器动作，则应查出漏电接地点并进行绝缘处理后再通电。

照明线路的接地点多发生在穿墙部位和靠近墙壁或天花板等部位。查找接地点时，应注意查找这些部位。

漏电查找方法如下：

① 首先判断是否漏电。要用摇表，看其绝缘电阻值的大小，或在被检查建筑物的总开关上串接一只万用表，接通全部电灯开关，取下所有灯泡，仔细进行观察。若摇表指针摇动，则说明漏电。指针偏转的多少，表明漏电电流的大小。若偏转多则说明漏电流大。确定漏电后可按下一步继续进行检查。

② 判断是火线与零线之间的漏电，还是相线与大地间的漏电，或者是两者兼而有之。以接入万用表检查为例，切断零线，观察电流的变化：电流指示不变，是相线与大地之间漏电；电流指示为零，是相线与零线之间漏电；电流表指示变小但不为零，则表明相线与零线、相线与大地之间均有漏电。

③ 确定漏电范围。取下分路熔断器或拉下开关刀闸，电流若不变化，则表明是总线漏电；电流指示为零，则表明是分路漏电；电流指示变小但不为零，则表明总线与分路均有漏电。

④ 找出漏电点。按前面介绍的方法确定漏电的线路段后，依次拉断该线路段灯具的开关。当拉断某一开关时，电流指针回零或变小，若回零则是这一分支线漏电，若变小则除该分支漏电外还有其他漏电处；若所有灯具开关都拉断后，电流表指针仍不变，则说明是该段干线漏电。

依照上述方法依次把故障范围缩小到一个较短线路段或小范围后，便可进一步检查该段线路的接头以及电线穿墙处等是否有漏电情况。当找到漏电点后，包缠好进行绝缘处理。

一 架空线的敷设

1.电杆

电杆应有足够的机械强度，常用的电杆有木电杆、金属电杆、水泥电杆三种。

① 木电杆：木电杆重量轻，搬运和架设方便，缺点是容易腐朽，使用年限短。已被淘汰。

② 金属电杆：最常见的是铁塔。多由角铁焊接而成，多用在高压输电线路上。

③ 水泥电杆：是最常用的一种，强度大，使用年限长。选用水泥电杆时，其表面应光洁平整，壁厚均匀，无外露钢筋，杆身弯曲不超过杆长的2%。电杆立起前，应将顶端封堵，防止电杆投入使用后杆内积水，腐蚀钢筋，导致电杆断裂。

在现代施工工作中，一般采用起重机立杆的方法，如图5-1所示。起吊时，坑边站两人负责电杆入坑，由一人指挥。当杆顶吊离地面500mm时，应停止起吊，检查吊绳及各绳扣无误方可继续起吊。当电杆吊离地面200mm时，坑边二人将杆根移至坑口，电杆继续起吊，电杆就会一边竖起，一边伸入坑内，坑边两人要推动杆根，使其便于入抗。

图5-1 起重机立杆

2.横担

横担是用来安装绝缘子、避雷器等设施的。横担的长度是根据架空线根数和线间距离来确定的，通常可分为木横担、铁横担和陶瓷横担三种。

① 木横担：木横担按断面形状分为圆横担和方横担两种。已淘汰。

② 铁横担：铁横担是用角铁制成的，坚固耐用，使用最多，使用前应进行热镀锌处理，可以延长使用寿命。

③ 陶瓷横担：陶瓷横担的优点是不易击穿，不易老化，绝缘能力高，安全可靠，维护简单，主要应用在高压线路上。

线路横担安装要求：横担安装方向及单横担安装如图5-2、图5-3所示。为了使横担安装方向统一，便于认清来电方向，直线杆单横担应装于受电侧；90°转角杆及终端杆，当采用单横担时，应装于拉线侧。横担安装应平整，安装偏差端部上下歪斜不应超过20mm，左右扭斜不应超过20mm。

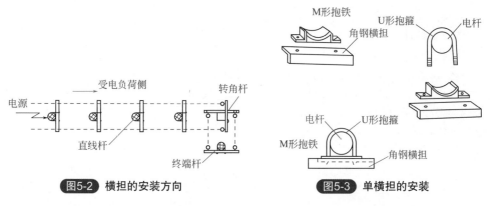

图5-2　横担的安装方向　　　　图5-3　单横担的安装

横担安装，应符合下列规定数值：

① 垂直安装时，顶端顺线路歪斜不应大于10mm。

② 水平安装时，顶端应向上翘起5°～10°，顶端顺线路歪斜不应大于20mm。

③ 全瓷或瓷横担的固定处应加软垫。

3.绝缘子

俗称为瓷瓶，用来固定导线，应有足够的电气绝缘能力和机械强度，使带电导线之间或导线与大地之间绝缘。

① 针式绝缘子安装如图5-4所示，针式绝缘子分为高压针式绝缘子和低压针式绝缘子两种，由于横担的不同，针式绝缘子又分为长柱、短柱及弯脚式绝缘子。针式绝缘子适用于直线杆上或在承力杆上用来支持跳线的地方。

② 蝶式绝缘子安装如图5-5所示，蝶式绝缘子用于终端杆、转角杆、分支杆、耐张杆以及导线需承受拉力的地方。

③ 拉线绝缘子又称为拉线球，居民区、厂矿内电杆的拉线从导线之间穿过时，应装设拉线绝缘子。拉线绝缘子距地面不应小于2.5m。其作用如下：

a.防止维修人员上杆带电作业时，人体碰及上拉线而造成单相触电。

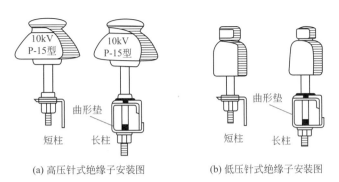

(a) 高压针式绝缘子安装图 (b) 低压针式绝缘子安装图

图5-4 针式绝缘子安装图

(a) 高压悬式加蝶式绝缘子安装图 (b) 低压蝶式绝缘子安装图

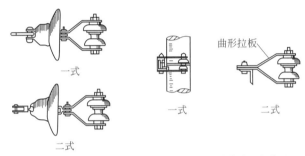

图5-5 蝶式绝缘子安装图

b. 防止导线与拉线短路时造成线路接地或人体触及中、下拉线时造成人体触电。

4. 拉线

电杆拉线（板线）是为了平衡电杆所受到的各方面的作用力并抵抗风压等、防止电杆倾倒所使用的金属导线。

安装拉线要求如下：

① 拉线与电杆的夹角不宜小于 45°，拉线穿过公路时，对路面最低垂直距离不应小于 6m。

② 终端杆的拉线及耐张杆承力拉线应与线路方向对正，分角拉线应与线路分角线方向对正，防风拉线应与线路方向垂直。

③ 合股组成的镀锌铁线用作拉线时，股数必须在三股以上，并且单股直径不应在 4mm 以上。

④ 当一根电杆上装设多条拉线时，拉线不应有过松、过紧、受力不均匀等现象。

拉线的种类如下（图 5-6）：

图 5-6（a）终端拉线用于终端和分支杆。

图 5-6（b）转角拉线用于转角杆。

图 5-6（c）人字拉线用于基础不坚固和跨越加高杆及较大耐张段中间的直线杆上。

图 5-6（d）高桩拉线用于跨越公路和渠道等处。

图 5-6（e）自身拉线用于受地形限制不能采用一般拉线处，它的强度有限，不宜用在负载重的电杆上。

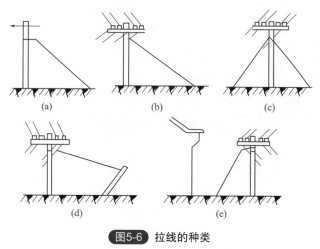

图5-6 拉线的种类

5.在实际施工中对埋设电杆的要求

① 电杆埋设深度应符合表 5-1 所列数值。电杆埋深要求，最小不得小于 1.5m。杆根埋设必须夯实。

表 5-1　电杆埋设深度

杆长 /m	8.0	9.0	10.0	11.0	12.0	13.0	15.0
埋深 /m	1.5	1.6	1.7	1.8	1.8	2.0	2.3

② 杆上设变压器台的电杆一般埋设深度不小于 2m。

③ 由于电杆受荷载、土质影响，杆基的稳定不能满足要求，常采用卡盘对基础进行补强，所以水泥杆的卡盘的埋深不小于电杆埋深的三分之一，最小不得小于 0.5m。

二　架空室外线路的一般要求

1.导线架设要求

① 导线在架设过程中，应防止发生磨伤、断股、弯折等情况。

② 导线受损伤后，同一截面内，损伤面积超过导电部分截面积的 17% 应锯断后重接。

③ 同一档距内，同一根导线的接头，不得超过 1 个，导线接头位置与导线固定处的距离必须大于 0.5m。

④ 不同金属、不同规格的导线严禁在档距内连接。

⑤ 1～10kV 的导线与拉线，电杆或构架之间的净空距离不应小于 200mm，1kV 以下配电线路，不应小于 50mm。1～10kV 引下线与 1kV 以下线路间的距离不应小于 200mm。

2.导线对地距离及交叉跨越要求

① 水平排列：档距在 40m 以内时为 30cm，档距在 40m 以外时为 40cm。

② 垂直排列时为 40cm。

③ 导线为多层排列时，接近电杆的相邻导线间水平距离为 60cm。高、低压同杆架设时，高、低压导线间最小距离不小于 1.2m。

④ 不同线路同杆架设时，要求高压线路在低压动力线路的上端，弱电线路在低压动力线路的下端。

⑤ 低压架空线路与各种设施的最小距离见表 5-2。

表 5-2　低压架空线路与各种设施的最小距离

1	距凉台、台阶、屋顶的最小垂直距离	2.5m
2	导线边线距建筑物的凸出部分和无门窗的墙	1m
3	导线至铁路轨顶	7.5m
4	导线至铁路车厢、货物外廓	1m
5	导线距交通要道垂直距离	6m
6	导线距一般人行道地面垂直距离	5m
7	导线经过树木时，裸导线在最大弧垂和最大偏移时，最小距离	1m
8	导线通过管道上方，与管道的垂直距离	3m
9	导线通过管道下方，与管道的垂直距离	1.5m
10	导线与弱电线路交叉不小于 1.25m，平行距离	1m
11	沿墙布线经过里巷、院内人行道时，至地面垂直距离	3.5m
12	距路灯线路	1.2m

⑥ 沿墙敷设：绝缘导线应水平或垂直敷设，导线对地面距离不应低于 3m，跨越人行道时不应低于 3.5m。水平敷设时，零线设在最外侧。垂直敷设时，零线在最下端。跨越通车道路时，导线距地不应低于 6m。沿墙敷设的导线间距离 20～30cm。

三　登杆

登杆使用的工具有脚扣和安全带。不同长度的电杆杆径不同，要选用不同规格的脚扣，如登 8m 电杆用 8m 杆脚扣。现在还有一种通用脚扣，大小可调。使用前要检查脚扣是否完好，有无断裂痕迹，脚扣皮带是否结实。安全带是为了确保登高安全，在高空作业时支撑身体，使双手能松开进行作业的保护工具，如图 5-7 所示。

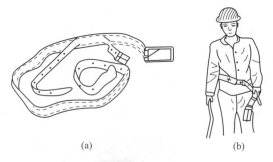

(a)　　　　　　　　(b)

图5-7　安全带

登杆前先系好安全带，为了便于在电杆上操作，安全带的腰带系在胯骨以下，系得不要太紧。把腰绳和安全绳挎在肩上。脚扣的皮带不要系得过紧，以脚能从皮带中脱出而脚扣又不会自行脱落为好。用脚扣登杆的方法如图 5-8 所示。

登杆时，应用双手抱住电杆，一脚向上跨扣，脚上提时不要翘脚尖，脚要放松，用脚扣的重力使其自然挂在脚上，脚扣平面一定要水平，否则上提过程中脚扣会碰杆脱落。每次上跨间距不要过大，以膝盖成直角最合适。上跨到位后，让脚扣尖靠向电杆，脚后跟用力向侧后方踩，脚扣就很牢固地卡在电杆上，卡稳后不要松脚，要把重心移过来，另一脚上提松开脚扣，做第二跨。注意脚扣上提时两脚扣不要相碰以免脱落。

由于杆梢直径小，登杆时越向上脚扣越容易脱扣下滑，要特别注意。当到达工作位置时，应先挂好安全绳，且安全带与电杆有一定倾斜角度。调整脚扣到合适操作的位置，将两脚扣相互扣死，如图 5-9 所示。

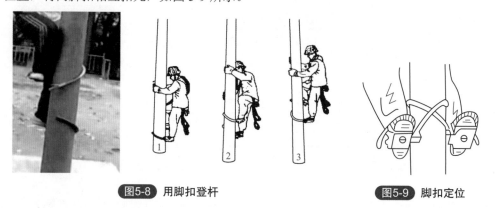

图5-8　用脚扣登杆　　　　　　　　图5-9　脚扣定位

脚扣和安全绳都稳固后方可松开手进行操作。另外，登杆前不要忘记带工具袋，并带上一根细绳，以便从电杆下提取工件。

四　电力电缆分类及检查

按绝缘材料分类：油浸纸绝缘、塑料绝缘、橡胶绝缘。

按结构特征分类：统包型、分相型、扁平型、自容型等。

电力电缆敷设前，必须进行外观、电气检查，检查电缆表面有无损伤，并测量电力电缆绝缘电阻。

五　室内敷设

1. 明敷

① 无铠装电缆在室内水平明敷时，电缆距地面高度不低于 2.5m；垂直敷设高度在 1.8m 以下时，应有防机械损伤的措施。

② 明敷 1kV 以下电力或控制电缆，与 1kV 以上电力电缆应分开敷设；并列敷设时，其间距不应小于 150mm。相同电压的电力电缆相互间的净距不应小于 35mm。

③ 电缆支架或固定点的距离，水平敷设不应大于 1m，垂直敷设不应大于 1.5m。

④ 电缆从地下或电缆沟引出地面时，地面上 2m，一般应用金属管或罩加以保护，其根部应伸入地面下 0.1m 以下。变电所内的铠装电缆如无机械损伤可能的，可不加保护，但对无铠装电缆，则应加以保护。

⑤ 电缆与热力管道、热力设备之间平行时，距离不小于 1m，交叉时距离应不小于 0.5m。电缆不宜敷设在热力管道上部。

⑥ 明敷在室内及电缆沟、隧道内的电缆应对铠装加以防腐。

2. 暗敷

① 电缆穿管保护时，管内径不应小于电缆外径的 1.5 倍。

② 电缆管暗敷时，电缆管不能直接焊在支架上，电缆管支架点间的距离应符合表 5-3 的要求。

表 5-3　电缆管暗敷时支架点间的距离要求

规格直径 /mm	电缆管支架点间的距离 /m		
	硬质塑料管	钢管	
		薄壁钢管	厚壁钢管
20 及以下	1.0	1.0	1.5
25~32	—	1.5	2.0
32~40	1.5	—	—
40~50	—	2.0	2.5
50 以上	2.0	—	—
70 以上	—	2.5	3.5

③ 硬质塑料管不锈蚀，防酸、碱性能好，弯制容易，逐步代替钢管广泛应用。但硬质塑料管不宜在温度超过 60℃ 或低于 0℃ 场所使用。

④ 电缆穿管时，每根电力电缆单独穿入一管内，交流单芯电缆不得单独穿入钢管内。

⑤ 电缆支架长度在电缆沟内不宜大于 3.5m，电缆支架层间垂直净距不应大于 15cm，

电力电缆水平净距不应小于 3.5cm（或不小于电缆外径）。

⑥ 电缆在室内埋地时，穿墙、穿楼板处应穿保护管。

⑦ 电缆进入电缆沟、隧道、竖井、建筑物盘（柜），为了防火、防水、防小动物进入电缆间引起短路事故，其出入口应封闭。

六　室外敷设

室外敷设的方法有很多，分为桥架、沿墙支架、钢索吊挂、电缆隧道、电缆沟、直埋等。应根据环境要求、电缆数量等具体情况来决定敷设方式。

1. 架空明敷

① 在缆桥、缆架上敷设电缆时，相同电压的电缆可以并列敷设，但电缆间的净距不应小于 3.5cm。

② 架空明敷的电缆与热力管道净距不应小于 1m，达不到要求时应采取隔热措施，与其他管道净距不应小于 0.5m。

③ 电缆支架或固定点间的距离，水平敷设电力电缆不应大于 1m，控制电缆不应大于 0.8m。

④ 钢索上，水平悬吊电力电缆固定点间距离不应大于 0.75m，控制电缆不应大于 0.6m。垂直悬吊电力电缆不应大于 1.5m，控制电缆不应大于 0.75m。

2. 直埋电缆

电缆线路的路径上有可能存在使电缆受到机械损伤、化学作用、热影响等危害的地段，要采取相应保护措施，以保证电缆安全运行。

① 室外直埋电缆，深度不应小于 0.7m，穿越农田时，不应小于 1m，避免由于深翻土地、挖排水沟或拖拉机耕地等原因损伤电缆。

② 直埋电缆的沿线及其接头处应有明显的方位标志或牢固的标桩。水泥标桩不小于 120mm×120mm×600mm，如图 5-10 所示。

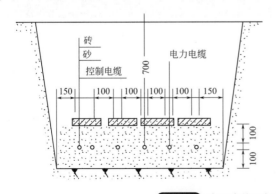
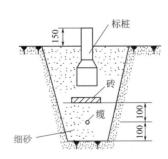

图5-10　直埋电缆及标桩做法图

③ 非铠装电缆不准直接埋设。

④ 电缆应埋设在建筑物的散水以外。

⑤ 直埋电缆的上、下须铺不小于 100mm 厚的软土或沙层，并盖砖保护，防止电缆受到机械损伤。

⑥ 多根电缆并列直埋时，线间水平净距不应小于 100mm。

⑦ 电缆与道路、铁路交叉时应穿保护管，保护管应伸出路基两侧各 2m。

⑧ 电缆与热力管沟交叉时，如果电缆用石棉、水泥管保护，其长度应伸出热力管沟两侧各 2m；采用隔热层保护时，应超出热力管沟两侧各 1m。

3.水底敷设

① 水底电缆应利用整根的，不能有接头。

② 敷设于水中的电缆，必须贴于水底。

③ 水底电缆引至架空线路时，引出地面处离栈道不应小于 10m。

④ 在河床及河岸容易遭受冲刷的地方，不应敷设电缆。

4.桥梁上敷设

① 敷设于桥上的电缆，电缆应穿在耐火材料制成的管中，如无人接触，电缆可敷设在桥上侧面。

② 在经常受到震动的桥梁上敷设的电缆，采取防震措施。桥的两端和伸缩处留有电缆松弛部分，以防电缆由于结构胀缩而受到损坏。

5.电缆终端头和中间接头的制作要求

① 电力电缆的终端头和中间接头，要保证密封良好，防止电缆油漏出使绝缘干枯，导致绝缘性能降低。同时，纸绝缘有很大的吸水性，极易受潮，也同样导致绝缘性能降低。

② 电缆终端头、中间接头的外壳与电缆金属护套及铠装层应良好接地。接地线应采用铜绞线，其截面不宜小于 100mm²。

③ 不同牌号的高压绝缘胶或电缆油不宜混合使用。电缆接头的绝缘强度不应低于电缆本身的绝缘强度。

第六章

变压器与补偿电容

一 电力变压器

1.电力变压器的结构

输配电系统中使用的变压器称为电力变压器。电力变压器主要由铁芯、绕组、油箱（外壳）、变压器油、套管以及其他附件构成，如图6-1所示。

图6-1 电力变压器

（1）变压器的铁芯

电力变压器的铁芯不仅构成变压器的磁路作导磁用，而且也作为变压器的机械骨架。铁芯由芯柱和铁轭两部分组成。芯柱用来套装绕组，而铁轭则连接芯柱形成闭合磁路。

按铁芯结构，变压器可分为芯式和壳式两类。芯式铁芯的芯柱被绕组所包围，如图6-2所示；壳式铁芯包围着绕组顶面、底面以及侧面，如图6-3所示。

芯式结构用铁量少，构造简单，绕组安装及绝缘容易，电力变压器多采用此种结构。壳式结构机械强度高，用铜（铝）量（即电磁线用量）少，散热容易，但制造复杂，用铁量（即硅钢片用量）大，常用于小型变压器和低压大电流变压器（如电焊机、电炉变压器）中。

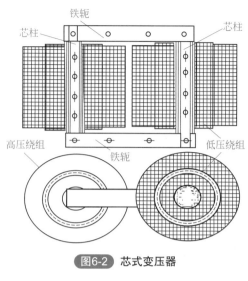

图6-2 芯式变压器

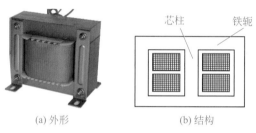

(a) 外形　　　　　　(b) 结构

图6-3 壳式变压器

为了减少铁芯中磁滞损耗和涡流损耗，提高变压器的效率，铁芯材料多采用高硅钢片，如 0.35mm 的 D41～D44 热轧硅钢片或 D330 冷轧硅钢片。为加强片间绝缘，避免片间短路，每张叠片两个面四个边都涂覆 0.01mm 左右厚的绝缘漆膜。

为减小叠片接缝间隙（即减少磁阻从而降低励磁电流），铁芯装配采用叠接形式（错开上下接缝，交错叠成）。

近年来，国内出现了渐开线式铁芯结构。它是先将每张硅钢片卷成渐开线状，再叠成圆柱芯柱；铁轭用长条卷料冷轧硅钢片卷成三角形，上、下轭与芯柱对接。这种结构具有使绕组内圆空间得到充分利用、轭部磁通减少、器身高度降低、结构紧凑、体小量轻、制造检修方便、效率高等优点。如一台容量为 10000kV·A 的渐开线铁芯变压器，要比目前大量生产的同容量冷轧硅钢片铝线变压器的总重量轻 14.7%。

对装配好的变压器，其铁芯还要可靠接地（在变压器结构上是首先接至油箱）。

（2）油箱及变压器油

变压器油在变压器中不但起绝缘作用，而且有散热、灭弧作用。变压器油按凝固点不同可分为 10 号油、25 号油和 45 号油（代号分别为 DB-10、DB-25、DB-45）等。10 号油表示在 −10℃ 开始凝固，25 号油表示在 −25℃ 开始凝固，45 号油表示在 −45℃ 开始凝固。各地常用 25 号油。新油呈淡黄色，投入运行后呈淡红色。这些油不能随便混合使用。变压器在运行中对变压器油要求很高，每隔六个月要采样分析试验其酸价、闪光点、水分等是否符合标准（表6-1）。变压器油绝缘耐压强度很高，但混入杂质后将迅速降低，因而必须保持纯净，并应尽量避免与外界空气，尤其是水气或酸性气体接触。

表 6-1　变压器油的试验项目和标准

序号	试验项目	试验标准	
		新油	运行中的油
1	5℃时的外状	透明	—
2	50℃时的黏度	不大于1.8恩格勒	—
3	闪光点	不低于135℃	与新油比较不应低于5℃以上
4	凝固点	用于室外变电所的开关（包括变压器带负载调压接头开关）的绝缘油，其凝固点不应高于下列标准：①气温不低于10℃的地区，-25℃；②气温不低于-20℃的地区，-35℃；③气温低于-20℃的地区，-45℃。凝固点为-25℃的变压器油用在变压器内时，可不受地区气温的限制。在月平均最低气温不低于-10℃的地区，当没有凝固点为-25℃的绝缘油时，允许使用凝固点为-10℃的油	—
5	机械混合物	无	无
6	游离碳	无	无
7	灰分	不大于0.005%	不大于0.01%
8	活性硫	无	无
9	酸价	不大于0.05（KOHmg/g油）	不大于0.4（KOHmg/g油）
10	钠试验	不应大于2级	—
11	氧化后酸价	不大于0.35（KOHmg/g油）	—
12	氧化后沉淀物	不大于0.1%	—
13	绝缘强度试验：①用于6kV以下的电气设备；②用于6~35kV的电气设备；③用于35kV及以上的电气设备	①25kV ②30kV ③40kV	①20kV ②25kV ③35kV
14	酸碱反应	无	无
15	水分	无	无
16	介质损耗角正切值（有条件时试验）	20℃时不大于1%，70℃时不大于4%	20℃时不大于2%，70℃时不大于70%

　　油箱（外壳）用于装变压器铁芯、绕组和变压器油。为了加强冷却效果，往往在油箱两侧或四周装有很多散热管，以加大散热面积。

（3）套管及变压器的其他附件

变压器外壳与铁芯是接地的。为了使带电的高、低压绕组能从中引出，常用套管绝缘并固定导线。采用的套管根据电压等级决定，配电变压器上都采用纯瓷套管；35kV 及以上电压采用充油套管或电容套管以加强绝缘。高、低压侧的套管是不一样的，高压套管高而大，低压套管低而小，一般可由套管来区分变压器的高、低压侧。

变压器的附件还包括以下部分。

① 油枕（又称储油柜）。形如水平旋转的圆筒，如图 6-1 所示。油枕的作用是减小变压器油与空气的接触面积。油枕的容积一般为总油量的 10% ～ 13%，其中保持有一半油、一半气，使油在受热膨胀时得以缓冲。油枕侧面装有借以观察油面高度的玻璃油表。为了防止潮气进入油枕，并能定期采取油样以供试验，在油枕及油箱上分别装有呼吸器、干燥箱和放油阀门、加油阀门、塞头等。

② 安全气道（又称防爆管）。800kV · A 以上变压器箱盖上设有 ϕ80mm 圆筒管弯成的安全气道。气道另一端用玻璃密封做成防爆膜，一旦变压器内部绕组短路，防爆膜首先破碎泄压以防油箱爆炸。

③ 气体继电器（又称瓦斯继电器或浮子继电器）。800kV · A 以上变压器在油箱盖和油枕连接管中装有气体继电器。气体继电器有三种保护作用：当变压器内故障所产生的气体达到一定程度时，接通电路报警；当由于严重漏油而油面急剧下降时，迅速切断电路；当变压器内突然发生故障而导致油流向油枕冲击时，切断电路。

④ 分接开关。为调整二次电压，常在每相高压绕组末段的相应位置上留有三个（有的是五个）抽头，并将这些抽头接到一个开关上，这个开关就称作"分接开关"。分接开关的接线原理如图 6-4 所示。利用分接头开关能调整的电压范围在额定电压的 ±5% 以内。电压调节应在停电后才能进行，否则有发生人身和设备事故的危险。

任何一台变压器都应装有分接开关，因为当外加电压超过变压器绕组额定电压的 10% 时，变压器磁通密度将大大增加，使铁芯饱和而发热，增加铁损，所以不能保证安全运行。因此，变压器应根据电压系统的变化来调节分接头以保证电压不致过高而烧坏用户的电机、电器，避免电压过低引起电动机过热或其他电器不能正常工作等情况。

⑤ 呼吸器。呼吸器的构造如图 6-5 所示。

在呼吸器内装有变色硅胶，油枕内的绝缘油通过呼吸器与大气连通，内部干燥剂可以吸收空气中的水分和杂质，以保持变压器内绝缘油的良好绝缘性能。呼吸器内的硅胶在干燥情况下呈浅蓝色，当吸潮达到饱和状态时渐渐变为淡红色。这时，应将硅胶取出在 140℃ 高温下烘焙 8h 即可以恢复原特性。

2.电力变压器的型号与铭牌

（1）电力变压器的型号

电力变压器的型号由两部分组成：拼音符号部分表示其类型和特点；数字部分斜线左方表示额定容量，单位为 kV · A，斜线右方表示一次电压，单位为 kV。如 SFPSL-31500/220 表示三相风冷强迫油循环三绕组铝线 31500kV · A/220kV 电力变压器；又如 SL-800/10（旧型号为 SJL-800/10）表示三相油浸自冷式双绕组铝线 800kV · A/10kV 电力变压器。电力变压器型号中所用拼音代表型号的含义见表 6-2。

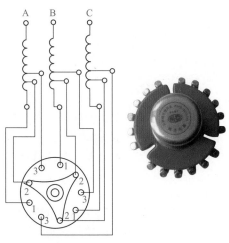

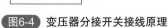

图6-4 变压器分接开关接线原理

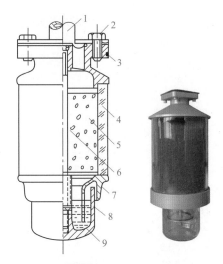

图6-5 呼吸器的构造

1—连接管；2—螺钉；3—法兰盘；4—玻璃管；5—硅胶；
6—螺杆；7—底座；8—底罩；9—变压器油

表 6-2 电力变压器型号中所用拼音代表型号的含义

项目	类别	代表符号	
		新型号	旧型号
相数	单相	D	D
	三相	S	S
绕组外冷却介质	矿物油	不标注	J
	不燃性油	B	未规定
	气体	Q	未规定
	空气	K	G
	成型固体	C	未规定
箱壳外冷却方式	空气自冷	不标注	不标注
	风冷	F	F
	水冷	W	S
循环方式	油自然循环	不标注	不标注
	强迫油循环	P	P
	强迫油导向循环	D	不标注
	导体内冷	N	N
线圈数	双绕组	不标注	不标注
	三绕级	S	S
	自耦（双绕组及三绕组）	O	O
调压方式	无微磁调压	不标注	不标注
	有载调压	Z	Z
导线材质	铝线	不标注	L

注：为最终实现用铝线生产变压器，新标准中规定铝线变压器型号中不再标注"L"字样。但在由用铜线过渡到用铝线的过程中，事实上，生产厂家在铭牌所示型号中仍沿用以"L"代表铝线，以示与铜线区别。

（2）电力变压器的铭牌

电力变压器的铭牌见表 6-3。下面对铭牌所列各数据的意义作简单介绍。

表 6-3　电力变压器的铭牌

铝线圈电力变压器					
产品标准			型号　SJL-650/10		
额定容量 650kV·A		相数 3	额定频率　50Hz		
额定电压	高压	10000V	额定电流	高压	32.3A
	低压	400～230V		低压	808A
使用条件	户外式	绕圈温升　65℃		油面温升　55℃	
阻抗电压　　　%　75			冷却方式	油浸自冷式	
油重 70kg		器身重 1080kg		总重 1200kg	

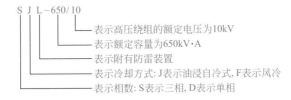

绕组连接图		向量图		连接组标号	开关位置	分接电压
高压	低压	高压	低压			
					I	10500V
				Y/Y0-12	II	10000V
					III	9500V
出厂序号			20　　年　　月　　出品			
×× 二厂						

① 型号含义：

$$S \quad J \quad L-650/10$$

表示高压绕组的额定电压为10kV
表示额定容量为650kV·A
表示附有防雷装置
表示冷却方式：J表示油浸自冷式，F表示风冷
表示相数：S表示三相，D表示单相

此变压器使用在室外，故附有防雷装置。

② 额定容量。额定容量表示变压器可能传递的最大功率，用视在功率表示，单位为 kV·A。

三相变压器额定容量 = $\sqrt{3}$ × 额定电压 × 额定电流

单相变压器额定容量 = 额定电压 × 额定电流

③ 额定电压。一次绕组的额定电压是指加在一次绕组上的正常工作电压值，它是根据变压器的绝缘强度和允许发热条件规定的。二次绕组的额定电压是指变压器在空载时，一次绕组加上额定电压后二次绕组两端的电压值。

在三相变压器中，额定电压是指线电压，单位为 V 或 kV。

④ 额定电流。变压器绕组允许长时间连续通过的工作电流就是变压器的额定电

流，单位为 A。在三相变压器中系指线电流。

⑤ 温升。温升是指变压器在额定运行情况时允许超出周围环境温度的数值，它取决于变压器所用绝缘材料的等级。在变压器内部，绕组发热最厉害。这台变压器采用 A 级绝缘材料，故规定绕组的温升为 65℃，箱盖下的油面温升为 55℃。

⑥ 阻抗电压（或百分阻抗）。阻抗电压通常以"%"表示，表示变压器内部阻抗压降占额定电压的百分数。

3.变压器的熔断器选择

① 对容量在 100kV·A 及以下的三相变压器，熔断器型号的选择如下：

a. 室外变压器选用 RW3-10 或 RW4-10 型熔断器。

b. 室内变压器选用 RN10-10 型熔断器。容量在 100kV·A 及以下的三相变压器的熔丝或熔管，按照变压器额定电流的 2～3 倍选择，但不能小于 10A。

② 对容量 100kV·A 以上的三相变压器，熔断器型号的选择如下：型号与 100kV·A 及以下的三相变压器相同。熔丝的额定电流按照变压器额定电流的 1.5～2 倍选择；变压器二次侧熔丝的额定电流可根据变压器的额定电流选择。

4.变压器的检修

（1）变压器的检修周期

变压器的检修一般分为大修、小修，其检修周期规定如下。

① 变压器的小修。

a. 线路配电变压器至少每两年小修两次。

b. 室内变压器至少每年小修一次。

② 变压器的大修。对于 10kV 及以下的电力变压器，假如不经常过负荷运行，可每 10 年左右大修一次。

（2）变压器的检修项目

变压器小修的项目如下：

① 检查引线、接头接触有无问题。

② 测量变压器二次绕组的绝缘电阻值。

③ 清扫变压器的外壳以及瓷套管。

④ 消除巡视中所发现的缺陷。

⑤ 填充变压器油。

⑥ 清除变压器油枕集泥器中的水和污垢。

⑦ 检查变压器各部位油截门是否堵塞。

⑧ 检查气体继电器引线绝缘，受腐蚀者应更换。

⑨ 检查呼吸器和出气瓣，清除脏物。

⑩ 采用熔断器保护的变压器，检查熔丝或熔体是否完好，二次侧熔丝的额定电流是否符合要求。

⑪ 柱上配电变压器应检查变台杆是否牢固，电杆有无损坏。

（3）变压器大修后的验收检查

变压器大修后，应检查实际检修质量是否合格，检修项目是否齐全。同时，还应验收试验资料以及有关技术资料是否齐全。

① 变压器大修后应具备的资料。

a. 变压器出厂试验报告。

b. 交接试验和测量记录。

c. 变压器吊芯检查报告。

d. 干燥变压器的全部记录。

e. 油、水冷却装置的管路连接图。

f. 变压器内部接线图、表计及信号系统的接线图。

g. 变压器继电保护装置的接线图和整个设备的构造图等。

② 变压器大修后应达到的质量标准。

a. 油循环通路无油垢，不堵塞。

b. 铁芯夹紧螺栓绝缘良好。

c. 线圈、铁芯无油垢，铁芯的接地应良好无问题。

d. 绕组绝缘良好，各部固定部分无损坏、无松动。

e. 高、低压绕组无移动、无变位。

f. 各部位连接良好，螺栓拧紧，部位固定。

g. 紧固楔垫排列整齐，没有发生变形。

h. 温度计（扇形温度计）的接线良好，用 500V 兆欧表测量绝缘电阻应大于 $1M\Omega$。

i. 调压装置内清洁，触点接触良好，弹力符合标准。

j. 调压装置的转动轴灵活，封油口完好紧密，转动触点的转动正确、牢固。

k. 瓷套管表面清洁，无污垢。

l. 套管螺栓、垫片、法兰和填料等完好、紧密，没有渗漏油现象。

m. 油箱、油枕和散热器内清洁，无锈蚀、无渣滓。

n. 本体各部的法兰、触点和孔盖等紧固，各油门开关灵活，各部位无渗漏油现象。

o. 防爆管隔膜密封完整，并有用玻璃刀刻画的十字痕迹。

p. 油面指示计和油标管清洁透明，指示准确。

q. 各种附件齐全，无缺损。

二 电压互感器与电流互感器

1.电压互感器

电压互感器（图 6-6）是特殊的双绕组变压器。电压互感器用于高压测量线路中，可使电压表与高压电路隔开，不但扩大了仪表量程，并且保证了工作人员的安全。

在测量电压时，电压互感器匝数多的接被测高压绕组，线路匝数少的低压绕组接电压表，如图 6-7 所示。虽然低压绕组接上了电压表，但是电压表阻抗甚大，加之低压绕组电压不高，因而工作中的电压互感器在实际上相当于普通单相变压器的空载运行状态。根据 $U_1 \approx \dfrac{W_1}{W_2} U_2 = K_u U_2$ 可知，被测高电压数值等于二次侧测出的电压乘上互感器的变压比。

图6-6　电压互感器

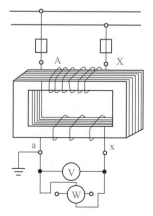

图6-7　电压互感器接线

电压互感器的铁芯大都采用性能较好的硅钢片制成，并尽量减小磁路中的气隙，使铁芯处于不饱和状态。在绕组绕制上，尽量设法减小两个绕组间的漏磁。

电压互感器准确度可分为0.2、0.5、1.0和3.0四级。电压互感器有干式、油浸式、浇注绝缘式等。电压互感器符号的含义见表6-4。数字部分表示高压侧额定电压，单位为kV。例如，JDJJ1-35表示35kV具有接地保护的单相油浸式电压互感器（JDJJ1中的"1"表示第一次改型设计）。

表6-4　电压互感器型号中符号的含义

第一个符号	J	电压互感器	第二个符号	D	单相	第三个符号	J	油浸式	第四个符号	F	胶封式
				S	三相		G	干式		J	接地保护
	HJ	仪用电压互感器		C	串级结构		C	瓷箱式		W	五柱三绕组
							Z	浇注绝缘		B	三柱带补偿绕组

> **提示：** 使用电压互感器时，必须注意二次绕组不可短路，工作中不应使二次电流超过额定值，否则会使互感器烧毁。此外，电压互感器的二次绕组和铁壳必须可靠接地。如不接地，一旦高低压绕组间的绝缘损坏，则低压绕组和测量仪表对地将出现一高电压，这对工作人员来说是非常危险的。

2.电流互感器

在大电流的交流电路中，常用电流互感器[图6-8（a）]将大电流转换为一定比例的小电流（一般为5A），以供测量和继电器保护之用。电流互感器在使用中，它的一次绕组与待测负载串联，二次绕组与电流表构成一闭合回路[图6-8（b）]。如前所

(a) 外形　　　　　　　　　　　(b) 接线原理

图6-8 电流互感器的外形与接线原理

述，一、二次绕组电流之比为 $\dfrac{I_1}{I_2}=\dfrac{W_2}{W_1}$ 。为使二次侧获得很小电流，所以一次绕组的匝数很少（1匝或几匝），用粗导线绕成；二次绕组的匝数较多，用较细导线绕成。根据 $I_1=\dfrac{W_2}{W_1}I_2=K_iI_2$ 可知，被测的负载电流就等于电流表的读数乘上电流互感器的变流比。

> **提示：** 在使用中注意，电流互感器的二次侧不可开路，这是电流互感器与普通变压器的不同之处。普通变压器的一次电流 I_1 大小由二次电流 I_2 大小决定，但电流互感器的一次电流大小不取决于二次电流大小，而是取决于待测电路中的负载大小，即不论二次侧是接通还是开路，一次绕组中总有一定大小的负载电流流过。

为什么电流互感器的二次侧不可开路呢？若二次绕组开路，则一次绕组的磁势将使铁芯的磁通剧增，而二次绕组的匝数又多，其感应电动势很高，将会击穿绝缘、损坏设备并危及人身安全。为安全起见，电流互感器的二次绕组和铁壳应可靠接地。电流互感器的准确度分为 0.2、0.5、1.0、3.0、10.0 五级。

电流互感器一次额定电流可在 0～15000A，而二次额定电流通常都采用 5A。有的电流互感器具有圆环形铁芯，使被测电路的导线可在其圆环形铁芯上穿绕几匝（称为穿芯式），以实现不同变流比。

电流互感器型号表示如下：

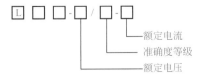

电流互感器型号由两部分组成，斜线前面包括字母和数字，字母含义见表 6-5，字母后数字表示耐压等级，单位是 kV。斜线后部分由两组数字组成：第一组数字表示准确度等级，第二组数字表示额定电流。例如 LFC-10/0.5-300 表示为贯穿式复匝（即

表 6-5　电流互感器的字母含义

第一个字母	第二个字母							
L	D	F	M	R	Q	C	Z	Y
电流互感器	贯穿式单匝	贯穿式复匝	贯穿式母线型	装入式	线圈式	瓷箱式	支持式	低压型
第三个字母			第四个字母					
Z	C	W	D	B	J	S	G	Q
浇注绝缘	瓷绝缘	室外装置	差动保护	过电流保护	接地保护或加大容量	速饱和	改进型	加强型

多匝）瓷绝缘的电流互感器，其额定电压为 10kV，一次额定电流为 300A，准确度等级为 0.5 级。

三　电力网电容补偿技术与维护

1.电力网电容补偿技术

（1）电力电容器的种类

电力电容器的种类很多，按其运行的额定电压，分为高压电容器和低压电容器，额定电压在 1kV 以上的称为高压电容器，1kV 以下的称为低压电容器。

在低压供电系统中，应用最广泛的是并联电容器（也称为移相电容器），本章以并联电容器为主要学习对象。

（2）低压电力电容器的结构

低压电力电容器主要由芯子、外壳和出线端等几部分组成。芯子由若干电容元件串并联组成，电容元件用金属箔（作为极板）与绝缘纸或塑料薄膜（作为绝缘介质）叠起来一起卷绕后和紧固件经过压装而构成，并浸渍绝缘油。电容极板的引线经串并联后引至出线瓷套管下端的出线连接片。电容器的金属外壳用密封的钢板焊接而成，外壳上装有出线绝缘套管、吊环和接地螺钉，外壳内充以绝缘介质油。出线端由出线套管、出线连接片等元件构成。

（3）电力电容器的型号

电力电容器的型号含义按照以下方式表示：

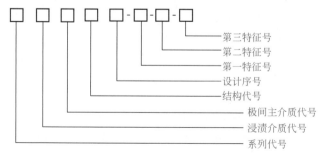

举例如下：

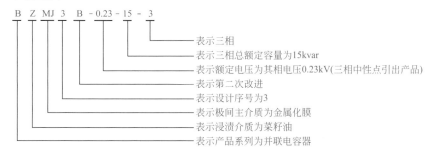

产品基本型号：B Z MJ 3-0.23-15-3
产品全型号：B Z MJ 3 B-0.23-15-3

B   Z   MJ   3   B   -   0.23   -   15   -   3

表示三相
表示三相总额定容量为15kvar
表示额定电压为其相电压0.23kV(三相中性点引出产品)
表示第二次改进
表示设计序号为3
表示极间主介质为金属化膜
表示浸渍介质为菜籽油
表示产品系列为并联电容器

当电容器在交流电路中使用时，常用其无功功率表示电容器的容量，单位为乏（var）或千乏（kvar）；其额定电压用 kV 表示，通常有 0.23kV、0.4kV、6.3kV 和 10.5kV 等。

（4）并联电容器的补偿原理

在实际电力系统中，异步电动机等感性负载使电网产生感性无功电流，无功电流产生无功功率，引起功率因数下降，使得线路产生额外的负担，降低线路与电气设备的利用率，还增加线路上的功率损耗、增大电压损失、降低供电质量。

从前面的交流电路内容的学习中我们知道，电流在电容元件中做功时，电流超前于电压 90°；而电流在电感元件中做功时，电流滞后电压 90°，在同一电路中，电感电流与电容电流方向相反，互差 180°，如果在感性负载电路中有比例地安装电容元件，可以使感性电流和容性电流所产生的无功功率相互补偿，因此在感性负荷的两端并联适当容量的电容器，利用容性电流抵消感性电流，将不做功的无功电流减小到一定的范围内，这就是无功功率补偿的原理。

（5）补偿容量的计算

补偿容量计算公式如下：

$$Q_C = P\left(\sqrt{\frac{1}{\cos^2\phi_1} - 1} - \sqrt{\frac{1}{\cos^2\phi_2} - 1}\right)$$

$$\tan\phi_1 = \sqrt{\frac{1}{\cos^2\phi_1} - 1}$$

$$\tan\phi_2 = \sqrt{\frac{1}{\cos^2\phi_2} - 1}$$

式中　Q_C——需要补偿电容器的无功功率；

　　　P——负载的有功功率；

$\cos\phi_1$——补偿前负载的功率因数，$\tan\phi_1$ 可根据 $\cos\phi_1$ 查三角函数表或计算得出；

$\cos\phi_2$——补偿后负载的功率因数，$\tan\phi_2$ 可根据 $\cos\phi_2$ 查三角函数表或计算得出。

例如：JSL-15-10-280kW 电机的效率约为 91%，功率因数约为 0.81，若要在额定状态下将其功率因数提高到 0.95，则需要补偿电容器容量为：

补偿前：$\cos\phi_1=0.81$，$\phi_1=0.6266$，$\tan\phi_1=0.724$

补偿后：$\cos\phi_2=0.95$，$\phi_2=0.3176$，$\tan\phi_2=0.329$

$Q_C=P(\tan\phi_1-\tan\phi_2)=280\times(0.724-0.329)=110.6(\text{kvar})$

约需要补偿 120kvar 的电容器容量。

（6）查表法确定补偿容量

电力电容器的补偿容量可根据表 6-6 查找。

表 6-6　电力电容器的补偿容量（kvar/kW）

改进前的功率因数	改进后的功率因数											
	0.8	0.82	0.84	0.85	0.86	0.88	0.9	0.92	0.94	0.96	0.98	1
0.4	1.54	1.6	1.65	1.67	1.7	1.75	1.81	1.87	1.93	2	2.09	2.29
0.42	1.41	1.47	1.52	1.54	1.57	1.62	1.68	1.74	1.8	1.87	1.96	2.16
0.44	1.29	1.34	1.39	1.41	1.44	1.5	1.55	1.61	1.68	1.75	1.84	2.04
0.46	1.18	1.23	1.28	1.31	1.34	1.39	1.44	1.5	1.57	1.64	1.73	1.93
0.48	1.08	1.12	1.18	1.21	1.23	1.29	1.34	1.4	1.46	1.54	1.62	1.83
0.5	0.98	1.04	1.09	1.11	1.14	1.19	1.25	1.31	1.37	1.44	1.53	1.73
0.52	0.89	0.94	1	1.02	1.05	1.1	1.16	1.21	1.28	1.35	1.44	1.64
0.54	0.81	0.86	0.91	0.94	0.97	1.02	1.07	1.13	1.2	1.27	1.36	1.56
0.56	0.73	0.78	0.83	0.86	0.89	0.94	0.99	1.05	1.12	1.19	1.28	1.48
0.58	0.66	0.71	0.76	0.79	0.81	0.87	0.92	0.98	1.04	1.12	1.2	1.41
0.6	0.58	0.64	0.69	0.71	0.74	0.79	0.85	0.91	0.97	1.04	1.13	1.33
0.62	0.52	0.57	0.62	0.65	0.67	0.73	0.78	0.84	0.9	0.98	1.06	1.27
0.64	0.45	0.5	0.56	0.58	0.61	0.66	0.72	0.77	0.84	0.91	1	1.2
0.66	0.39	0.44	0.49	0.52	0.55	0.6	0.65	0.71	0.78	0.85	0.94	1.14
0.68	0.33	0.38	0.43	0.46	0.48	0.54	0.59	0.65	0.71	0.79	0.83	1.08
0.7	0.27	0.32	0.38	0.4	0.43	0.48	0.54	0.59	0.66	0.73	0.82	1.02
0.72	0.21	0.27	0.32	0.34	0.37	0.42	0.48	0.54	0.6	0.67	0.76	0.96
0.74	0.16	0.21	0.26	0.29	0.31	0.37	0.42	0.48	0.54	0.62	0.71	0.91
0.76	0.1	0.16	0.21	0.23	0.26	0.31	0.37	0.43	0.49	0.56	0.65	0.85
0.78	0.05	0.11	0.16	0.18	0.21	0.26	0.32	0.38	0.44	0.51	0.6	0.8
0.8	—	0.05	0.1	0.13	0.16	0.21	0.27	0.32	0.39	0.46	0.55	0.75
0.82	—	—	0.05	0.08	0.1	0.16	0.21	0.27	0.34	0.41	0.49	0.7
0.84	—	—	—	0.03	0.05	0.11	0.16	0.22	0.28	0.35	0.44	0.65
0.85	—	—	—		0.03	0.08	0.14	0.19	0.26	0.33	0.42	0.62
0.86	—	—	—		—	0.05	0.11	0.17	0.23	0.3	0.39	0.59
0.88	—	—	—			—	0.06	0.11	0.18	0.25	0.34	0.54
0.9	—	—	—				—	0.06	0.12	0.19	0.28	0.49

2.电力电容器的安装

安装电力电容器的环境与技术要求为：

① 电容器应安装在无腐蚀性气体及蒸汽，没有剧烈震动、冲击、爆炸、燃烧等危险的安全场所。电容器室的防火等级不低于二级。

② 装于户外的电容器应防止日光直接照射；装在室内时，受阳光直射的窗户玻璃应涂成白色。

③ 电容器室的环境温度应满足制造厂家规定的要求，一般规定为−35～40℃之间。

④ 电容器室每安装 100kvar 的电容器应有 0.1m² 以上的进风门和 0.2m² 以上的出风口。装设通风机时，进风口要开向同本地区夏季的主要风向一致，出风口应安装在电容器组的上端。进、排风机宜在对角线位置安装。

⑤ 电容器室可采用天然采光，也可用人工照明，不需要装设采暖装置。

⑥ 高压电容器室的门应向外开。

⑦ 为了节省安装面积，高压电容器可以分层安装于铁架上，但垂直放置层数应不多于三层，层与层之间不得装设水平层间隔板，以保证散热良好。上、中、下三层电容器的安装位置要一致，铭牌面向通道。

⑧ 两相邻低压电容器之间的距离不小于 50mm。

⑨ 每台电容器与母线相连的接线应采用单独的软线，不要采用硬母线连接的方式，以免安装或运行过程中对瓷套管产生装配应力，损坏密封，造成漏油。

⑩ 电容器安装之前，要分配一次电容量，使其相间平衡，偏差不超过总容量的 5%。装有继电保护装置时，还应满足运行平衡电流误差不超过继电保护动作电流的要求。

⑪ 安装电力电容器时，电气回路和接地部分的接触面要良好。因为电容器回路中的任何不良接触，均可能产生高频振荡电弧，造成电容器的工作电场强度增大和发热损坏。

⑫ 安装电力电容器时，电源线与电容器的接线柱螺钉必须要拧紧，不能有松动，以防松动引起发热而烧坏设备。

⑬ 应安装合格的电容器放电装置。电容器组与电网断开后，极板上仍然存在电荷，两出线端存在一定的残余电压。由于电容器极间绝缘电阻很高，自行放电的速度会很慢，残余电压要延续较长的时间，为了尽快消除电容器极板上的电荷，对电容器组要加装与之并联的放电装置，使其停电后能自动放电。低压电容器可以用灯泡或电动机绕组作为放电负荷。放电电阻阻值不宜太高。不论电容器额定电压是多少，在电容器从电网上断开 30s 后，其端电压应不超过特低安全电压，以防止电容器带电荷再次合闸，避免运行值班人员或检修人员工作时，触及有剩余电荷的电容器而发生危险。

3.电力电容器搬运的注意事项

① 若将电容器搬运到较远的地方，应装箱后再运。装箱时电容器的套管应向上直立放置。电容器之间及电容器与木箱之间应垫松软物。

② 搬运电容器时，应用外壳两侧壁上所焊的吊环，严禁用双手抓电容器的套管搬运。

③ 在仓库及安装现场，不允许将一台电容器置于另一台电容器的外壳上。

4.电容器的接线

单相电力电容器外部回路一般有星形和三角形两种连接方式。单相电容器的接线方式应根据其额定电压与供电网络的额定电压确定接线方式。当电容器的额定电压与网络额定电压相等时，应将电容器连接为三角形并接于网络中。当电容器的额定电压低于网络额定电压时，应将电容器连接为星形，经过串并连组合后，再按三角形或星形并接于网络中。

为获得良好的补偿效果，在电容器连接时，应将电容器分成若干组后再分别接到电容器母线上。每组电容器应能分别控制、保护和放电。电容器的接线方式有低压集中补偿［图6-9（a）］、低压分散补偿［图6-9（b）］和高压补偿［图6-9（c）］。

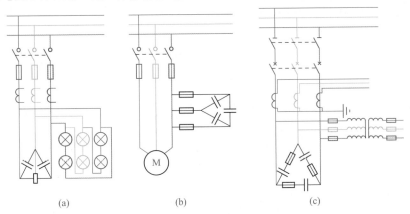

(a)　　　　　　　(b)　　　　　　　(c)

图6-9 电容器补偿接线图

电容器采用三角形连接时，任何一个电容器击穿都会造成三相线路中两相短路，短路电流有可能造成电容器爆炸，这是非常危险的。因此，GB 50053—2013《20kV及以下变电所设计规范》中规定，高压电容器组宜接成中性点不接地星形，容量较小（45kvar及以下）时宜接成三角形。低压电容器组应接成三角形。

5.电容器组运行检查

（1）运行前检查

① 电容器组投入运行前，先检查其铭牌等内容，再按交接试验项目检查电容器是否完好，试验是否合格。

② 电容器外观良好，外壳无凸出或渗、漏油现象，套管无裂纹。

③ 放电回路完整，放电装置的电阻值和容量均应符合要求。

④ 接线应正确无误，其电压与电网电压相符。

⑤ 三相电容器相间应保持平衡，误差不超过一相总容量的5%。

⑥ 各部件连接牢靠，触点接触良好，外壳与接地网的连接应牢固可靠。

⑦ 电容器组保护装置的整定值正确，并将保护装置投入运行位置。监视回路应

完善，温度计齐全。

⑧ 开关设备应符合要求，投入运行前处于断开位置。

⑨ 电容器室的建筑结构、通风设施应符合规程要求。

（2）巡视检查

① 日常巡视检查　电容器日常巡视检查的主要内容有：观察电容器外壳有无膨胀变形现象；各种仪表的指示是否正常；电容器有无过热现象；瓷套管是否松动和发热，有无放电痕迹；熔体是否完好；接地线是否牢固，放电装置是否完好，放电回路有无异常，放电指示灯是否熄灭；运行中的线路接点是否有火花；电容器内部有无异常响声等。

② 定期检查　电容器运行中的定期检查内容主要有：用兆欧表逐个检查电容器端头与外壳之间有无短路现象，两极对外壳绝缘电阻不应低于 1000MΩ；测量电容器电容量的误差，额定电压在 1kV 以上时不能超过 1%；检查外壳的保护接地线、保护装置的动作情况，断路器及接线是否完好；检查各螺栓的松紧和接触情况，放电回路的熔体是否完好，风道是否有积尘，清扫电容器周围的灰尘。

③ 运行监视　检测运行参数。第一是环境温度，电容器安装处的环境温度超过规定温度时，应采取措施，无论是低温还是高温都容易击穿。第二是使用电压，电容器允许在 1.1 倍额定电压下短时运行，但不能和最高允许温度同时出现，当电容器在较高电压下运行时，必须采取有效的降温措施。第三是使用电流，不能长时间超过 1.3 倍额定电流。

电力电容器的保护熔断器突然熔断时，在未查明原因之前，不可更换熔体恢复送电，应查明原因，排除故障后再重新投入运行。

电容器重新投入前，必须充分放电，禁止带电合闸。如果电容器本身有存储电荷，将它接入交流电路中，电容器两端所承受的电压就会超过其额定电压。如果电容器刚断电又立即合闸，因电容器本身有存储的电荷，电容器所承受的电压可以达到 2 倍以上的额定电压，会产生很大的冲击电流，这不仅有害于电容器，更可能烧断熔断器或引发断路器跳闸，造成事故。因此，电力电容器严禁带电荷合闸，以防产生过电压。电力电容器组再次合闸，应在其断电 3min 后进行。

如果发现电容器外壳膨胀、漏电或出现火花等异常现象，应立即退出运行。为保证安全，电容器在断电后检修人员接近之前，无论该电容器是否装有放电装置，都必须用可携带的专门的放电负载进行人工放电。必要时应使用装在绝缘棒上的接地金属棒对电容器进行单独放电。

电容器在运行过程中可能会出现下面几种异常情况：

① 外壳渗、漏油。搬运、接线不当，温度剧烈变化，外壳漆层脱落、锈蚀等原因都会造成渗、漏油现象。应及时修复补油，严重时需要更换电容器。

② 外壳膨胀变形。运行中的电容器在电压作用下内部介质析出气体或击穿部分元件的绝缘，电极对外壳放电而产生更多的气体使外壳膨胀，这是电容器发生故障的前兆。发现外壳膨胀时应及时采取措施。

③ 电容器爆炸起火。电容器内部元件发生极间或者电极对外壳绝缘击穿时，会导致电容器爆炸，因此要加强运行中的巡视检查和保护。

④ 电容器内部有异常响声。如果听见电容器有"吱吱"声或"咕咕"声,这是内部局部放电的声音,应立即停止运行,查找故障。

⑤ 温升过高。长期过电压运行、内部元件击穿、短路与介质老化、损耗不断增加都会引起温升过高,应有效控制。

⑥ 开关掉闸。电容器组在内部发生故障时会导致开关掉闸,在没有查明原因,排除故障之前,不准强行送电。

6.电力电容器的保护

(1)短路保护

电力电容器在运行中最严重的故障是短路故障,所以必须进行短路保护。不同电压等级的电容器组选用不同的短路保护装置:对于低压电容器和容量不超过 400kvar 的高压电容器,可装设熔断器作为电容器的相间短路保护;对于容量较大的高压电容器,采用高压断路器控制,装设过电流继电器作为相间短路保护。

(2)过载保护

在含有高次谐波的电压加在电容器两端时,由于电容器对高次谐波的阻抗很小,所以电容器很容易发生过载现象。安装在大型整流设备和大型电弧炉等附件上的电容器组,需要有限制高次谐波的措施,保证电容器有过载保护。

(3)过压保护

为避免电网电压波动造成电容器两端电压的波动,凡是电容器装设处电压可能超过其额定电压 10% 时,应当对电容器进行过电压保护,避免长期过电压运行导致电容器寿命减少或介质击穿。

7.电力电容器的常见故障和处理

电力电容器组在运行中的常见故障的产生原因和处理方法见表 6-7。

排除故障的注意事项如下。

① 修理故障电容器时应设专人监护,且不得在现场对电容器进行内部检修,保证满足真空净化条件。

② 应确认故障电容器已停电,并确保不会误送电。

③ 应对电容器进行充分的人工放电,确保不残余电荷,处理故障时还应戴绝缘手套。

④ 处理故障时,应先拉开电容器组的断路器及上下隔离开关,如果采用熔断器保护,还应取下熔管。

⑤ 处理以氯化联苯为浸渍介质的电容器故障时,必须佩戴防毒面罩与橡胶手套,并注意避免皮肤和衣服沾染氯化联苯液体。

⑥ 电容器如果内部断线、熔管或引线接触不良,在两级间还可能有残余电荷,此类情况通过自动放电和人工放电都放不掉残余电荷。因此,在接触故障电容器前,还应戴好绝缘手套,用短路线短路故障电容器的两极,使其放电。

表 6-7　电力电容器常见故障的产生原因和处理方法

现象	产生原因	处理方法
渗、漏油	搬运方法不当，使瓷套管与外壳交接处碰伤；在旋转接头螺栓时用力太猛造成焊接处损伤；原件质量差、有裂纹	更正搬运方法，出现裂纹后，应更新设备
	保养不当，使外壳漆脱落。铁皮生锈	经常巡视检查，发现油漆脱落，应及时补修
	电容器投运后，温度变化剧烈，内部压力增加，使渗油现象严重	注意调节运行中电容的温度
外壳膨胀	内部发生局部放电或过电压	对运行中的电容器应进行外观检查，发现外壳膨胀应采取措施，如降压使用，膨胀严重的应立即停用
	使用期限已过或本身质量有问题	立即停用
电容器爆炸	电容器内部发生相间短路或相对外壳的击穿（这种故障多发生在没有安装内部保护元件的高压电容器组）	安装电容器内部保护元件，使电容器在酿成爆炸事故前及时从电网中切出。一旦发生爆炸事故，首先应切断电容器与电网的连接。另外，也可用熔断器对单台电容器保护
发热	电容器室设计、安装不合理，通风条件差，环境温度高	注意通风条件，增大电容之间的安装距离
	接头螺钉松动	停电时，检查并拧紧螺钉
	长期过电压，造成过负荷	调换为额定电压高的电容器
	频繁投切使电容器反复受到浪涌电流的影响	运行中不要频繁投切电容器
瓷绝缘表面闪络	由于清扫不及时，使瓷绝缘表面污秽，在天气条件较差或遇到各种内外过电压时，即可发生闪络	经常清扫，保持其表面干净无灰尘，对于污染严重的地区，要采取反污秽措施
异常响声	有"吱吱"或"咕咕"声时一般为电容器内部有局部放电	经常巡视，注意声响
	有"咕咕"声时，一般为电容器内部崩溃的前兆	发现有声响应立即停运，检修并查找故障

第七章　电动机与电动工具

一　单相异步电动机

1.单相异步电动机的用途和特点

使用单相交流电源的异步电动机称为单相异步电动机。它在电风扇、洗衣机、电冰箱、吸尘器、空调器以及各种医疗器械和小型机械上得到广泛应用。

从结构上看，单相异步电动机的转子多是采用笼型转子。当定子绕组接通单相电源后，在定子铁芯、转子铁芯和空气隙中产生脉动磁场，由于磁场只是脉动，而不旋转。因此，单相异步电动机没有启动转矩，不能自行启动，必须有启动措施。单相异步电动机常用的启动方式是电容分相式。

2.电容分相式单相异步电动机

（1）电容分相式单相异步电动机的构造

电容分相式单相异步电动机的定子上有两个在空间相隔 $90°$ 的绕组（A_1、A_2 和 B_1、B_2），如图 7-1（a）所示。B 绕组串联适当的电容器 C 后与 A 绕组并联于单相交流电源上。电容器的作用是使通过它的电流 i_B 超前于 i_A 接近 $90°$，即把单相交流电变为两相交流电，如图 7-1（b）所示。这样的两相交流电分别通过两个在空间相隔 $90°$ 的绕组，便能产生旋转磁场。

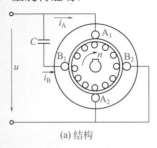

(a) 结构　　　　　　　　　(b) i_A 和 i_B 波形

图7-1　电容分相式单相异步电动机

（2）电容分相式单相异步电动机的转动原理

当定子绕组通入单相交流电时，由于两个绕组在空间相隔 $90°$，便产生了旋转磁场，旋转磁场切割转子导体产生感应电动势和电流，从而形成电磁转矩使笼型转子顺着旋转磁场的方向转动起来。旋转磁场的转向是由两相绕组中电流的相位决定的。由于 i_B 超前于 i_A，所以旋转磁场从绕组 B_1 端到绕组 A_1 端按顺时针方向旋转。如果把电容器 C 改接在绕组 A 的电路上，使 i_A 超前于 i_B，则旋转磁场将从绕组 A_1 端到绕组 B_1 端按逆时针方向旋转。所以，当两个绕组相同时，要改变电容分相式电动机的转向，只要调换一下绕组与电容器 C 串联即可。

（3）单相电动机检修

单相电动机由启动绕组和运转绕组组成定子。启动绕组的电阻大，导线细（俗称小包）；运转绕组的电阻小，导线粗（俗称大包）。

单相电动机的接线端子：公共端子、运转端子（主线圈端子）、启动线圈端子（辅助线圈端子）。

在单相异步电动机的故障中，大多数是由于电动机绕组烧毁造成的。因此，在修理单相异步电动机时，一般要做电器方面的检查，首先要检查电动机的绕组。

单相电动机的启动绕组和运转绕组的分辨方法如下。

用万用表的 R×1 挡测量公共端子、运转端子（主线圈端子）、启动线圈端子（辅助线圈端子）三个接线端子的每两个端子之间电阻值。测量时按下式（一般规律，特殊除外）计算。

总电阻（公共端子）= 启动绕组电阻 + 运转绕组电阻

已知其中两个值即可求出第三个值。

小功率的压缩机用电动机的电阻值见表 7-1。

表 7-1　小功率的压缩机用电动机的电阻值

电动机功率 /kW	启动绕组电阻 /Ω	运转绕组电阻 /Ω
0.09	18	4.7
0.12	17	2.7
0.15	14	2.3
0.18	17	1.7

① 单相电动机的故障。

单相电动机常见故障有电动机漏电、电动机主轴磨损和电机绕组烧毁。

造成电动机漏电的原因有：

a. 电动机导线绝缘层破损，并与机壳相碰。

b. 电动机严重受潮。

c. 组装和检修电机时，因装配不慎使导线绝缘层受到磨损或碰撞，导线绝缘性能下降。

电动机因电源电压太低，不能正常启动或启动保护失灵，以及制冷剂、冷冻油含水量过高，绝缘材料变质等也能引起电动机绕组烧毁和断路、短路等故障。

电动机断路时，不能运转，如有一个绕组断路时电流值很大，也不会运转。由于振动，电动机引线可能烧断，使绕组导线断开。保护器触点跳开后不能自动复位，也是断路。电动机短路时，电动机虽能运转，但运转电流大，致使启动继电器不能正常工作。短路有匝间短路、接地短路和笼型线圈断条等。

② 单相电动机绕组的检修。

电动机的绕组可能发生断路、短路或碰壳接地。简单的检查方法是用一只220V、40W的试验灯泡连接在电动机的绕组线路中。用此法检查时，一定要注意防止触电事故。为了安全，可使用万用表检测绕组通断（图7-2）与接地（图7-3）。

单相电动机
绕组的检测

图7-2 用万用表检查电动机绕组通断

图7-3 用万用表检查电动机绕组接地

检查断路时可用欧姆表，将一根引线与电动机的公共端子相接，另一根线依次接触启动绕组和运转绕组的接线端子，用来测试绕组电阻。如果所测阻值符合产品说明书规定的阻值，或启动绕组电阻和运转绕组电阻之和等于公共端子的电阻，即说明电动机绕组良好。

测定电动机的绝缘电阻，用兆欧表或万用表的R×1k、R×10k电阻挡测量接线柱对压缩机外壳的绝缘电阻，判断是否接地一般绝缘电阻在2MΩ以上。如果绝缘电阻小于1MΩ，表明压缩机外壳严重漏电。

如果用欧姆表测绕组电阻时发现电阻无限大，即为断路；如果电阻值比规定值小得多，即为短路。

电动机的绕组短路原因：匝间短路、绕组烧毁、绕组间短路等。可用万用表或兆欧表检查相间绝缘，如果绝缘电阻过小，即表明匝间短路。

绕组部分短路和全部短路表现不同，全部短路时可能会有焦味或冒烟。

接地检查，例如可在压缩机底座部分外壳上某一点将漆皮刮掉，再把试验灯的一根引线接头与底座的这一点接触。试验灯的另一根引线则接在压缩机电动机的绕组接点上。接通电源后，如果试验灯发亮则该绕组接地。如果试验灯暗红则表示该绕组严重受潮。受潮的绕组应进行烘干处理。烘干后用兆欧表测定其绝缘电阻，当电阻值大于5MΩ时方可使用。

③ 绕组重绕。

电动机转子用铜或合金铝浇铸在冲孔的矽钢片中，形成笼型转子绕组。当电动机损坏后，可进行重绕。电动机绕组重绕方法参见有关电动机维修书籍。当电动机修好后，应按下面介绍的内容进行测试。

a. 电动机正反转试验和启动试验。电动机的正反转是由接线方式来决定的。电动机绕组下好线后，连好接线，先不绑扎，首先做电动机正反转试验。其方法是：用直径0.64mm的漆包线（去掉外皮）做一个直径为1cm大小的闭合小铜环，铜环周围用棉丝缠起来；然后用一根细棉线将其吊在定子中间，将运转与启动绕组的出头并联，再与公共端接通 110V 交流电源（用调压器调好）。当短暂通电时（通电时间不宜超出 1min），如果小铜环顺转则表明电动机正转，如果小铜环逆转则代表电动机反转。如果电动机运转方向与原来不符，可将启动绕组的其中一个线包的里外接头对调。

在组装完电动机后，进行空载启动试验时，所测量电动机的电流值应符合产品说明书的设计技术标准。空载运转时间在连续 4h 以上，并应观察其温升情况。如温升过高，可考虑机械问题及电动机定子与转子的间隙是否合适，或电动机绕组本身有无问题。

b. 空载运转时，要注意电动机的运转方向。从电动机引出线看，转子是逆时针方向旋转。有的电动机最大的一组启动绕组中可见反绕现象，在重绕时要注意按原来反绕匝数绕制。

单相异步电动机的故障与三相异步电动机的故障基本相同，如短路、接地、断路、接线错误以及不能启动、电机过热。其检查处理也与三相异步电动机基本相同。

二 三相异步电动机

三相电动机绕组的检测

■ 1.三相异步电动机的构造

三相异步电动机有两个基本组成部分：静止部分即定子，旋转部分即转子。在定子和转子之间有一很小的间隙，称为气隙。图 7-4 所示为三相异步电动机的外形和内部结构图。

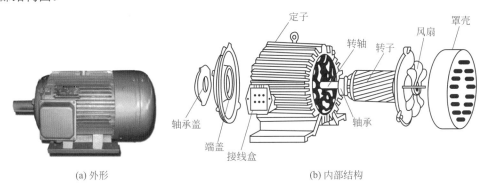

(a) 外形　　　　　　　　　　　　　　　　(b) 内部结构

图7-4 三相异步电动机的外形及内部结构图

（1）定子

三相异步电动机的定子由机座、定子铁芯和定子绕组等组成。

① 机座　机座的主要作用是固定和支撑定子铁芯，所以要求有足够的强度和刚度，还要满足通风散热的需要。

② 定子铁芯　定子铁芯的作用是作为电动机中磁路的一部分和放置定子绕组。为了减少磁场在铁芯中引起的涡流损耗和磁滞损耗，铁芯一般采用导磁性良好的硅钢片叠装压紧而成。硅钢片两面涂有绝缘漆。硅钢片厚度一般在 0.35～0.5mm 之间。

③ 定子绕组　定子绕组是定子的电路部分，其主要作用是接三相电源，产生旋转磁场。三相异步电动机定子绕组由三个独立的绕组组成，三个绕组的首端分别用 U_1、V_1、W_1 表示，其对应的末端分别用 U_2、V_2、W_2 表示，6 个端点都从机座上的接线盒中引出。

（2）转子

三相异步电动机的转子主要由转子铁芯、转子绕组和转轴组成。

① 转子铁芯　转子铁芯也作为主磁路的一部分，通常由 0.5mm 厚的硅钢片叠装而成。转子铁芯外圆周上有许多均匀分布的槽，槽内安放转子绕组。转子铁芯为圆柱形，固定在转轴或转子支架上。

② 转子绕组　转子绕组的作用是产生感应电流以形成电磁转矩，它分为笼型和绕线型两种结构。

a. 笼型转子　在转子的外圆上有若干均匀分布的平行斜槽，每个转子槽内插入一根导条，在伸出铁芯的两端，分别用两个短路环将导条的两端连接起来，若去掉铁芯，整个绕组的外形就像一个笼子，故称笼型转子。笼型转子导条的材料可用铜或铝。

b. 绕线型转子　它和定子绕组一样，也是一个对称三相绕组。这个三相对称绕组接成星形，然后把三个出线端分别接到转子轴上的三个集电环上，再通过电刷把电流引出来，使转子绕组与外电路接通。绕线式转子的特点是可以通过集电环和电刷在转子绕组回路中接入变阻器，用以改善电动机的启动性能，或者调节电动机的转速。

（3）气隙

三相异步电动机的气隙很小，中小型电动机一般为 0.2～1mm。气隙的大小与异步电动机的性能有很大的关系。为了降低空载电流、提高功率因数和增强定子与转子之间的相互感应作用，三相异步电动机的气隙应尽量小。然而，气隙也不能过小，不然会造成装配困难和运行不安全。

■ 2.三相异步电动机的工作原理

三相异步电动机是利用定子绕组中三相交流电所产生的旋转磁场与转子绕组内的感应电流相互作用工作的。

（1）三相交流电的旋转磁场

所谓旋转磁场，就是极性和大小不变且以一定转速旋转的磁场。由理论分析和实践证明，在对称的三相绕组中通入对称的三相交流电流时会产生旋转磁场。如图 7-5 所示为三相异步电动机最简单的定子绕组，每相绕组只用一匝线圈来表示。三个线圈在空间位置上相隔 120°，作星形连接。

把定子绕组的三个首端 U_1、V_1、W_1 同三相电源接通，这样，定子绕组中便有对称的三相电流 i_1、i_2、i_3 流过，其波形如图 7-6 所示。规定电流的参考方向由首端 U_1、V_1、W_1 流入，从末端 U_2、V_2、W_2 流出。

为了分析对称三相交流电流产生的合成磁场，可以通过研究几个特定的瞬间来分析整个过程。

当 $\omega t=0°$ 时，$i_1=0$，第一相绕组（即 U_1、U_2 绕组）此时无电流；i_2 为负值，第二

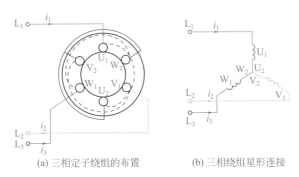

(a) 三相定子绕组的布置   (b) 三相绕组星形连接

图7-5 三相定子绕组

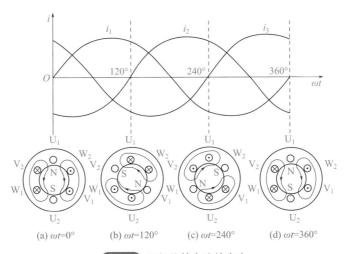

(a) $\omega t=0°$ (b) $\omega t=120°$ (c) $\omega t=240°$ (d) $\omega t=360°$

图7-6 两极旋转电流的产生

相绕组（即 V_1、V_2 绕组）中的实际的电流方向与规定的参考方向相反，也就是说电流从末端 V_2 流入，从首端 V_1 流出；i_3 为正值，第三相绕组（即 W_1、W_2 绕组）中的实际电流方向与规定的参考方向一致，也就是说电流是从首端 W_1 流入，从末端 W_2 流出，如图 7-6（a）所示。运用右手螺旋定则可确定这一瞬间的合成磁场。从磁力线图像来看，这一合成磁场和一对磁极产生的磁场一样，相当于一个 N 极在上、S 极在下的两极磁场，合成磁场的方向此刻是自上而下。

当 $\omega t=120°$ 时，i_1 为正值，电流从 U_1 流入，从 U_2 流出；$i_2=0$；i_3 为负值，电流从 W_2 流入，从 W_1 流出。用同样的方法可画出此时的合成磁场，如图 7-6（b）所示。可以看出，合成磁场的方向按顺时针方向旋转了 120°。

当 $\omega t=240°$ 时，i_1 为负值；i_2 为正值；$i_3=0$。此时的合成磁场又顺时针方向旋转了 120°，如图 7-6（c）所示。

当 $\omega t=360°$ 时，$i_1=0$；i_2 为负值；i_3 为正值。其合成磁场又顺时针方向旋转了 120°，如图 7-6（d）所示。此时电流流向与 $\omega t=0°$ 时一样，合成磁场与 $\omega t=0°$ 相比旋转了 360°。

由此可见，随着定子绕组中三相电流的不断变化，它所产生的合成磁场也不断地向一个方向旋转，当正弦交流电变化一周时，合成磁场在空间也正好旋转一周。

上述电动机的定子每相只有一个线圈，所得到的是两极旋转磁场，相当于一对 N、S 磁极在旋转。如果想得到四极旋转磁场，可以把线圈的数目增加 1 倍，也就是每相有两个线圈串联组成，这两个线圈在空间相隔 180°，这样定子各线圈在空间相隔 60°。当这 6 个线圈通入三相交流电时，就可以产生具有两对磁极的旋转磁场。

具有 p 对磁极时，旋转磁场的转速为：

$$n_1 = \frac{60 f_1}{p}$$

式中　n_1——旋转磁场的转速（又称同步转速），r/min；

　　　f_1——定子电流频率，即电源频率，Hz；

　　　p——旋转磁场的磁极对数。

国产三相异步电动机的定子电流频率都为工频 50Hz，同步转速 n_1 与磁极对数 p 的关系见表 7-2。

表 7-2　同步转速与磁极对数的关系

磁极对数 p	1	2	3	4	5
同步转 n_1/（r/min）	3000	1500	1000	750	600

（2）三相异步电动机的转动原理

三相异步电动机定子的三相绕组接入三相对称交流电流时，即产生旋转磁场，旋转磁场在定、转子之间的气隙里以同步转速 n_1 顺时针方向旋转，如图 7-7 所示。这时旋转磁场与转子间有相对运动，转子导体受到旋转磁场磁力线的切割，相当于磁场静止而转子导体在逆时针方向旋转。根据电磁感应定律，转子导体中就会产生感应电动势。根据右手定则，可以判断出导体中感应电动势的方向如图 7-6 所示。因为三相异步电动机转子绕组自行闭合，已构成回路，那么在转子导体回路中就将产生感应电流 I_2。根据载流导体在磁场中会受到电磁力的作用，用左手定则可以判断出转子导体所受电磁力（F）的方向。这些电磁力对转轴形成电磁转矩（T），电磁转矩方向与旋转磁场的旋转方向一致，转子就会顺着旋转磁场的方向顺时针旋转起来。电磁转矩克服轴上的负载转矩做功，实现机电能量的转换。这就是三相异步电动机的转动原理。

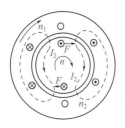

图7-7　三相异步电动机的转动原理

三相异步电动机转子转速 n 与旋转磁场的转速 n_1 同方向，但不可能相等。如果 $n=n_1$，那么转子与旋转磁场之间就没有相对运动，转子导体就不可能切割磁力线，就不存在感应电流、电磁转矩，也就不能实现机电能量的转换。这就是说，三相异步电动机的转子转速总是低于同步转速，即 $n<n_1$。

旋转磁场的同步转速 n_1 与转子转速（电动机转速）之差称为转差，转差与同步转速 n_1 的比值，称为转差率，用 s 表示，即：

$$s = \frac{n_1 - n}{n_1} \times 100\%$$

由以上分析可知,三相异步电动机的转向总是和旋转磁场的旋转方向一致,改变旋转磁场的旋转方向,也就改变了电动机的转向。因此,只需将定子绕组与三相电源连接的三根导线中任意两根对调,即改变定子绕组中电流的相序,就改变了旋转磁场的转向,从而改变了电动机的转向。三相绕组接法如图7-8所示。

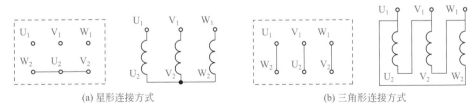

(a) 星形连接方式   (b) 三角形连接方式

图7-8 三相绕组的接法

(3)三相异步电动机常见故障的判断、检修及检修后的一般试验

① 三相异步电动机常见故障的判断及检修。

三相异步电动机常见故障分为机械故障和电气故障两大类。电气故障包括:定子和转子绕组的短路、断路、电刷及启动设备等故障。机械故障包括:振动过大、轴承过热、定子与转子相互摩擦及不正常噪声等。运行中的常见故障及处理方法见表7-3。

表7-3 三相异步电动机运行中的常见故障及处理方法

故障现象	可能原因	处理方法
不能启动	(1)电源未接通或缺相启动 (2)控制设备接线错误 (3)熔体及地电流继电器整定电流太小 (4)负载过大或传动机械卡死 (5)定、转子绕组断路 (6)定子绕组相间短路 (7)定子绕组接地 (8)定子绕组接线错误 (9)电压过低 (10)绕线转子电动机启动误操作或接线错误	(1)检查电源、开关、熔体、各触点及电动机引出线头有无断路,查出故障点修复 (2)按控制线路图改正接线 (3)根据电动机容量及负载性质正确选择和调整 (4)增大电动机容量或减小负载,检查传动装置排除故障 (5)(6)(7)重新绕制接线 (8)根据电动机铭牌及电源电压纠正电动机定子绕组接法 (9)检查电网电压,过低时调高,但不能超过额定值。降压启动可改变电压抽头或采用其他降压启动方法 (10)检查滑环、短路装置及启动变阻器位置是否正确,启动时是否串接变阻器
电动机温升超过允许值或冒烟	(1)过载或机械传动卡住 (2)缺相运行 (3)环境温度过高或通风不畅 (4)电压过高或过低和接法错误 (5)定、转子铁芯相擦 (6)电动机启动频繁	(1)选择较大容量电动机或减轻负载和检查传动情况 (2)检查熔体、开关、触点等并排除故障 (3)采取降温措施或减轻负载和清除风道油垢、灰尘及杂物,更换、修复损坏和打滑的风扇 (4)测电动机输入端电压和按铭牌纠正绕组接法 (5)检查轴承有无松动,定、转子装配有无不良情况,若轴承过松可给转轴镶套或更换轴承 (6)减少启动次数或选择合适类型的电动机

续表

故障现象	可能原因	处理方法
电动机温升超过允许值或冒烟	（7）定子绕组接地或匝间、相间短路 （8）绕线转子、电动机转子线圈接头脱焊或笼型转子断条	（7）更换绕组 （8）重新焊接或更换转子条
电动机有异常噪声或振动过大	（1）机械摩擦或定、转子相擦 （2）缺相运行 （3）滚动轴承缺油或损坏 （4）转子绕组断路 （5）轴伸端弯曲 （6）转子或带轮不平衡 （7）带轴孔偏心或联轴器松动 （8）电动机接线错误 （9）安装基础不平或松动	（1）检查电动机转子、风叶等是否与静止部分相擦，如擦，绝缘纸可剪去，风叶碰壳可校正紧固，铁芯相擦可锉去突出的硅钢片 （2）检查熔体、开关、触点等，并排除故障 （3）清洗轴承加新润滑脂，添加量不宜超过轴承内容积的70% （4）重新绕制 （5）校直或更换转轴。弯曲不严重可车去1~2mm，然后镶套筒 （6）转子校动平衡，带轮校静平衡 （7）车正后镶内套筒或紧固联轴器 （8）纠正接线 （9）校正水平和紧固
电动机机壳带电	（1）电源线与接地线接错 （2）绕组受潮或绝缘损坏 （3）引出线绝缘损坏或与接线盒相碰和绕组端部碰壳 （4）接线板损坏或油污太多 （5）接地不良或接地电阻太大	（1）纠正接线 （2）干燥处理或修补绝缘并浸漆烘干 （3）包扎绝缘带或重新接线，端部整形、加强绝缘，在槽口应衬垫绝缘浸漆 （4）更换或清理接线板 （5）检查接地装置，找出原因，并采取相应方法纠正
轴承过热	（1）轴承损坏 （2）滚动轴承润滑脂过多、过少、油质过厚或有杂质 （3）滑动轴承润滑油太少和有杂质或油环卡住 （4）轴承与轴配合过松或过紧 （5）轴承与端盖配合过松或过紧 （6）皮带过紧或联轴器装配不良 （7）电动机两端端盖或轴承盖装配不良	（1）更换轴承 （2）正确添加润滑脂或清洗轴承，加新润滑脂添加量不宜超过轴承内容积的70%，对高速或重负载的电动机可少一些 （3）添加和更换润滑油。查明油环卡住原因，修复或更换油环 （4）过松或将轴喷涂金属或车削后镶套，过紧时重新磨削到标准尺寸 （5）过松可在端盖内镶套，过紧时重新加工轴承室到标准尺寸 （6）调整传动张力或校正联轴器传动装置 （7）将端盖或轴承盖齿口装平，旋紧螺钉
电动机运行时转速低于额定值，同时电流表指针来回摆动	（1）绕线转子电动机一相电刷接触不良 （2）绕线转子电动机集电环的短路装置接触不良 （3）绕线转子电动机转子绕组一相断路 （4）笼型电动机转子断笼	（1）调整电刷压力并检查电刷与集电环的接触 （2）修理或更换短路装置 （3）更换绕组 （4）更换转子或修复断笼
绕线转子电动机集电环火花过大	（1）集电环表面不平和有污垢 （2）电刷牌号及尺寸不合适 （3）电刷压力太小 （4）电刷在刷握内卡住	（1）用0号砂布磨光集电环并清除污垢，灼痕严重时应重新加工 （2）更换合适的电刷 （3）调整电刷压力，通常为1.5~2.5N/cm² （4）磨小电刷

② 电动机维修的一般性试验。

修理后的电动机为保证其检修质量，应做以下检查和试验。

修后装配质量检查：轴承盖及端盖螺栓是否拧紧，转子转动是否灵活，轴伸部分是否有明显的偏摆。绕线型转子电动机还应检查电刷装配情况是否符合要求。在确认电动机一般情况良好后，才能进行试验。

绝缘电阻的测定：修复后的电动机绝缘电阻的测定一般在室温下进行。额定工作电压在 500V 以下的电动机，用 500V 摇表测定其相间绝缘和绕组对地绝缘。小修后的绝缘电阻应不低于 0.5MΩ，大修更换绕组后的绝缘电阻一般不应低于 5MΩ。

空载电流的测定：试验时，应在电动机定子绕组上加三相平衡的额定电压，且电动机不带负荷，如图 7-9 所示。测得的电动机任意一相空载电流与三相电流平均值的偏差不得大于 10%，试验时间为 1h。试验时可检查定子铁芯是否过热或温升不均匀，轴承温度是否正常，倾听电动机启动和运行有无异常响声。

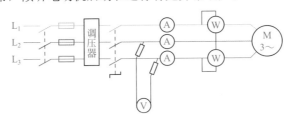

图7-9 空载试验线路图

耐压试验：电动机大修后，应进行绕组对机壳及绕组相间的绝缘强度（即耐压）试验。对额定功率为 1kW 及以上的电动机，且额定电压为 380V，其试验电压为交流电压，有效值为 1760V。对额定功率小于 1kW 的电动机，额定电压为 380V，其试验电压有效值为 l260V。

（4）电刷的更换及调整

电刷是电动机固定部分与转动部分导电的过渡部件。电刷工作时，不仅有负荷电流通过，而且还要保持与滑环表面良好的接触和滑动。因此，要求电刷应具有足够的载流能力和耐磨的力学性能。为保持电刷良好的电气性能和力学性能，在检查、更换和调整电刷时，应注意以下几点。

① 注意检查电刷磨损情况，在正常压力下工作的电刷，随着电刷的磨损，弹簧压力会逐渐减弱，应调整压力弹簧予以补偿。当电刷磨损超过新电刷长度的 60% 时，要及时更换。更换时，应尽量选用原电刷牌号及尺寸。电刷停止运行时，应仔细观察滑环表面，若表面不平、不清洁，应及时修理清洁滑环，以保证滑环与电刷的良好接触。

② 更换电刷时，应将电刷与滑环表面用 0 号砂布研磨光滑，使接触面积达到电刷截面积的 75% 以上。刷握与滑环的距离应为 2~4mm。

③ 更换后的电刷在刷握内应能上下自由移动，但不能因太松而摇晃。6~12mm 的电刷在旋转方向上游隙为 0.1~0.2mm；12mm 以上的电刷游隙为 0.15~0.4mm。

④ 测量电刷压力。用弹簧秤测量各个电刷压力时，一般电动机电刷压力为 15~25kPa，同一刷架上的电刷压力差值不应超过 10%。目测检查调整时，把电刷压

力调整到不冒火花，电刷不在刷握里跳动，摩擦声很低即可。

⑤ 更换电刷时，应检查电刷的软铜线是否牢固完整，若软铜线折断股数超过总股数的 1/3 时，应更换新电刷线。

三 常用电动工具

手持式电动工具主要包括手电钻、电动螺丝刀、电锤及角向磨光机等设备。

1.手电钻

手电钻（图 7-10）是电工在安装维修工作中常用的工具之一，它具有体积小、重量轻等优点，而且还可以随意移动。近年来，手电钻的功能不断扩展，功率也越来越大，不但能对金属钻孔，带有冲击功能的手电钻还能对砖墙打孔。目前常用的手电钻

图7-10 手电钻

有手枪式和手提式两种，电源一般为 220V，也有三相 380V 的。采用的钻头有两类：一类为麻花钻头，一般用于金属打孔；另一类为冲击钻头，用于在砖和水泥柱上打孔。大多数手电钻采用单相交直流两用串励电动机，它的工作原理是接入 220V 交流电源后，通过整流子将电流导入转子绕组，转子绕组所通过的电流方向和定子励磁电流所产生的磁通方向是同时变化的，从而使手电钻上的电动机按一定方向运转。

使用手电钻时应注意以下几点：

① 使用前首先要检查电线绝缘是否良好，如果电线有破损处，可用绝缘胶布包好。最好使用三芯橡皮软线，并将手电钻外壳接地。

② 检查手电钻的额定电压与电源电压是否一致，开关是否灵活可靠。

③ 手电钻接入电源后，要用验电笔测试外壳是否带电，不带电时方能使用。操作时需接触手电钻的金属外壳时，应戴绝缘手套，穿电工绝缘鞋，并站在绝缘板上。

④ 拆装钻头时应用专用钥匙，切勿用螺丝刀和锤子敲击手电钻夹头。

⑤ 装钻头时注意钻头与钻夹应保持在同一轴线上，以防钻头在转动时来回摆动。

⑥ 在使用手电钻的过程中，钻头应垂直于被钻物体，用力要均匀。当钻头被物体卡住时，应停止钻孔，检查钻头是否卡得过松，重新紧固钻头后再使用。

⑦ 钻头在钻金属孔过程中，若温度过高，很可能引起钻头退火，因此钻孔时要适量加些润滑油。

⑧ 钻孔完毕应将电线绕在手电钻上，放置在干燥处以备下次使用。

2.电动螺丝刀

电动螺丝刀又称电批、电动起子，是用于拧紧和旋松螺钉用的电动工具。该电动工具装有调节和限制转矩的机构，主要用于装配线，是电工和组装工必备的工具之一。常用电动螺丝刀如图 7-11 所示。

图7-11　常用电动螺丝刀

电动螺丝刀作为机械部件，正常工作离不开电批电源，电批电源为电动螺丝刀提供能量及相关控制功能，带动电动机的转动。由于电动螺丝刀电动机的参数不一样，在电批电源输出同等功率的情况下，转速会不一样。

使用维护保养时应注意以下几点：

① 严禁摔打电动螺丝刀（谨防碰撞或掉落现象，否则会产生电动机噪声大及起子晃动现象）。

② 拔电动螺丝刀与配套控制器的连接插头，应以插头基部为着力点，不应用力拉扯电线，以免损坏接触插头。

③ 电动螺丝刀工作时，摇晃大时必须停止使用，以免更深度地损坏电动螺丝刀。应知会管理人员安排维修。

④ 电动螺丝刀出现异常问题时，及时通知管理员送与维修人员修理。一般异常现象为：起子不转动，起子转速不顺，起子头容易脱落或有晃动现象，起子不会自停。

⑤ 当电动螺丝刀力矩过小，不能满足使用时，应停止使用，及时通知管理人员更换大力矩的电动螺丝刀。

⑥ 在按下开始键时，电动螺丝刀因力矩过小不能转动时，应注意此状应控制在10s 内，以免损坏电动螺丝刀内电动机。

⑦ 根据使用频率，1～3 个月换一次碳刷，碳刷少于 1/3 就可以换了，记住要一起换，不能只换一个。

⑧ 清理转子里的碳粉，也是根据使用频率来定。碳粉多，转子很容易短路，一定要及时清理。可以用砂纸清理转子上的碳粉。

⑨ 离合器里加机油可以保护齿轮和转动轴，降低磨损，提高使用寿命。

■ 3.电锤

电锤（图 7-12）是一种具有旋转带冲击力的电动工具，实际上是一种较大功率的冲击电钻。电锤冲击力大，主要用于电气设备安装时在建筑混凝土柱、板上钻孔，同时电锤也可用于线路安装敷设，在敷设管道时穿墙凿孔。电锤钻头如图 7-13 所示。

图7-12　电锤

■ 4.角向磨光机

角向磨光机（图 7-14）是电动研磨工具的一种，在国内外研磨工具中最常用，具有切割和打磨各种金属、切割石材、抛光、切割木材等功能。

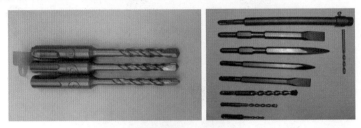

图7-13　电锤钻头

图7-14　角向磨光机

① 作业前的检查应符合下列要求：

a. 外壳、手柄不得出现裂缝、破损。

b. 电缆软线及插头等应完好无损，开关动作正常，保护接零连接正确，牢固可靠。

c. 各部防护罩齐全牢固，电气保护装置可靠。

② 机具启动后，应空载运转，检查并确认机具联动灵活无阻。作业时，加力应平稳，不得用力过猛。

③ 使用砂轮的机具，应检查砂轮与接盘间的软垫并安装稳固，螺母不得过紧。凡受潮、变形、有裂纹、破碎、磕边缺口或接触过油、碱类的砂轮片均不得使用，并不得将受潮的砂轮片自行烘干使用。

④ 砂轮应选用增强纤维树脂型，其安全线速度不得小于80m/s。配用的电缆与插头应具有加强绝缘性能，并不得任意更换。

⑤ 磨削作业时，应使砂轮与工作面保持15°～30°的倾斜角度；切削作业时，砂轮不得倾斜，并不得横向摆动。

⑥ 严禁超载使用。作业中应注意声响及温升，发现异常应立即停机检查。若作业时间过长，且机具温升超过60℃，应停机，待自然冷却后再行作业。

⑦ 作业中，不得用手触摸刃具、模具和砂轮。发现其有磨钝、破损情况时，应立即停机修整或更换，然后再继续进行作业。

⑧ 机具转动时，不得撒手不管。

第八章 电工电子元件

认识电路板上电子元件

一 电阻器件

电阻器是电子设备中应用最多的元件之一，利用自身消耗电能的特性，在电路中起降压、限流等作用。

电阻器的检测

1.电阻器的符号

电阻器是一种最基本的电子元件。电阻器的文字符号为"R"，图形符号及外形如图 8-1 所示。

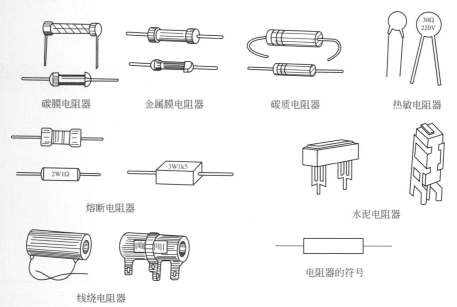

碳膜电阻器　　金属膜电阻器　　碳质电阻器　　热敏电阻器

熔断电阻器　　　　　　　　　　　水泥电阻器

线绕电阻器　　　　　　　　　　电阻器的符号

图8-1 电阻器的图形符号和外形

2.电阻器的种类

电阻器有多种分类方法，习惯上采用按主要性能和使用特征来划分，有以下几种：

① 普通电阻器：这是应用十分广泛的一种电阻器，它的性能参数已能满足一般用电器的使用要求。

② 精密电阻器：这类电阻器在家电设备中应用不多，它的特点是电阻值的精度高，而且工作稳定性很好，多用于仪器仪表等精密电路。

③ 固定电阻器：根据制造材料和结构的不同，又可分为碳膜电阻器（RT 型）、金属膜电阻器（RJ 型）、有机实心电阻器（RS 型）、线绕电阻器（RX 型）等。其中，碳膜和金属膜电阻器在电路中应用最多。

3. 电阻器的参数

（1）标称阻值

简称阻值，基本单位是欧姆（Ω）。常用的单位还有千欧（kΩ）和兆欧（MΩ）。标称阻值的表示方法：直标法、色标法、数字法、数字和字母法。

直标法：在一些体积较大的电阻器身上，直接用数字标注出标称阻值，有的还直接标出允许偏差。由于电阻器体积大，标注方便，对使用来讲也方便，一看便能知道阻值大小。

色标法：色标法是用色环或色点（大多用色环）来表示电阻器的标称阻值、误差。色环有四道环和五道环两种。在读色环时从电阻器引脚离色环最近的一端读起，依次为第一道、第二道……目前，常见的是四道色环电阻器。

在四道色环电阻器中，第一、第二道色环表示标称阻值的有效值；第三道色环表示倍乘；第四道色环表示允许偏差。各色环的含义见表 8-1。

表 8-1　色环含义

颜色	黑	棕	红	橙	黄	绿	蓝	紫	灰	白	金	银	无色
表示数值	0	1	2	3	4	5	6	7	8	9	10^{-1}	10^{-2}	—
表示偏差 /%	—	±1	±2	—	—	±0.5	±0.25	±0.10	±0.05	—	±5	±10	±20

例：① 色环颜色顺序为红、黑、橙、银，则该电阻器标称阻值为 $20 \times 10^3 \Omega \pm 10\%$，即 20kΩ±10%。

② 色环颜色顺序为绿、蓝、红、银，则该电阻器标称阻值为 $56 \times 10^2 \Omega \pm 10\%$，即 5.6kΩ±10%。

在五道色环的电阻器中，前三道表示有效值，第四道为倍乘，第五道为允许偏差。这是精密电阻器表示方式，有效值为三个数。

快速记忆法如下。

对于四道色环电阻器，以第三道色环为主。如第三环为银色，则为 0.1～0.99Ω；金色为 1～9.9Ω；黑色为 10～99Ω；棕色为 100～990Ω；红色为 1～9.9kΩ；橙色为 10～99kΩ；黄色为 100～990kΩ；绿色为 1～9.9MΩ……对于五环电阻器，则以第四环为主，规律同四道色环电阻器。但应注意，由于五环电阻器为精密电阻器，体积太小时，无法识别哪端是第一环，所以对色环电阻器阻值的识别必须用万用表测出。

数字法：即用三位数字表示电阻值（常见于电位器、微调电位器及贴片电阻）。识别时，由左至右，第一位与第二位是有效值，第三位是有效值的倍乘或 0 的个数，单位为Ω。

快速记忆法类似色环电阻，即第三位数为1则为几点几欧，为2则为几点几千欧，为3则为几十几千欧，为4则为几百几十几欧，为5则为几点几兆欧……

数字和字母法：把电阻的标称阻值和允许误差用数字和字母按一定规律标在电阻上。单位词头字母符号的含义见表8-2。

表 8-2 单位词头字母符号含义

文字符号	文字符号代表的单位	名称	文字符号	文字符号代表误差 /%
R	Ω（10^0）	欧姆	F	±1
K	kΩ（10^3）	千欧	G	±2
M	MΩ（10^6）	兆欧	J	±5
G	GΩ（10^9）	吉欧	K	±10
T	TΩ（10^{12}）	太欧	M	±20

（2）额定功率

额定功率是指电阻器在特定环境温度范围内所允许承受的最大功率。在该功率限度以内，电阻器可以正常工作而不会改变其性能，也不会损坏。电阻器额定功率的标注方法如图8-2所示。

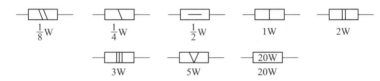

图8-2 电阻器额定功率标注方法

（3）电阻温度系数

当工作温度发生变化时，电阻器的阻值也将随之相应变化，这对一般电阻器来说是不希望有的。电阻温度系数用来表征电阻器工作温度每变化1℃时其阻值的相对变化量。显然，该系数愈小愈好。电阻温度系数根据制造电阻的材料不同，有正系数和负系数两种，前者随温度升高阻值增大，后者随温度升高阻值下降。热敏电阻器就是利用其阻值随温度变化而变化这一性能制成的电阻器。

二 电容器

电容器也是电子电路中十分常用的元件。电容器是储存电荷的"容器"。电容器能储存电荷，在这一点上与电阻器不同，理论上讲，电容器对电能无损耗。

电容器的检测

1.符号及特点

电容器通用符号用 C 来表示，符号及外形如图8-3所示。电容器要由金属电极、介质层和电极引线组成，各种字母所代表的介质材料见表8-3。由于在两块金属电极之间夹有一层绝缘的介质层，所以两电极是相互绝缘的。这种结构特点就决定了电容器具有"隔直流通交流"的基本性能。直流电的极性和电压大小是一定的，所以不能通过电容，而交流电的极性和电压的大小是不断变化的，能使电容不断地进行充放电，形成充放电电流。所以，从这个意义上说，可以认为交流电能通过电容器。

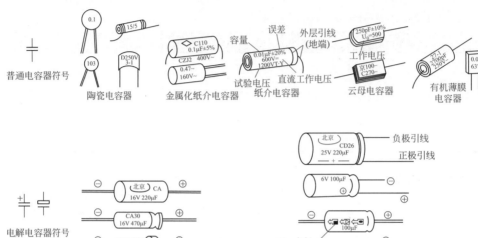

图8-3　电容器符号和外形

表 8-3　各种字母所代表的介质材料

字母	电容介质材料	字母	电容介质材料
A	钽电解	L（LS）	极性有机薄膜 （常在后再加一字母区分具体材料）
B（BB、BF）	聚苯乙烯非极性薄膜 （用 B 表示除聚苯乙烯外其他非极性薄膜，常在 B 后加一字母区分具体材料）	N	铌电解
C	高频陶瓷	O	玻璃膜
D	铝（普通电解）	Q	漆膜
E	其他材料电解	S、T	低频陶瓷
G	合金	V、X	云母纸
H	纸膜复合	Y	云母
I	玻璃釉	Z	纸介
J	金属化纸介		

■ 2.主要性能参数

电容器性能参数有许多，下面介绍几项常用的参数。

（1）电容量

不同的电容器储存电荷的能力也不相同。通常把电容器外加 1V 直流电压时所储存的电荷量称为该电容器的容量，基本单位为法拉（F）。但实际上，法拉是一个不常用的单位，因为电容器的容量往往比 1 法拉小得多，常用微法（μF）、纳法（nF）、皮法（pF）（皮法又称微微法）等，它们的关系是：

$$1F=10^6\mu F、1\mu F=1000nF=10^6pF$$

电容器的电容值标示方法主要有以下三种。

直标法：直标法是用数字和字母把规格、型号直接标在外壳上，该方法主要用在体积较大的电容上。通常用数字标注容量、耐压、误差、温度范围等内容；而字母则用来表示介质材料、封装形式等内容。字母通常分为四部分，第一部分字母通常为 C，表示电容；第二位字母标示介质材料，各种字母所代表的介质材料见表 8-3；第三位用数字标示容量；第四位用字母标示误差，见表 8-4。

直标法中，常把整数单位的"0"省去，如 .22μF 表示 0.22μF；有些用 R 表示小数点，如 R33μF 则表示 0.33μF。

表 8-4　各字母代表偏差

字母	允许偏差	字母	允许偏差	字母	允许偏差
X	±0.001%	G	±2%	C	±0.25%
E	±0.005%	J	±5%	K	±10%
L	±0.01%	P	±0.02%	M	±20%
D	±0.5%	W	±0.05%	N	±30%
F	±1%	B	±0.1%	不标注	±20%

文字符号法：文字符号法采用字母和数字，用两者结合的方法来标注电容器的主要参数。其中，表示容量有两种标注方法：一是省略 F，用数字和字母结合进行表示，如 10p 代表 10pF，3.3μ 代表 3.3μF，3p3 代表 3.3pF，8n2 代表 8200pF；二是用 3 位数字表示，其中第一、第二位为有效数字位，表示容量值的有效值，第三位为倍率，表示有效数字后零的个数，电容量的单位为 pF。如 203 表示容量为 $20\times10^3pF=0.02\mu F$；222 表示容量为 $22\times10^2pF=2200pF$；334 表示容量为 $33\times10^4pF=0.33\mu F$。此法与电阻的 3 位数码标注法相似，不再多述。

文字符号法通常不用小数点，而是用单位中表数量字母将小数部分隔开。如 2p2=2.2pF，M33=0.33μF，6n8=6800pF。另外，如果第三位数为 9，表示 10^{-1}，而不是 10 的 9 次方，例如 479 表达的就是 $47\times10^{-1}pF=4.7pF$。

色标法：电容的色环标示与电阻相似，单位一般为 pF。对于圆片或矩形片状等电容器，非引线端部的一环为第一色环，以后依次为第二色环，第三色环……较远的第五色环或第六色环，这两环往往代表电容特性或工作电压。第一、第二（三、五色环）环是有效数字，第三（四、五色环）环是后面加的"0"的个数，第四（五、六色环）环是误差，各色环代表的数值与色环标示电阻一样，单位为 pF。另外，若某一道色环的宽度是标准宽度的 2 倍或 3 倍宽，则表示这是相同颜色的 2 或 3 道色环。

快速记忆：前两位有效数字，第三环为所加零数，则黑色为 10～99p；棕色为 100～990p；红色为 1000～9900p，橙色为 0.01～0.09μ；黄色为 0.1～0.9μ；绿色为 1～9.9μ。

贴片电容器容量的识别：由于贴片电容器体积很小，故其容量标注方法与普通电容有些差别。贴片电容器的容量代码通常由 3 位数字组成，单位为 pF。前两位是有效数，第三位为所加"0"的个数，若有小数点则用"R"表示。常用贴片电容器容量的识别见表 8-5。

表 8-5　常用贴片电容器容量的识别

代码	100	102	222	223	104	224	1R5	3R3
容量	10pF	1000pF	2200pF	0.022μF	0.1μF	0.22μF	1.5pF	3.3pF

（2）耐压

耐压是指电容器在电路中长期有效地工作而不被击穿所能承受的最大直流电压。对于结构、介质、容量相同的器件，耐压越高，体积越大。

在交流电路中，电容器的耐压值应大于电路电压的峰值，否则可能被击穿，耐压的大小与介质材料有关。当电容器的两端的电压超过了它的额定电压，电容器就会被击穿损坏。一般电解电容的耐压分挡为 6.3V、10V、16V、25V、50V、160V、250V 等。

（3）误差

实际电容量与标称电容量允许的最大偏差范围就是误差。误差一般分为 3 级：Ⅰ级 ±5%，Ⅱ级 ±10%，Ⅲ级 ±20%。在有些情况下，还有 0 级，误差为 ±2%。精密电容器的允许误差较小，而电解电容器的误差较大，它们采用不同的误差等级。

（4）绝缘电阻

绝缘电阻用来表明漏电流大小。一般小容量的电容器，绝缘电阻很大，在几百兆欧或几千兆欧。电解电容的绝缘电阻一般较小。相对而言，绝缘电阻越大越好，漏电流也小。

（5）温度系数

温度系数是在一定温度范围内，温度每变化 1℃电容量的相对变化值。温度系数越小越好。一般工作温度范围 −55～125℃。

（6）容抗

容抗指电容对交流电的阻碍能力，单位为欧，用 X_C 表示。$X_C=1/(2\pi f_C)$。f 为频率，单位赫兹（Hz）；C 为容量，单位法拉（F）。由上式可知，频率越高容量越大，则容抗越小。

三　晶体二极管

二极管的检测

晶体二极管又叫半导体二极管，简称二极管，是具有一个 PN 结的半导体器件。二极管品种很多，外形、大小各异。常用的有：玻璃壳二极管、塑封二极管、金属壳二极管、大功率螺栓状金属二极管、微型二极管、片状二极管等。功能上可分为检波二极管、整流二极管、稳压二极管、双向二极管、磁敏二极管、光电二极管、开关二极管等。

1.普通二极管的结构及符号

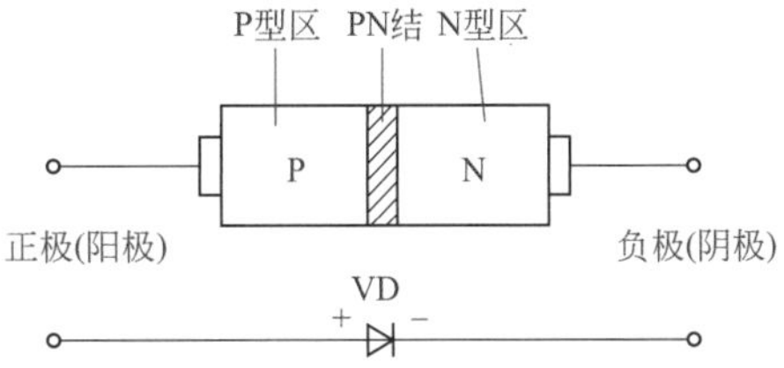

图8-4 普通二极管的结构、符号

普通二极管的文字符号为“VD”，普通二极管结构、符号如图 8-4 所示。

P 区和 N 区之间形成一个结，称为PN结。将 P、N 区引出就是两个电极。晶体二极管两管脚有正、负极之分。电路符号中，三角底边为正极，短杠一端为负极。实物中，有的将电路符号印在二极管上标示出极性；有的在二极管负极一端印上一道色环作为负极标记；有的二极管两端形状不同，平头为正极，圆头为负极。使用中应注意识别。

2.晶体二极管的特性及参数

（1）单向导电特性

晶体二极管具有单向导电特性，只允许电流从正极流向负极，而不允许电流从负极流向正极。根据制作材料不同，有锗二极管和硅二极管，锗二极管和硅二极管在正向导通时具有不同的正向管压降。硅、锗二极管当所加正向电压大于正向管压降时，二极管导通。锗二极管的正向导通电压约为 0.3V，硅二极管正向电压大于 0.7V 时导通。另外，在相同的温度下，硅二极管的反向漏电流比锗二极管小得多。

（2）晶体二极管的主要参数

最大整流电流 I_{FM}：是指允许正向通过 PN 结的最大平均电流。使用中，实际工作电流应小于 I_{FM}，否则将损坏二极管。

反向电流 I_{CO}：指加在二极管上规定的反向电压下通过二极管的电流。硅管为 1μA 或更小，锗管约为几百微安。使用中反向电流越小越好。

最大反向电压 U_{RM}：是指加在二极管两端而不致引起 PN 结击穿的最大反向电压。使用中应选用 URM 大于实际工作电压 2 倍以上的二极管。

最高工作频率 f_M：指二极管保证良好工作特性的最高频率，称最高工作频率。至少应大于 2 倍电路实际工作频率。

3.其他二极管的符号及特性

前面已经讲过二极管按功能可分为检波二极管、整流二极管、稳压二极管、双向二极管、磁敏二极管、光电二极管、开关二极管等多种，常见的其他类二极管符号如图 8-5 所示。

（1）整流桥组件

整流桥组件是一种把两只或四只整流二极管按一定方式连接起来并封装在一起的整流器件。其功能和整流二极管相同，使用起来比较方便。

（2）稳压二极管

稳压二极管实质上是一种特殊二极管，因为它具有稳定电压的作用，所以称其为稳压管，以区别于普通二极管。

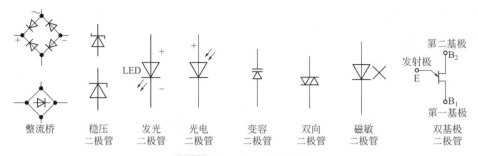

图8-5 常见的二极管符号

稳压二极管是利用 PN 结反向击穿后，其端电压在一定范围内基本保持不变的原理工作的。只要使反向电流不超过其最大工作电流 I_{ZM}，稳压二极管是不会损坏的。由于硅管的热稳定性好，所以一般稳压二极管都用硅材料制作。

稳压二极管的主要参数：

稳定电压及稳压值 U_Z：指正常工作时，两端保持不变的电压值。不同型号有不同稳压值。

稳定电流 I_Z：指稳压范围内的正常工作电流。

最大稳定电流 I_M：指允许长期通过的最大电流。实际工作电流应小于 I_M 值，否则易烧坏稳压二极管。

最大允许耗散功率 P_M：指反向电流通过稳压管时，管子本身消耗功率的最大允许值。

（3）发光二极管

发光二极管（LED）是一种电致发光的半导体器件，它与普通二极管的相似点是也具有单向导电特性。将发光二极管正向接入电路时才导通发光，而反向接入电路时则截止不发光。发光二极管与普通二极管的根本区别是前者能将电能转化成光能，且管压降比普通二极管大。单色发光二极管随制作材料不同，可产生不同颜色的光。

（4）光电二极管

光电二极管是一种光致电的半导体器件，它与普通二极管的相似点是也具有单向导电特性。将光电二极管接入电路时，有光照才导通，电路中形成电流。

（5）变容二极管

变容二极管是利用外加电压改变结电容而制成的压控电容元件。变容二极管的电压电流特性、内部结构与普通二极管相同，不同的是在一定的反向偏置电压下，变容二极管呈现较大的结电容，这个结电容 C_j 的容量能随所加的反向偏置电压的大小变化，反向偏置电压越高，电容量越小，反向偏置电压越小，其容量越大。变容二极管结电容 C_j 的容量随外加反向偏置电压变化的规律称为压容特性。若将加有一定直流反向电压的变容二极管接入振荡器的回路中，使其结电容成为谐振回路电容的一部分，即可通过调节电压控制振荡器的振荡频率。

（6）双基极二极管

双基极二极管又称单结晶体管（UJT），是一种只有一个 PN 结的三端半导体器件。

它在一块高电阻率的 N 型硅片两端制作两个欧姆接触电极（接触电阻非常小的，纯电阻接触电极），分别叫做第一基极（B_1）和第二基极（B_2），硅片的另一侧靠近第二基极处制作了一个 PN 结，在 P 型半导体上引出的电极叫做发射极（E）。为了便于分析双基极二极管的工作特性，通常把两个基极 B_1 和 B_2 之间的 N 型区域等效为一个纯电阻 R_{BB}，称为基区电阻，它是双基极二极管的重要参数。国产双基极二极管的 R_{BB} 在 $2\sim10\text{k}\Omega$ 范围内。R_{BB} 又可看成是由两个电阻串联组成的，其中 R_{B1} 为基极 B_1 与发射极 E 之间的电阻，R_{B2} 为基极 B_2 与发射极 E 之间的电阻。在正常工作时，R_{B1} 的阻值是随发射极电流 I_E 而变化的，可等效为一个可变电阻。PN 结的作用相当于一只二极管。

双基极二极管的参数：

R_{BB} 是指在发射极开路状态下，两个基极之间的电阻，即 $R_{B1}+R_{B2}$。通常 R_{BB} 在 $3\sim10\text{k}\Omega$ 之间。

η 是指发射极 E 到基极 B_1 之间的电压和基极 B_2 到 B_1 之间的电压之比。通常 η 在 $0.3\sim0.85$ 之间。

四 晶体三极管

晶体三极管是各种电子设备的核心元件之一，在电路中能起放大、振荡、开关等作用。

三极管的检测

■ 1.晶体三极管的结构、种类、特性和参数

（1）三极管的结构

晶体三极管是由半导体材料制成两个 PN 结，它的三个电极与管子内部三个区——发射区、基区、集电区相连接，有 NPN 型和 PNP 型两种类型。如图 8-6 所示。

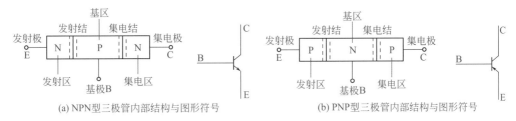

(a) NPN型三极管内部结构与图形符号　　(b) PNP型三极管内部结构与图形符号

图8-6　三极管内部结构与图形符号

图 8-6（a）所示为 NPN 型三极管结构示意图。由图中可以看出，它由三块半导体组成，构成两个 PN 结，即集电结和发射结，共引出三个电极，分别是集电极、基极和发射极。三极管中工作电流有集电极电流 I_C、基极电流 I_B、发射极电流 I_E；I_C、I_B 汇合后从发射极流出，电路符号中发射极箭头方向朝外形象地表明了电流的流动方向，这对读图是有帮助的。上述代表各极的字母也用小写字母 c、b、e 表示。

图 8-6（b）所示是 PNP 型三极管结构示意图，不同之处是 P、N 型半导体的排列方式不同，其他基本一样。电流方向是从发射极流向三极管内，基极电流和集电极电流

都是从三极管流出，这从 PNP 型三极管电路符号中发射极箭头所指方向也可以看出。

（2）三极管的种类

三极管有多种类型：按材料分，有锗三极管、硅三极管等；按极性的不同，可分为 NPN 型三极管和 PNP 型三极管；按用途不同，可分为大功率三极管、小功率三极管、高频三极管、低频三极管、光电三极管；按封装材料的不同，可分为金属封装三极管、塑料封装三极管、玻璃壳封装（简称玻封）三极管、表面封装（片状）三极管和陶瓷封装三极管等。外形如图 8-7 所示。

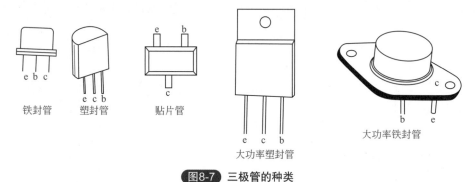

铁封管　　塑封管　　贴片管　　　　大功率塑封管　　　　大功率铁封管

图8-7　三极管的种类

通常情况下，把最大集电极允许耗散功率 P_{CM} 在 1W 以下的三极管称为小功率三极管；把特征频率低于 3MHz 的三极管称为低频三极管；把特征频率高于 3MHz 而低于 30MHz 的三极管称为中频三极管；把特征频率大于 30MHz 的三极管称为高频三极管；把特征频率大于 300MHz 的三极管称为超高频三极管。超高频三极管也称微波三极管，其特征频率一般高于 500MHz，主要用于电视、雷达、导航、通信等领域中处理微波小段（300MHz 以上的频率）的信号。

高频中、大功率三极管一般用于视频放大电路、前置放大电路、互补驱动电路、高压开关电路及行推动电路。

中、低频率小功率三极管主要用于工作频率较低、功率在 1W 以下的低频放大和功率放大电路中。

中、低频大功率三极管一般用在电视机、音响等家电中作为电源调整管、开关管、场输出管、行输出管、功率输出管或用在汽车电子点火电路、逆变器、应急电源（UPS）等系统电路中。

（3）三极管特性

电流放大原理如图 8-8 所示。

偏置要求：三极管要正常工作应使集电结反偏，电压值不定（几伏至几百伏），发射结正偏，硅管为 0.6～0.7V，锗管为 0.2～0.3V。即 NPN 型管应为 $U_{\mathrm{E}} < U_{\mathrm{B}}$（硅管：0.6～0.7V，锗管：0.2～0.3V）$< U_{\mathrm{C}}$ 时才能导通；PNP 型管应为 $U_{\mathrm{E}} > U_{\mathrm{B}}$（硅管：0.6～0.7V，锗管：0.2～0.3V）$> U_{\mathrm{C}}$ 时才能导通。

放大原理：如图 8-8 所示电路，W 使三极管产生基极电流 I_{B}，则此时便有集电极电流 I_{C}，I_{C} 由电源经 R_{C} 提供。当改变电源 W 大小时，三极管的基极电流便相应改变，从而引起集电极电流的相应变化。由各表显示可知，I_{B} 只要有微小的变化，便会引起

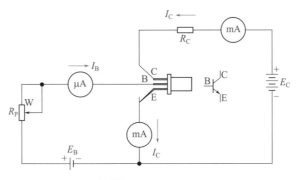

图8-8 电流放大原理

I_C 很大变化。如果将 W 变化看成是输入信号，I_C 的变化规律是由 I_B 控制的，而 $I_C > I_B$，这样三极管通过 I_C 的变化反映了输入管子基极电流的信号变化，可见三极管将信号放大了。I_B、I_C 流向发射极，形成发射极电流 I_E。

综上所述，三极管能放大信号是因为三极管具有 I_C 受 I_B 控制的特性，而 I_C 的电流能量是由电源提供的。所以，三极管是将电源电流按输入信号电流要求转换的器件，三极管将电源的直流电流转换成流过三极管集电极的信号电流。

PNP 型三极管工作原理与 NPN 型相同，但电流方向相反，即发射极电流流向基极和集电极。

三极管各极电流、电压之间的关系：由上述放大原理可知，各极电流关系为 $I_E=I_C+I_B$。又由于 I_B 很小可忽略不计，则 $I_E \approx I_C$。各极电压关系为：B 极电压与 E 极电压变化相同，即 $U_B \uparrow$，$U_E \uparrow$；而 U_B 与 U_C 关系相反，即 $U_B \uparrow$，$U_C \downarrow$。

（4）三极管的工作状态

在应用中，如果改变其工作电压，会形成三种工作状态，即截止、导通（放大）、饱和。三极管工作在不同状态区时，具有不同特性。

① 截止状态：即当发射结正偏（没有达到起始电压值）或反偏、集电结反偏时，管子不导通。此时无 I_B、I_C，也无 I_E，即管子不工作，此时 U_{CE} 约等于电源电压。

② 放大状态：即当满足发射结正偏、集电结反偏条件，三极管形成 I_B、I_C，且 I_C 随 I_B 变化而变化，此时 U_E 和 U_{CE} 随 U_B 变化而变化，又称三极管工作在线性区域。

③ 饱和状态：即集电结正偏、发射极正偏电压大于 0.8V 以上，此时 I_B 再增大，I_C 几乎不再增大了。当三极管处于饱和状态后，U_{CE} 约为 0.2V。

三极管的三种工作状态还可参考表 8-6。

（5）晶体三极管的主要参数

① 共发射极电流放大系数 β：三极管的基极电流 I_B 微小的变化能引起集电极电流 I_C 较大的变化，这就是三极管的放大作用。由于 I_B 和 I_C 都以发射极作为共用电极，所以把这两个变化量的比值叫做共发射极电流放大系数，用 β 或 h_{FE} 表示。即 $\beta=\Delta I_C/\Delta I_B$。

式中，"Δ"表示微小变化，是指变化前的量与变化后的量的差值，即增加或减小的数量。

表 8-6　三极管的三种工作状态

工作状态		截止	放大	饱和
条件		$I_B \approx 0$	$0 < I_B < I_{CS}/\beta$	$I_B \geqslant I_{CS}/\beta$
工作特点	偏置情况	发射结和集电结均为反偏	发射结正偏，集电结反偏	发射结和集电结均为正偏
	集电极电流	$I_C \approx 0$	$I_C \approx \beta I_B$	$I_C = I_{CS}$，且不随 I_B 增加而增加
	管压降	$U_{CE} \approx E_C$	$U_{CE} = E_C - I_C R_C$	$U_{CE} \approx 0.3V$（硅管） $U_{CE} \approx 0.1V$（锗管）
	C、E 间等效内阻	很大，约为数百千欧，相当于开关断开	可变	很小，相当于开关闭合

常用的中小功率三极管，β 值在 20～250 倍之间。β 值的大小应根据电路的要求来选择，不要过分追求放大倍数，β 值过大的管子，往往其线性和工作稳定性都较差。

② 集电极反向电流（I_{CBO}）：I_{CBO} 是指发射极开路时，集电结的反向电流。它是不随反向电压增高而增加的，所以又称为反向饱和电流。在室温下，小功率锗管的 I_{CBO} 约为 10μA，小功率硅管的 I_{CBO} 则小于 1μA。I_{CBO} 的大小标志着集电结的质量，良好的三极管 I_{CBO} 应该是很小的。

③ 穿透电流（I_{CEO}）：I_{CEO} 是指基极开路、集电极与发射极之间加上规定的反向电压时，流过集电极的电流。穿透电流也是衡量三极管质量的重要指标。它对温度更为敏感，直接影响电路的温度稳定性。在室温下，小功率硅管的 I_{CEO} 为几十微安，锗管约为几百微安。I_{CEO} 大的管子，热稳定性能较差，且寿命也短。

④ 集电极最大允许电流（I_{CM}）：集电极电流大到三极管所能允许的极限值时，叫做集电极的最大允许电流，用 I_{CM} 表示。使用三极管时，集电极电流不能超过 I_{CM} 值，否则会引起三极管性能变差甚至损坏。

⑤ 发射极和基极反向击穿电压（BU_{EBO}）：指集电极开路时，发射结的反向击穿电压。虽然通常发射结加有正向电压，但当有大信号输入时，在负半周峰值时，发射结可能承受反向电压，该电压应远小于 BU_{EBO}，否则易使三极管损坏。

⑥ 集电极和基极击穿电压（BU_{CBO}）：指发射极开路时，集电极的反向击穿电压。在使用中，加在集电极和基极间的反向电压不应超过 BU_{CBO}。

⑦ 集电极 - 发射极反向击穿电压（BU_{CEO}）：指基极开路时，允许加在集电极与发射极之间的最高工作电压值。集电极电压过高，会使三极管击穿，所以使用时加在集电极的工作电压，即直流电源电压，不能高于 BU_{CEO}。一般应让 BU_{CEO} 高于电源电压一倍。

⑧ 集电极最大耗散功率 P_{CM}：三极管在工作时，集电结要承受较大的反向电压和通过较大的电流，因消耗功率而发热。当集电结所消耗的功率（集电极电流与集电极电压的乘积）无穷大时，就会产生高温而烧坏。一般锗管的 PN 结最高结温为 75～100℃，硅管的最高结温为 100～150℃。因此，规定三极管集电极温度升高到不致将集电结烧毁所消耗的功率为集电极最大耗散功率 P_{CM}。放大电路不同，对 P_{CM} 的要求也不同。使用三极管时，不能超过这个极限值。

⑨ 特征频率 f_T：表示共发射极电路中，电流放大倍数（β）下降到 1 时所对应的频率。若三极管的工作频率大于特征频率时，三极管便失去电流放大能力。

五 晶闸管（可控硅）器件

晶闸管是晶体闸流管（Thyristor）的简称，它是一种大功率开关型半导体器件，具有硅整流器件的特性，能在高电压、大电流条件下工作，且其工作过程可以控制，故又称为可控硅，广泛应用于可控整流、交流调压、无触点电子开关、逆变及变频等电子电路中。

1.晶闸管分类

晶闸管有多种分类方法：按其关断、导通及控制方式可分为普通单向晶闸管、双向晶闸管、逆导晶闸管、门极关断晶闸管（GTO）、BTG晶闸管、温控晶闸管和光控晶闸管等多种；按其引脚和极性可分为二极晶闸管、三极晶闸管和四极晶闸管；按其封装形式可分为金属封装晶闸管、塑封晶闸管和陶瓷封装晶闸管三种类型（金属封装晶闸管又分为螺栓形、平板形、圆壳形等多种；塑封晶闸管又分为带散热片型和不带散热片型两种）；按电流容量可分为大功率晶闸管、中功率晶闸管和小功率晶闸管（大功率晶闸管多采用金属壳封装，中、小功率晶闸管则多采用塑封或陶瓷封装）；按其关断速度可分为普通晶闸管和高频（快速）晶闸管。

2.晶闸管的主要参数

目前最常用的晶闸管是单向晶闸管和双向晶闸管。其晶闸管的主要电参数有正向转折电压 U_{BO}、正向平均漏电流 I_{FL}、反向漏电流 I_{RL}、断态重复峰值电压 U_{DFM}、反向重复峰值电压 U_{RRM}、反向击穿电压 U_{BR}、正向平均压降 U_F、通态平均电流 I_T、门极触发电压 U_G、门极触发电流 I_G、门极反向电压和维持电流 I_H 等。

① 正向转折电压 U_{BO}：是指在额定结温为 $100℃$ 且门极（G）开路的条件下，在其阳极（A）与阴极（K）之间加正弦半波正向电压，使其由关断状态转变为导通状态时所对应的峰值电压。

② 通态平均电流 I_T：是指在规定环境温度和标准散热条件下，晶闸管正常工作时 A、K（或 T_1、T_2）极间所允许通过电流的平均值。

③ 门极触发电流 I_G：是指在规定环境温度和晶闸管阳极与阴极之间为一定值正向电压的条件下，使晶闸管从阻断状态转变为导通状态所需要的最小门极直流电流。

④ 断态重复峰值电压 U_{DFM}：是指晶闸管在正向阻断时，允许加在 A、K（或 T_1、T_2）极间最大的峰值电压。此电压约为正向转折电压减去 $100V$ 后的电压值。

⑤ 反向重复峰值电压 U_{RRM}：是指晶闸管在门极 G 开路时，允许加在 A、K 极间的最大反向峰值电压。此电压约为反向击穿电压减去 $100V$ 后的峰值电压。

⑥ 反向击穿电压 U_{BR}：指在额定结温下，晶闸管阳极与阴极之间施加正弦半波反向电压，当其反向漏电流急剧增加时所对应的峰值电压。

⑦ 门极触发电压 U_G：是指在规定的环境温度和晶闸管阳极与阴极之间为一定值正向电压的条件下，使晶闸管从阻断状态转变为导通状态所需要的最小门极直流电压，一般为 $1.5V$ 左右。

⑧ 正向平均电压降 U_F：也称通态平均电压或通态压降 U_T，是指在规定环境温度和标准散热条件下，当通过晶闸管的电流为额定电流时，其阳极 A 与阴极 K 之间电压降的平均值，通常为 0.4～1.2V。

⑨ 门极反向电压：是指晶闸管门极上所加的额定电压，一般不超过 10V。

⑩ 反向重复峰值电流 I_{RRM}：是指晶闸管在关断状态下的反向最大漏电流值，一般小于 100μA。

⑪ 断态重复峰值电流 I_{DR}：是指晶闸管在断开状态下的正向最大平均漏电流值，一般小于 100μA。

⑫ 维持电流 I_H：是指维持晶闸管导通的最小电流。当正向电流小于 I_H 时，导通的晶闸管会自动关断。

■ 3.单向晶闸管

单向晶闸管简称 SCR（Silicon Controlled Rectifier），它是一种由 PNPN 四层半导体材料构成的三端半导体器件，三个引出电极的名称分别为阳极 A、阴极 K 和门极 G（又称控制极）。单向晶闸管的阳极与阴极之间具有单向导电的性能，其内部电路可以等效为由一只 PNP 三极管（VT_2）和一只 NPN 三极管（VT_1）组成的组合管，单向晶闸管的内部结构符号及外形如图 8-9 所示。

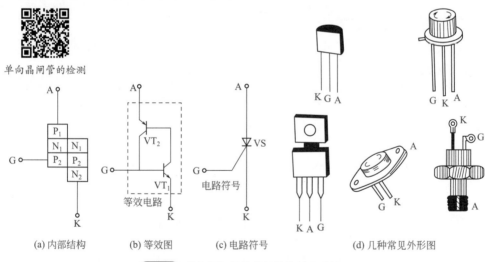

单向晶闸管的检测

(a) 内部结构　　(b) 等效图　　(c) 电路符号　　(d) 几种常见外形图

图8-9 单向晶闸管的内部结构符号及外形

由图 8-9 可以看出，当单向晶闸管阳极 A 接负电源、阴极 K 接正电源时，无论门极 G 加上什么极性的电压，单向晶闸管阳极 A 与阴极 K 之间均处于断开状态。当单向晶闸管阳极 A 接正电源、阴极 K 接负电源时，只要其门极 G 加上一个合适的正向触发电压信号，单向晶闸管阳极 A 与阴极 K 之间就会由断开状态转为导通状态（阳极 A 与阴极 K 之间呈低阻导通状态，A、K 极之间压降为 0.8～1V）。若门极 G 所加触发电压为负，则单向晶闸管不能导通。

一旦单向晶闸管受触发导通后，即使取消其门极 G 的触发电压，只要阳极 A 与阴极 K 之间仍保持正向电压,晶闸管将维持低阻导通状态。只有将阳极 A 的电压降低到某一临界值或改变阳极 A 与阴极 K 之间电压极性(如交流过零)时,单向晶闸管阳极 A 与阴极 K 之间才由低阻导通状态转换为高阻断开状态。单向晶闸管一旦为断开状态,即使在其阳极 A 与阴极 K 之间又重新加上正向电压,也不会再次导通,只有在门极 G 与阴极 K 之间重新加上正向触发电压后方可导通。

4.双向晶闸管

双向晶闸管
的检测

(1)双向晶闸管结构

双向晶闸管(TRIAC)是在单向晶闸管的基础上研制的一种新型半导体器件,它是由 NPNPN 五层半导体材料构成的三端半导体器件,其三个电极分别为主电极 T_1、主电极 T_2 和门极 G。

双向晶闸管的阳极与阴极之间具有双向导电的性能,其内部电路可以等效为两只普通晶闸管反向并联组成的组合管,双向晶闸管的内部结构、等效电路、电路符号及外形如图 8-10 所示。

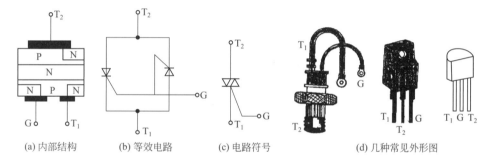

(a) 内部结构   (b) 等效电路   (c) 电路符号   (d) 几种常见外形图

图8-10 双向晶闸管的内部结构、等效电路、电路符号及外形

(2)双向晶闸管四种触发状态

双向晶闸管可以双向导通,即不论门极 G 端加上正还是负的触发电压,均能触发双向晶闸管在正、反两个方向导通,故双向晶闸管有四种触发状态,如图 8-11 所示。

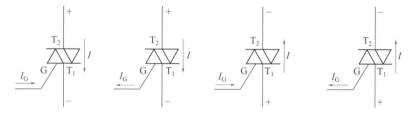

图8-11 双向晶闸管的四种触发状态

当门极 G 和主电极 T_2 相对于主电极 T_1 的电压为正($U_{T_2}>U_{T_1}$、$U_G>U_{T_1}$)或门极 G 和主电极 T_1 相对于主电极 T_2 的电压为负($U_{T_1}<U_{T_2}$、$U_G<U_{T_2}$)时,晶闸管的导通方向为 $T_2 \to T_1$,此时 T_2 为阳极,T_1 为阴极。

当门极 G 和主电极 T_1 相对于主电极 T_2 为正($U_{T_1}>U_{T_2}$、$U_G>U_{T_2}$)或门极 G 和主

电极 T_2 相对于主电极 T_1 的电压为负（$U_{T_2} < U_{T_1}$、$U_G < U_{T_1}$）时，则晶闸管的导通方向为 $T_1 \rightarrow T_2$，此时 T_1 为阳极，T_2 为阴极。

无论双向晶闸管的主电极 T_1 与主电极 T_2 之间所加电压极性是正向还是反向，只要门极 G 和主电极 T_1（或 T_2）间加有正、负极性不同的触发电压，满足其必需的触发电流，晶闸管即可触发导通呈低阻状态。此时，主电极 T_1、T_2 间的压降约 1V。

双向晶闸管一旦导通，即使失去触发电压也能继续维持导通状态。当主电极 T_1、T_2 电流减小至维持电流以下或 T_1、T_2 间电压改变极性且无触发电压时，双向晶闸管即可自动关断，只有重新施加触发电压，才能再次导通。加在门极 G 上的触发脉冲的大小或时间改变时，其导通电流就会相应地改变。

六 光电耦合器

■ 1.种类及结构

光电耦合器的种类较多，常见有光电二极管型、光电三极管型、光敏电阻型、光控晶闸管型、光电达林顿型、光集成电路型等。常见的发光源为发光二极管，受光器为光敏二极管、光敏三极管等。内部结构如图 8-12 所示，外形如图 8-13 所示（外形有金属壳封装、塑封式、双列直插式等）。

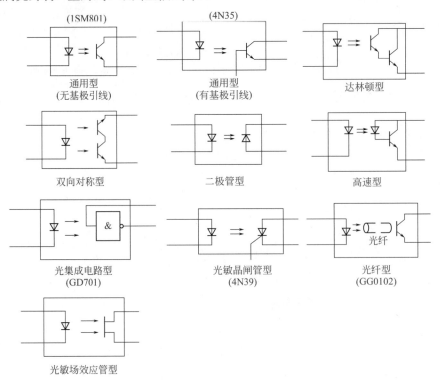

图8-12 光电耦合器内部结构

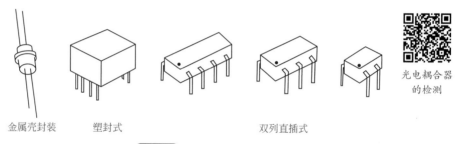

金属壳封装　　塑封式　　　　　　　　双列直插式

光电耦合器
的检测

图8-13 光电耦合器外形

工作原理：在光电耦合器输入端加电信号使发光源发光，光的强度取决于激励电流的大小，此光照射到封装在一起的受光器上后，因光电效应而产生了光电流，由受光器输出端引出，这样就实现了电—光—电的转换。

2.基本工作特性（以光敏三极管为例）

（1）共模抑制比很高

在光电耦合器内部，由于发光管和受光器之间的耦合电容很小（2pF 以内），所以共模输入电压通过极间耦合电容对输出电流的影响很小，因而共模抑制比很高。

（2）输出特性

光电耦合器的输出特性是指在一定的发光电流 I_F 下，光敏三极管所加偏置电压 U_{CE} 与输出电流 I_C 之间的关系。当 $I_F=0$ 时，发光二极管不发光，此时的光敏三极管集电极输出电流称为暗电流，一般很小。当 $I_F > 0$ 时，在一定的 I_F 作用下，对应的 I_C 基本上与 U_{CE} 无关。I_C 与 I_F 之间的变化呈线性关系，用半导体管特性图示仪测出的光电耦合器的输出特性与普通三极管输出特性相似。

（3）光电耦合器可作为线性耦合器使用

在发光二极管上提供一个偏置电流，再把信号电压通过电阻耦合到发光二极管上，这样光电耦合器接收到的是在偏置电流上增、减变化的光信号，其输出电流将随输入的信号电压作线性变化。光电耦合器也可工作于开关状态，传输脉冲信号。在传输脉冲信号时，输入信号和输出信号之间存在一定的延迟时间，不同结构的光电耦合器输入、输出延迟时间相差很大。

七 集成电路

1.种类

电器中应用的集成电路的种类很多，习惯上按集成电路所起的作用来划分成以下几大类：家用电器集成电路、工业电器集成电路、通用集成电路（如一些通用数字电路中的基本门电路及运放 IC）等。外形如图 8-14 所示。

图8-14　**常用集成电路外形**

2.引脚分布规律

集成电路的引脚数目不等，有的只有3～4根，有的则多达几十至几百根。在维修中，对引脚的识别是相当重要的。在原理图中，只标出集成电路的引脚顺序号，比如通过阅读电原理图知道⑤脚是负反馈引脚，要在集成电路实物中找到第⑤脚，则先要了解集成电路的引脚分布规律。这里顺便指出，不同型号集成电路的各引脚作用是不相同的，而引脚分布规律是相同的。

集成电路的引脚分布规律根据集成电路封装和引脚排列的不同，可以分成以下几类。

（1）单列集成电路

单列集成电路的引脚分布规律可用参见如图8-15所示。单列集成电路的引脚按"一"字形排列。

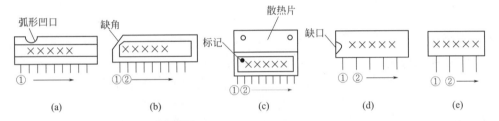

图8-15　**单列集成电路的引脚分布规律**

图8-15（a）所示集成块左侧有一个凸块或凹块，说明左侧第一根引脚为①脚，从左向右依次为①、②……；图8-15（b）所示集成电路左侧有一个缺角；图8-15（c）所示为左侧有一个凹坑标记；图8-15（d）所示是在集成块左侧有一个缺口；图8-15（e）所示是集成块什么标记都没有时，将集成块正面放置（型号正面对着自己），从左端起向右依次为①、②……。

（2）双列集成电路

图8-16所示是双列集成电路的引脚分布规律。双列集成电路的引脚以两列均匀分布。

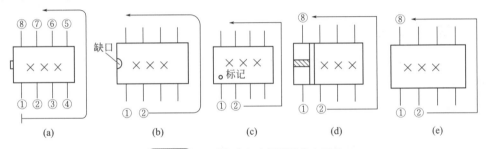

图8-16　**双列集成电路的引脚分布规律**

图 8-16（a）所示为在集成电路的左侧有一个标记，此时左下角为第一根引脚①，按逆时针方向数，依次为①、②、③；图 8-16（b）所示为左侧有一个缺口；图 8-16（c）所示为有凹坑标记；图 8-16（d）所示是陶瓷封装双列集成电路。图 8-16（e）所示是没有标记时，将集成块正着放好，型号正面对着自己，左下角为第一根引脚①，按照逆时针方向数，依次为①、②、③……。

（3）圆顶封装集成电路

圆顶封装的集成电路采用金属外壳，外形像一只三极管，如图 8-17 所示。图 8-17（a）所示是外形；图 8-17（b）所示是引脚分布规律。从图中可以看出，以凸键为起点，顺时针方向依次数。

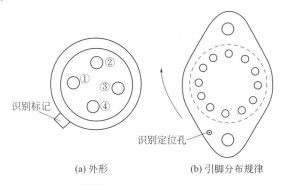

(a) 外形　　　　　　　(b) 引脚分布规律

图8-17　圆顶封装的集成电路

（4）四列集成电路

图 8-18 所示是四列集成电路引脚分布规律示意图。

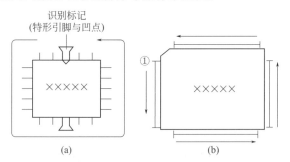

(a)　　　　　　　(b)

图8-18　四列集成电路引脚分布规律

从图 8-18 中可以看出，在集成块上有一个标记，表示出第一根引脚的位置，然后依次按逆时针方向数。

（5）反向分布集成电路

这类（很少）集成电路的引脚分布规律与上述的分布规律恰好相反，采用反向分布规律，这样做是为了方便集成电路在线路板上反面安装。

反向分布的集成电路通常在型号最后标出字母 R，也有的是在型号尾部比正向分布的多一个字母。例如，HA1368 是正向分布集成电路，它的反向分布集成电路型号为 HA1368R，这两种集成电路的功能、引脚数、内电路结构等均一样，只是引脚分布规律相反。在双列和单列集成电路中均有反向引脚分布的例子，参见图 8-19。

集成电路的检测

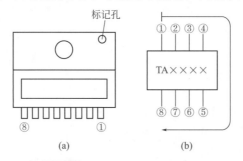

（a）　　　　　（b）

图8-19 引脚反向分布规律示意

图 8-19（a）所示是单列集成电路，将型号正对着自己，自右向左依次为①、②……。

图 8-19（b）所示是双列集成电路，将型号正对着自己，左上角第一根引脚为①，顺时针方向依次为①、②……。

3.检测集成电路

在检测集成电路时，主要利用测量集成电路各引脚正反电阻值的方法进行初步检测（有关集成电路引脚电阻值应参见专用集成电路资料），也可以测量关键引脚的对地电压值后与正常电压值比较，判断集成电路好坏（参见相关图纸及集成电路资料）。集成电路损坏后，一般需更换同型号集成电路，有些集成电路根据内电路资料，也可以外附加电路修复，但要求修理人员有一定技术基础。集成电路在应用时，应注意引脚不能接错，应注意其极限参数不能超限使用，焊接时应注意温度不能过高，引脚不能焊连。

八、其他电子元器件

电位器、电感、石英晶体、IGBT 晶体管等的检测可扫二维码详细学习。

电位器的检测　　电感的检测　　石英晶体的检测　　IGBT 晶体管的检测

NE555 集成电路的检测　　场效应管的检测

第九章　电气控制线路

一　点动控制电路

如图 9-1 所示，当合上空开 QF 时，电动机不会启动运转，因为 KM 线圈未通电。按下 SB2，使线圈 KM 通电，主电路中的主触点 KM 闭合，电动机 M 即可启动。这种只有按下按钮电动机才会运转，松开按钮即停转的线路，称为点动控制线路。利用接触器来控制电动机，优点是减轻劳动强度，操作小电流的控制电路就可以控制大电流主电路，能实现远距离控制与自动化控制。

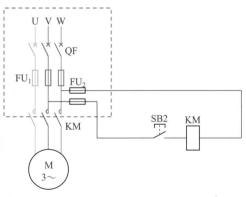

图9-1　接触器点动控制线路

点动控制电路 1

点动控制电路 2

二　自锁电路

自锁控制电路 1

自锁控制电路 2

交流接触器通过自身的常开辅助触点使线圈总是处于得电状态的现象叫做自锁。这个常开辅助触点就叫做自锁触点。在接触器线圈得电后，利用自身的常开辅助触点保持回路的接通状态，一般对象是对自身回路的控制。如把常开辅助触点与启动按钮并联，这样，当启动按钮按下，接触器动作，辅助触点闭合，进行状态保持，此时再松开启动按钮，接触器也不会失电断开。一般来说，在启动按钮和辅助触点并联之外，还要串联一个按钮，起停止作用。点动开关中作启动用的选择常开触点，做停止用的选择常闭触点。如图 9-2 所示。

1.启动

合上电源开关 QF，按下启动按钮 SB2，KM 线圈得电，KM 辅助触点闭合，同时 KM 主触头闭合，电动机启动连续运转。

2.运转

当松开 SB2，其常开触点恢复分断后，因为接触器 KM 的常开辅助触点闭合时已将 SB2 短接，控制电路仍保持导通，所以接触器 KM 继续得电，电动机 M 实现连续运转。

3.停止

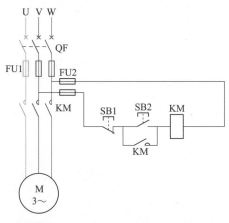

图9-2 接触器自锁控制电动机正转线路

按下停止按钮 SB1，其常闭触点断开，接触器 KM 的自锁触点切断控制电路，解除自锁，KM 主触点分断，电动机停转。

三 互锁电路

互锁电路分为机械互锁和电气互锁两种电路，如图 9-3 所示。

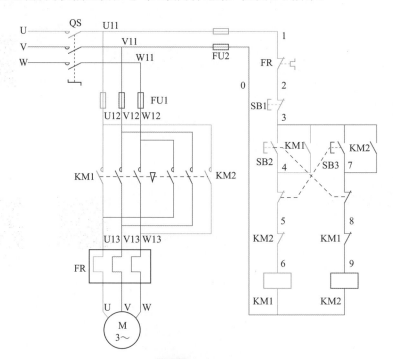

图9-3 互锁电路

机械互锁：此时的 SB2 使用的带有机械互锁的按钮，当 SB2 所在回路正常工作时，由于"5"上方的常闭触点处于通电状态，因此与之虚线连接的 SB3 按钮按下后无反应。

电气互锁：当 SB2 所在回路通电时，接触器 KM1 的线圈供电，此时"8"下方的 KM1 常闭触点断开，从而避免了两个回路同时供电。

四 · 闭锁连动电路

闭合电源开关 QS1，按启动按钮 SB2，接触器 KM1 线圈获电，接触器 KM1 的主触点闭合，电动机 M1 获电运转。自锁触点 KM1 闭合自锁，并为接触器 KM2 获电作好准备。此时按下启动按钮 SB3，接触器 KM2 线圈获电，接触器 KM2 的主触点闭合，电动机 M2 获电运转。其自锁触点 KM2 闭合自锁。在线圈 KM1 未获电之前，如果按动 SB3，接触器 KM2 的线圈不会获电，电动机 M2 更不会启动。这是因为按钮 SB3 前端的按钮 SB2 与 KM1 常开触点均处于断开状态，所以按 SB3 无效。如图 9-4 所示。

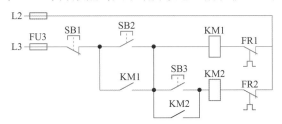

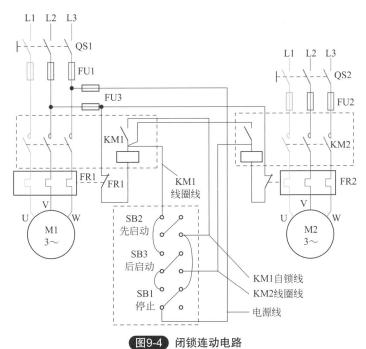

图9-4 闭锁连动电路

当两台电动机接触器的控制按钮离得比较远时，可以用图9-5所示的接触器控制闭锁连动电路。由原理图可知，由于在接触器 KM2 的线圈回路中串联了接触器 KM1 的常开辅助触点，所以在接触器 KM1 没有获电前，接触器 KM2 是不会获电吸合的；当 KM1 失电断开后，接触器 KM2 也就随之自动失电断开了。

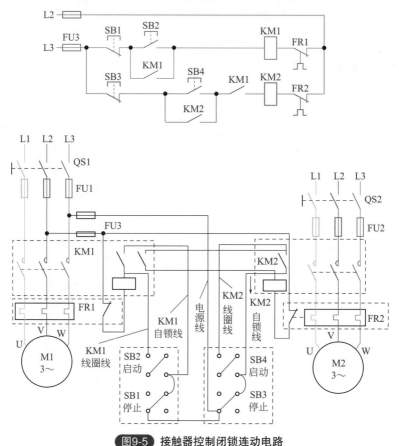

图9-5 接触器控制闭锁连动电路

五 三相电动机正反转电路

电动机正反转电路如图 9-6 所示。按下 SB2，正向接触器 KM1 得电动作，主触点闭合，使电动机正转。按停止按钮 SB1，电动机停止。按下 SB3，反向接触器 KM2 得电动作，其主触点闭合，使电动机定子绕组与正转时的相序相反，则电动机反转。

接触器的动断辅助触点互相串联在对方的控制回路中进行联锁控制。这样当 KM1 得电时，由于 KM1 的动作触点打开，使 KM2 不能通电。此时即使按下 SB3 按钮，也不能造成短路。反之也是一样。接触器辅助触点的这种互相制约关系称为"联锁"或"互锁"。

需要注意的是，对于此种电路，如果电动机正在正转，想要反转，必须先按停止按钮 SB1 后，再按反向按钮 SB3 才能实现。

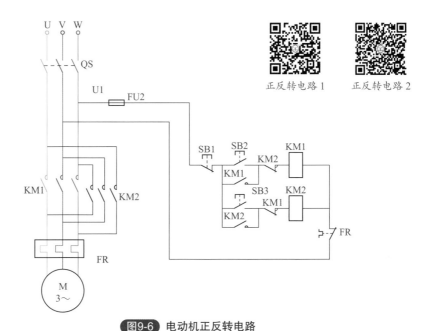

正反转电路1　　正反转电路2

图9-6　电动机正反转电路

六　三相电动机制动电路

自动控制能耗制动电路如图9-7所示。能耗制动是在三相异步电动机要停车时切除三相电源的同时，把定子绕组接通直流电源，在转速为零时切除直流电源。控制线路就是为了实现上述的过程而设计的，这种制动方法，实质上是把转子原来储存的机械能转变成电能，又消耗在转子的制动上，所以称能耗制动（电路实物接线可参考第14章图14-14）。

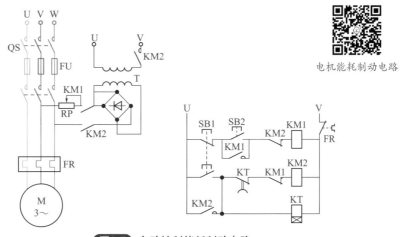

电机能耗制动电路

图9-7　自动控制能耗制动电路

图 9-7 所示为复合按钮与时间继电器实现能耗制动的控制线路。图中整流装置由变压器和整流元件组成。KM2 为制动用交流接触器。要停车时按动 SB1 按钮开关，到制动结束放开按钮开关。控制线路启动 / 停止的工作过程如下：

主回路：合上 QS → 主电路和控制线路接通电源 → 变压器需经 KM2 的主触点接入电源（初级）和定子线圈（次级）。

控制回路：

① 启动：按动 SB2，KM1 得电，电动机正常运行。

② 能耗制动：按动 SB1，KM1 失电，电动机脱离三相电源。KM1 常闭触点复原，KM2 得电并自锁，时间继电器 KT（通电延时）得电，KT 瞬动常开触点闭合。

KM2 主触头闭合，电动机进入能耗制动状态，电动机转速下降，KT 整定时间到，KT 延时断开常闭触点（动断触点）断开，KM2 线圈失电，能耗制动结束。

七 三相电动机保护电路

开关联锁过载保护电路如图 9-8 所示（电路实物接线可参考第 14 章图 14-15）。

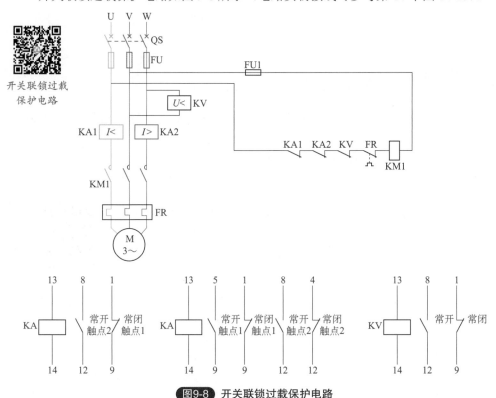

图9-8 开关联锁过载保护电路

联锁保护过程：通过正向交流接触器 KM1 控制电动机运转，欠压继电器 KV 起零压保护作用。在该线路中，当电源电压过低或消失时，欠压继电器 KV 就要释放，交流接触器 KM1 马上释放；当过流时，在该线路中，过流继电器 KA 就要释放，交流接触器 KM1 马上释放。

八　三相电动机Y-△降压启动电路

三个交流接触器控制三相电动机Y-△降压启动电路如图 9-9 所示（电路实物接线可参考第 14 章图 14-16）。

Y-△降压启动
电路

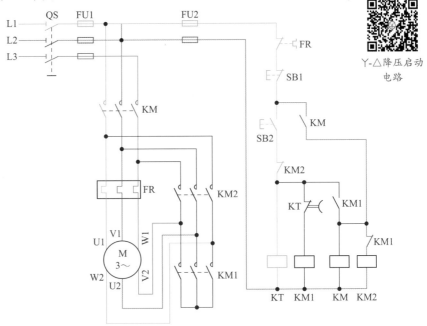

图9-9　三个交流接触器控制三相电动机Y-△降压启动电路

从主回路可知，如果控制线路能使电动机接成星形（即 KM1 主触点闭合），并且经过一段延时后再接成三角形（即 KM1 主触点打开，KM2 主触点闭合），电动机就能实现降压启动，而后再自动转换到正常速度运行。

控制线路的工作过程如下：

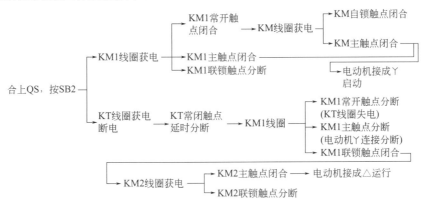

九　单相双直电容电动机运行电路

图 9-10 表示电容启动式或电容启动 / 电容运转式单相电动机的内部主绕组、副绕组、离心开关和外部电容在接线柱上的接法。其中，主绕组的两端记为 U1、U2，副绕组的两端记为 W1、W2，离心开关 K 的两端记为 V1、V2。（注意：电动机厂家不同，标注不同。）

单相电动机接线

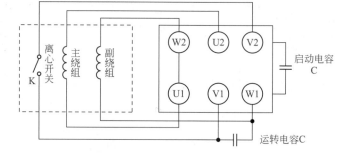

图9-10　绕组在接线柱上的接线接法

这种电动机的铭牌上标有正转和反转的接法，如图 9-11 所示。

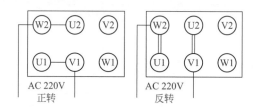

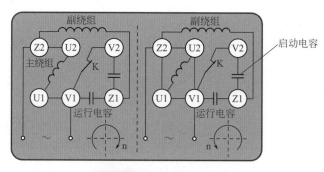

图9-11　正转和反转的接法

单相电动机正反转控制实际上只是改变主绕组或副绕组的接法：正转接法时，副绕组的 W1 端通过启动电容和离心开关连到主绕组的 U1 端（图 9-12）；反转接法时，副绕组的 W2 端改接到主绕组的 U1 端（图 9-13）。也可以改变主绕组 U1、U2 进线方向。

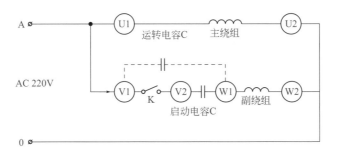

图9-12 正转接法

单相电动机电容
启动运行电路

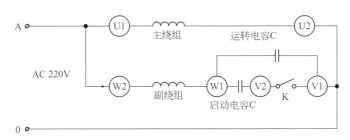

图9-13 反转接法

✚ 定时时钟控制电路

定时时钟控制电路使用微电脑时控开关，当使用小功率负载时可直接控制，大功率负载时应使用接触器控制，如图 9-14 所示。

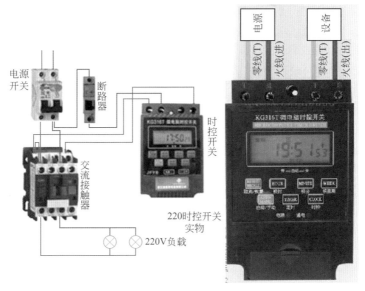

图9-14 微电脑钟控器及接线图

图 9-15 所示为手动自动控制时控水泵控制电路。

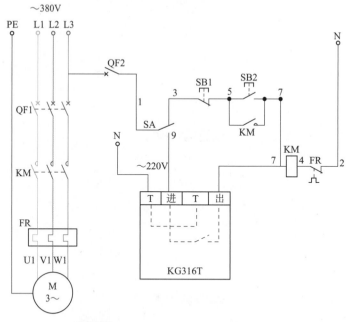

图9-15 手动自动控制时控水泵控制电路

手动控制：选择开关 SA 置于手动位置（1-3），按下启动按钮 SB2（5-7），KM 得电吸合并由辅助常开触点（5-7）闭合自锁，水泵电动机得电工作，按下 SB1 停止。

定时自动控制：选择开关置于自动位置（1-9），并参照说明书设置 KG316T，水泵电动机即可按照所设定时间开启与关闭，自动完成供水任务。

水泵工作时间与停止时间可根据现场试验后确定比例，使用中出现供水不能满足需要或发生蓄水池溢出时需再进行二次调整。

此种按时间工作的控制方式，缺点显而易见，只能用于用水量比较固定的蓄水池供水，不适用于用水量大范围不规则变化的蓄水池。

第十章　综合电气设备控制线路与维护

一　车床电气控制线路

CA6140 型普通车床外形如图 10-1 所示，CA6140 型普通车床电气控制电路如图 10-2 所示。

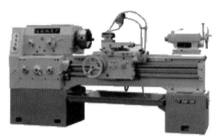

图10-1 CA6140型普通车床外形

1.电路原理图与工作原理

（1）主电路分析

主电路中有 3 台控制电动机。

① 主轴电动机 M1，完成主轴主运动和刀具的纵横向进给运动的驱动。该电动机为三相电动机。主轴采用机械变速，正反向运行采用机械换向机构。

② 冷却泵电动机 M2，提供冷却液用。为防止刀具和工件的温升过高，用冷却液降温。

③ 刀架快速移动电动机 M3，为刀架快速移动电动机。根据使用需要，手动控制启动或停止。

电动机 M1、M2、M3 容量都小于 10kW，均采用全压直接启动。三相交流电源通过转换开关 QS 引入，交流接触器 KM1 控制 M1 的启动和停止。交流接触器 KM2 控制 M2 的启动和停止。交流接触器 KM3 的控制 M3 的启动和停止。KM1 由按钮开关 SB1、SB2 控制，KM3 由 SB3 进行点动控制，KM2 由开关 SA1 控制。主轴正反向运行由机械离合器实现。

M1、M2 为连续运动的电动机，分别利用热继电器 FR1、FR2 作过载保护；M3 为短期工作电动机，因此未设过载保护。熔断器 FU1～FU4 分别对主电路、控制电路和辅助电路实行短路保护。

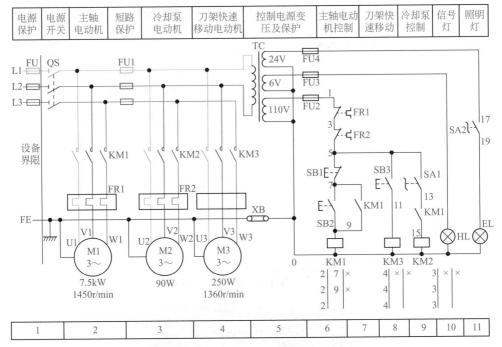

| 电源保护 | 电源开关 | 主轴电动机 | 短路保护 | 冷却泵电动机 | 刀架快速移动电动机 | 控制电源变压及保护 | 主轴电动机控制 | 刀架快速移动 | 冷却泵控制 | 信号灯 | 照明灯 |

图10-2 CA6140型普通车床电气控制电路

（2）控制电路分析

控制电路的电源为由控制变压器 TC 次级输出的 110V 电压。

① 主轴电动机 M1 的控制　采用了具有过载保护全压启动控制的典型电路。按动启动按钮开关 SB2，交流接触器 KM1 得电吸合，其动合触点 KM1（7-9）闭合自锁，KM1 的主触点闭合，主轴电动机 M1 启动；同时其辅助动合触点 KM1（13-15）闭合，作为 KM2 得电的先决条件。按动停止按钮开关 SB1，交流接触器 KM1 失电释放，电动机 M1 停转。

② 冷却泵电动机 M2 的控制　采用两台电动机 M1、M2 顺序控制的典型电路，主轴电动机启动后，冷却泵电动机才能启动；当主轴电动机停止运行时，冷却泵电动机也自动停止运行。主轴电动机 M1 启动后，交流接触器 KM1 得电吸合，其辅助动合触点 KM1（13-15）闭合，合上开关 SA1，使交流接触器 KM2 线圈得电吸合，冷却泵电动机 M2 才能启动。

③ 刀架快速移动电动机 M3 的控制　采用点动控制。按动按钮开关 SB3，KM3 得电吸合，对电动机 M3 实施点动控制。电动机 M3 经传动系统，驱动溜板带动刀架快速移动。松开 SB3，KM3 失电，电动机 M3 停转。

④ 照明和信号电路　控制变压器 TC 的副绕组分别输出 24V 和 6V 电压，作为机床照明灯和信号灯的电源。EL 为机床的低压照明灯，由开关 SA2 控制；HL 为电源的信号灯。

2.常见电气故障检修

① 主轴电动机 M1 不能启动的检修：检查交流接触器 KM1 是否吸合，如果交流

接触器 KM1 吸合，故障必然发生在电源电路和主电路上。

② 交流接触器 KM1 不吸合：交流接触器不吸合故障的主要原因一般在控制电路，主要检查启动和停止按钮开关，以及交流接触器的线圈。

③ 主轴电动机 M1 启动后不能自锁的检修：主轴电动机 M1 启动后不能自锁的故障点在 KM1 交流接触器的自锁常开触点脏污或者疲劳变形，一般更换触点就可以解决。

④ 主轴电动机 M1 不能停车的检修：主轴电动机 M1 不能停车的故障点主要是 KM1 交流接触器卡滞，处理方法是予以更换。

⑤ 主轴电动机在运行中突然停车的检修：主轴电动机在运行中突然停车的故障主要在过流保护器动作，一般是过流保护器损坏或电动机绕组绝缘损坏造成。

二 钻床电气控制线路

常见的钻床有 3040 型、Z35 型钻床，下面分析 Z35 型钻床的电路。

1. Z35 型摇臂钻床主电路（图10-3）

Z35 型摇臂钻床共配置 4 台电动机，M1 为冷却泵电动机，由开关 QS2 控制；M2 为主轴电动机，由接触器 KM1 控制，只能正转，主轴正、反转则由机械手柄通过操作摩擦离合器来实现。通过改变主轴箱中的齿轮传动比能实现不同切削速度。M3 为摇臂升降电动机，由接触器 KM2、KM3 控制正、反转，以实现摇臂上升或下降。当摇臂升（或降）到预定位置时，摇臂能在电气和机械夹紧装置配合下，自动夹紧在外立柱上。摇臂可沿立柱上、下移动，而摇臂与外立柱可以一起相对内立柱做 360° 的回转运动，外立柱的夹紧与放松是通过立柱夹紧或放松电动机 M4 的正、反转并通过液压装置进行的，M4 由接触器 KM4 和 KM5 控制其正、反转。

2. 控制电路分析

合上开关 QS1，电流经接线排 YG 给电动机 M2～M4 主电路供电，并通过控制变压器 TC 给控制电路供电，控制电路电压为 127V。

（1）主电动机 M2 的控制

将十字开关扳至左边的位置，触点 SA（3-4）闭合，使电压继电器 KV 得电吸合并自锁，为其他控制电路得电作准备，主轴和摇臂升降控制是在电压继电器 KV 得电并自锁的前提下进行的。将十字开关扳到右边位置，触点 SA（4-5）闭合，使 KM1 得电吸合，其主触点［3］闭合，使电动机 M2 得电启动运转，经主传动链带动主轴旋转。主轴的旋转方向由主轴箱上的摩擦离合器手柄所扳的位置来决定。

将十字开关扳至中间位置，SA 的触点全部断开，KM1 失电释放，电动机 M1 失电停转，主轴也停止转动。

（2）摇臂升降的控制

摇臂松开后才能进行升降，升或降到位后必须将摇臂夹紧。摇臂升降是由电气和机械传动联合控制的，能自动完成摇臂松开→摇臂上升或下降→摇臂夹紧的过程。

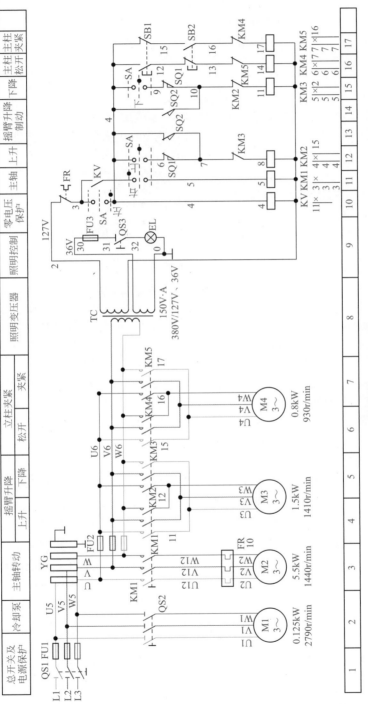

图10-3 Z35型摇臂钻床主电路

要使摇臂上升，将十字开关扳到向"上"位置，SA 的触点 SA（4-6）闭合，使 KM2 得电吸合，其主触点［4］闭合，电动机 M3 正转启动运转；KM2 的辅助动断触点 KM2（10-11）断开，使 KM3 不能得电，实现互锁。摇臂上升前还被夹紧机构松开。同时机械装置使位置开关 SQ2 的动合触点 QS2（4-10）［14］闭合，为摇臂上升后的夹紧做好准备。当夹紧机构放松后，电动机 M3 通过升降丝杠带动摇臂上升。当摇臂上升到所需位置时，将十字开关扳到"中"位置，触点 SA（4-6）复位断开，KM2 失电释放，M3 失电停转，摇臂也停止上升。KM2 的辅助动断触点 KM2（10-11）复位闭合，由于 SQ2 的动合触点 SQ2（4-10）已闭合，因此使 KM3 得电吸合，其主触点［5］闭合，电动机 M3 反转启动运转；KM3 的辅助动合触点 KM3（7-8）断开，使 KM2 不能得电，实现互锁。M3 反转运行后，通过传动装置，摇臂自动夹紧。夹紧后，位置开关 SQ2 的动合触点 SQ2（4-10）断开，使 KM3 失电释放，电动机 M3 失电停转，以上各过程结束。

要使摇臂下降，可将十字开关 SA 扳到"下"位置，使触点 SA（4-9）闭合，KM3 得电吸合，其主触点［5］闭合，电动机 M3 反向启动运转，通过传动装置使摇臂夹紧机构松开，并使位置开关 SQ2 的动合触点 SQ2（4-7）闭合，为摇臂下降后的夹紧作准备。摇臂下降到所需位置时，将十字开关 SA 扳到"中"位置，其他动作与上升的动作类似。

为使摇臂上升时不致超过允许的极限位置，在摇臂上升、下降控制电路中分别串入位置开关 SQ1 的动断触点 SQ1（6-7）［12］、SQ1（9-10）［15］，当摇臂上升到极限位置时，挡块将相应的位置开关压下，使电动机停转。

（3）立柱的夹紧与松开控制

钻床立柱夹紧与松开是通过 KM4、KM5 控制电动机 M4 的正、反转实现的。如需要摇臂和外立柱绕内立柱转动时，应先按下按钮 SB1，使 KM4 得电吸合，其主触点［6］闭合，电动机 M4 正转启动运转，通过齿式离合器带动齿轮油压泵，送出高压油，使外立柱松开；然后松开 SB1，KM4 失电释放，电动机 M4 失电停转。此时推动摇臂和外立柱绕内立柱旋转。当转到所需位置时，再按下按钮 SB2，使 KM5 得电吸合，其主触点［7］闭合，电动机 M4 反向启动运转，在油压的作用下，将外立柱夹紧，然后松开 SB2，KM5 失电释放，M4 失电停转。

（4）冷却泵电动机 M1 的控制

M1 由转换开关 QS2 直接控制。

三　天车电气控制线路

1.电路原理

（1）16t 桥式天车主电路原理（图10-4）

该台起重机配置 3 台线绕式电动机 M1、M2 和 M3，它们分别是大车电动机、小车电动机和葫芦吊钩电动机，三台电动机均采用串接电阻（1R、2R、3R）的方法实

电源	电源开关	过流保护	大车电动机	电磁抱闸	小车电动机	电磁抱闸	吊钩电动机	电磁抱闸

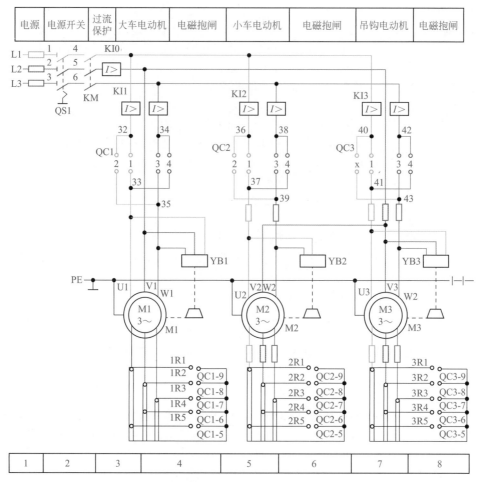

1	2	3	4	5	6	7	8

图10-4　16t桥式天车主电路原理

现启动和逐级调速。M1、M2 和 M3 三台线绕式电动机的正、反转和电阻 1R、2R、3R 的逐级切除，分别利用凸轮控制器 QC1、QC2、QC3 控制。

YB1、YB2、YB3 作为三台电动机制动用的电磁铁，分别与电动机 M1、M2、M3 的定子绕组并联，用来实现得电松闸、失电抱闸的制动作用，这样就保证在电动机定子绕组失电时，制动电磁铁失电，电磁抱闸抱紧，从而避免发生重物自由下落而造成的事故。

主电路中的电流继电器 KI1、KI2、KI3 作为电动机的过流保护，分别起到电动机 M1、M2、M3 的过电流保护作用。主电源电路采用的是 KI0 电流继电器实现过电流保护作用。

（2）凸轮控制器的作用和原理

凸轮控制器的外形和触点工作状态如图 10-5 所示。

由图 10-5 可以看出，只有三个凸轮控制器 QC1、QC2、QC3 都在"0"位时，才

向左　QC1　向右
触点　向前　QC2　向后
　　　向上　QC3　向下

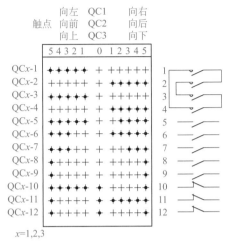

	5 4 3 2 1	0	1 2 3 4 5	
QCx-1	+　+　+　+	+	+　+　+　+　+	1
QCx-2	+　+　+　+　+		+　+　+　+	2
QCx-3	+　+　+　+		+　+　+　+　+	3
QCx-4	+　+　+　+　+		+　+　+　+	4
QCx-5	+　+　+　+		+　+　+　+	5
QCx-6	+　+　+		+　+　+	6
QCx-7	+　+		+　+	7
QCx-8	+		+	8
QCx-9	+　+　+　+		+　+　+　+	9
QCx-10	+　+　+　+		+　+　+　+　+	10
QCx-11	+　+　+　+　+		+　+　+　+	11
QCx-12	+　+　+　+	+	+　+　+　+	12

x=1,2,3

图10-5　凸轮控制器的外形和触点工作状态

可以接通交流电源，合上开关 QS1，使 QS1 开关闭合，按动启动按钮 SB，接触器 KM 得电吸合并自锁，然后便可通过 QC1～QC3 分别控制各电动机。

凸轮控制器是一种多触点、多位置的转换开关。凸轮控制器 QC1、QC2、QC3 分别对大车、小车、吊钩电动机 M1～M3 实行控制。各凸轮控制器的位数为 5-0-5，共有 11 个操作位、12 副触点，其中 4 副触点（1～4）控制各相对应电动机的正反转，5 副触点（5～9）控制电动机的启动和分级短接相应的电阻，两副触点（10、11）和限位开关配合，用于大车行车、小车行车和吊钩提升极限位置的保护，另一副触点（12）用于零位启动保护。

（3）控制电路原理

如图 10-6 所示。

① 天车运行准备工作。合上开关 QS1，把凸轮控制器 QC1、QC2、QC3 的手柄置于零位，把驾驶室上的舱口门和桥架两端的门关好，合上紧急开关 SA。按下启动按钮 SB [11]，使交流接触器 KM [10] 得电吸合，其辅助常开触点 KM（21-22）、KM（17-27）闭合自锁，其主触点 [2] 闭合，接通总电源，为各电动机的启动做好准备。

大车、小车及葫芦提升凸轮控制器触点 QC1-10、QC1-11、QC2-10、QC2-11、QC3-10、QC3-11 和大车、小车及葫芦提升机构的限位开关 SQ4～SQ8 接成串并联电路与接触器 KM 辅助触点构成自锁电路，使大车、小车到了极限位置，相应限位开关断开，电动机停止转动，当凸轮控制器归"0"后，再次反向运动，即可退出极限位置。

② 小车控制如图 10-6 所示，凸轮控制器触点状态如图 10-5 所示。下面就以小车控制对控制电路进行分析。

小车向前：把 QC2 手柄在向前方向转到"1"位，则 380V 交流电压经过 QC2 到 M2 电动机和 YB2 电磁抱闸线圈，小车向前移动。

$$
\begin{array}{l}
\text{QC2 手柄向前方}\\
\text{向转到"1"位}
\end{array}
\rightarrow
\left\{
\begin{array}{l}
\text{QC2(36-37)（即 QC2-1）[5]}\\
\text{QC2(38-39)（即 QC2-3）[5]} \rightarrow \text{M2、YB2 通电，小车向前移动}\\
\text{QC2-10}^{+}\text{（自锁）}
\end{array}
\right.
$$

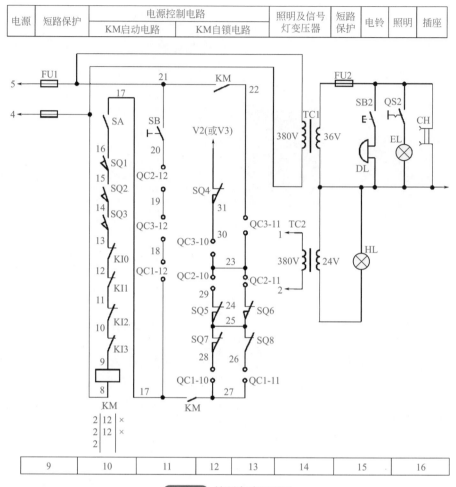

电源	短路保护	电源控制电路		照明及信号 灯变压器	短路 保护	电铃	照明	插座
		KM启动电路	KM自锁电路					

9	10	11	12	13	14	15	16

图10-6 控制电路原理图

把 QC2 手柄在"向前"从"1"转到"2"位,则是把电阻 2R5 短接,小车电动机由于电压的提升加快了移动速度。

$$
\begin{array}{l}
\text{QC2 手柄向前方} \\
\text{向转到"2"位}
\end{array}
\rightarrow
\left\{
\begin{array}{l}
\text{QC2-10(自锁)} \rightarrow \\
\text{QC2(36-37)} \rightarrow \\
\text{QC2(38-39)} \rightarrow \\
\text{QC2-5} \rightarrow \text{短接电阻 2R5} \rightarrow \text{M2 加速小车向} \\
\qquad\qquad\qquad\qquad\qquad\quad \text{前加快移动} \rightarrow
\end{array}
\right\}
\begin{array}{l}
\text{M2 加速运转}
\end{array}
$$

如此继续,把 QC2 手柄在"向前"从"2"转到"3""4""5"位时,其触点 QC2（36-37）[5]、QC2（38-39）[5] 和 QC2-5 继续保持闭合,而在"3""4""5"位时,触点 QC2-5、QC2-5-QC2-6、QC2-5-QC2-7、QC2-5-QC2-9 分别接通,相应短接电阻 2R5、2R4、2R3、2R2、2R1,小车速度逐渐加快。

小车向后:把 QC2 手柄转到"向后"方向的位置上,其工作原理与小车"向前"

控制相似，小车向相反方向运动。

③ 大车"向左""向右"控制：把 QC 手柄转到"向左""向右"方向的位置上，大车分别向左或向右运动。控制原理和小车控制相同。

④ 葫芦吊钩"向上""向下"控制：当把 QC3 手柄转到"向上""向下"位置上，葫芦升降电动机分别正转和反转，带动吊钩分别向上和向下运动。其工作原理与小车"向前"控制相似。

2.安全保护措施

（1）过电流保护

每台电动机的 U、W 两相电路中，都串联接入电流继电器，这样只要一台电动机超过电流整定值，过流继电器就动作，切断控制电源，并将主电源切断，所有电动机抱闸制动，使电动机停在原处。只有排除电路故障天车才能重新启动。

（2）短路保护

在每个电路中，每条控制回路都有熔断器作为短路保护。

（3）零位保护

控制回路中设定零位联锁，只有凸轮控制器 QC1、QC2、QC3 处于零位天车才能启动。

（4）停车保护

为使天车及时准确地停车，在电路中采用电磁制动器 YB1、YB2、YB3 作为停车保护。

（5）应急触电保护

桥式起重机的驾驶室内，在天车操作员便于操作的位置，安装 SA 开关，当发生意外情况时操作员立即断开 SA 开关，就可以断开系统电源，使天车停下，避免事故的发生。

四　电葫芦、大型天车及龙门吊控制线路

电葫芦、大型天车及龙门吊控制线路可扫二维码详细学习。

三相电葫芦控制电路

大型天车及龙门吊
控制电路

第十一章　**变频器电气控制电路**

一 变频器的基本结构和控制原理

1.变频器的基本结构

通用变频器的基本结构原理如图 11-1 所示。由图可见，通用变频器由主回路和控制回路组成。主回路包括整流回路、直流中间回路、逆变回路及检测回路部分的传感器（图中未画出）。直流中间回路包括限流回路、滤波回路和制动回路以及电源再生回路等。控制回路主要由主控制回路、保护回路和操作、显示回路组成。

高性能矢量型通用变频器由于采用了矢量控制方式，在进行矢量控制时需要进行

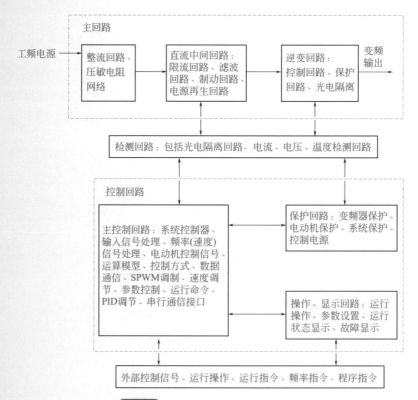

图11-1 通用变频器的基本结构原理

大量的运算，其运算电路中往往还有一个以数字信号处理器 DSP 为主的转矩计算用
CPU 及相应的磁通检测和调节电路。应注意，不要通过低压断路器来控制变频器的
运行和停止，而应采用控制面板上的控制键进行操作。符号 U、V、W 是通用变频器
的输出端子，连接至电动机电源输入端，应根据电动机的转向要求连接，若转向不对
可调换 U、V、W 中任意两相的接线。输出端不应接电容器和浪涌吸收器，变频器与
电动机之间的连线要符合产品说明书的要求。符号 RO、TO 是控制电源辅助输入端
子。PI 和 P（+）是连接改善功率因数的直流电抗器的连接端子（出厂时这两点连接
有短路片，连接直流电抗器时应先将短路片拆除）。

　　P（+）和 DB 是外部制动电阻连接端。P（+）和 N（−）是外接功率晶体管控制
的制动单元。其他为控制信号输入端。虽然变频器的种类很多，其结构各有所长，但
是大多数通用变频器都具有图 11-1 和图 11-2 所给出的基本结构及回路原理，它们的
主要区别是控制软件、控制回路和检测回路实现的方法及控制算法等的不同。

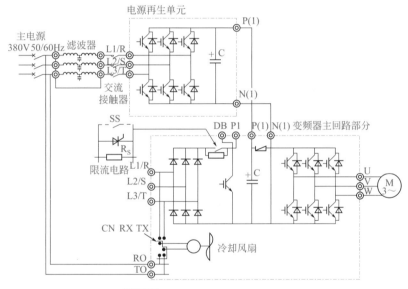

图11-2 通用变频器的主回路原理

2.通用变频器的控制原理及类型

（1）通用变频器的基本控制原理

　　众所周知，异步电动机定子磁场的旋转速度被称为异步电动机的同步转速。这是
因为当转子转速达到异步电动机的同步转速时，转子绕组将不再切割定子旋转磁场，
因此转子绕组中不再产生感应电流，也不再产生转矩，所以异步电动机的转速总是小
于其同步转速，而异步电动机也正是因此而得名。

　　电压型变频器的特点是将直流电压源转换为交流电压源。在电压型变频器中，整
流电路产生逆变器所需的直流电压，并通过直流中间回路的电容器进行滤波后输
出。整流电路和直流中间回路起直流电压源的作用，而电压源输出的直流电压在逆变

器中被转换为具有所需频率的交流电压。在电压型变频器中，由于能量回馈通路是直流中间回路的电容器，并使直流电压上升，因此需要设置专用直流单元控制电路，以利于能量回馈并防止换流元器件因电压过高而被破坏。有时还需要在电源侧设置交流电抗器抑制输入谐波电流的影响。从通用变频器主回路基本结构来看，大多数采用图11-3（a）所示的结构，即由二极管整流器、直流中间电路与 PWM 逆变器三部分组成。

采用图11-3（a）所示电路的通用变频器的成本较低，易于普及应用，但存在再生能量回馈和输入电源产生谐波电流的问题。如果需要将制动时的再生能量回馈给电源，并降低输入谐波电流，则采用图11-3（b）所示的带 PWM 变换器的主回路。由于用 IGBT 代替二极管整流器组成三相桥式电路，因此可让输入电流变成正弦波，同时功率因数也可以保持为 1。

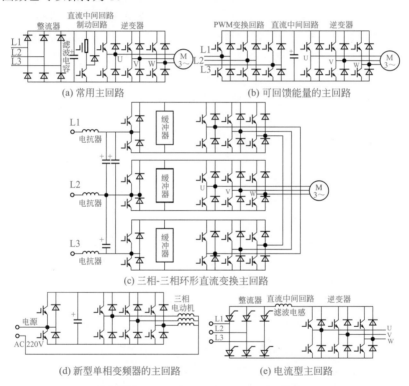

图11-3 通用变频器主回路的基本结构形式

这种 PWM 变换控制变频器不仅可降低谐波电流，而且可将再生能量高效率地回馈给电源。富士公司采用的最新技术称为三相 - 三相环形直流变换主回路，如图 11-3（c）所示。三相 - 三相环形直流变换主回电路采用了直流缓冲器（RCD）和 C 缓冲器，使输入电流与输出电压可分开控制，不仅可以解决再生能量回馈和输入电源产生谐波电流的问题，还可以提高输入电源的功率因数和减少直流部分的元件，实现轻量化。这种电路是以直流钳位式双向开关回路为基础的，因此可直接控制输入电源的电压、电流，并可对输出电压进行控制。

另外，新型单相变频器的主回路如图 11-3（d）所示。该主回路与全控桥式 PWM

逆变器的功能相同，电源电流呈现正弦波，并可以进行电源再生回馈，具有高功率因数变换的优点。该电路将单相电源的一端接在变换器上下电桥的中点上，另一端接在被变频器驱动的三相异步电动机定子绕组的中点上，因此将单相电源电流当作三相异步电动机的零线电流提供给直流回路。该电路的特点是可利用三相异步电动机上的漏抗代替开关用的电抗器，使电路实现低成本与小型化，这种电路被广泛应用于家用电器的变频电路。

电流型变频器［图11-3（e）］的特点是将直流电流源转换为交流电流源。其中整流电路给出直流电流，并通过直流中间回路的电抗器进行电流滤波后输出，整流电路和直流中间回路起电流源的作用，而电流源输出的直流电流在逆变器中被转换为具有所需频率的交流电流，并被分配给各输出相，然后提供给异步电动机。在电流型变频器中，异步电动机定子电压的控制是通过检测电压后对电流进行控制的方式实现的。对于电流型变频器来说，在异步电动机进行制动的过程中，可以通过将直流中间回路的电压反向的方式使整流电路变为逆变电路，并将负载的能量回馈给电源。由于在采用电流控制方式时可以将能量直接回馈给电源，而且在出现负载短路等情况时也容易处理，因此电流型控制方式多用于大容量变频器。

（2）变频器的类型

变频器根据性能、控制方式和用途的不同，可分为通用型、矢量型、多功能高性能型和专用型等。通用型是变频器的基本类型，具有变频器的基本特征，可用于各种场合；专用型又分为风机、水泵、空调专用变频器（HVAC），注逆机专用型，纺织机械专用机型等。随着通用变频器技术的发展，除专用型以外，其他类型间的差距会越来越小，专用型变频器会有较大发展。

① 风机、水泵、空调专用变频器。风机、水泵、空调专用变频器是以节能为主要目的变频器，多采用 U/f 控制方式，与其他类型的变频器相比，主要在转矩控制性能方面是按降转矩负载特性设计的，零速时的启动转矩相比其他控制方式要小一些。几乎所有变频器生产厂商均生产这种机型。新型风机、水泵、空调专用变频器除具备通常的功能外，不同品牌、不同机型中还增加了一些新功能，如内置 PID 调节器功能、多台电动机循环启停功能、节能自寻优功能、防水锤效应功能、管路泄漏检测功能、管路阻塞检测功能、压力给定与反馈功能、惯量反馈功能、低频预警功能及节电模式选择功能等（应用时可根据实际需要选择具有不同功能的品牌、机型）。在变频器中，这类变频器价格最低。

特别需要说明的是，一些品牌的新型风机、水泵、空调专用变频器（如台湾普传 P168F 系列风机、水泵、空调专用变频器）中采用了新的节能控制策略，使新型节电模式节电效率大幅度提高。以 380V/37kW 风机为例，30Hz 时的新变频器运行电流只有 8.5A，而使用一般的变频器运行电流为 25A，可见采用新型节电模式使电流降低了不少，因而节电效率大幅度提高。

② 高性能矢量控制型变频器。高性能矢量控制型变频器采用矢量控制方式或直接转矩控制方式，并充分考虑了变频器应用过程中可能出现的各种需要，特殊功能还可以以选件的形式提供选择，以满足应用需要。在系统软件和硬件方面都做了相应的功能设置，其中一个重要的功能特性是零速时的启动转矩和过载能力，通常启动转矩

在 150%～200% 范围内，甚至更高，过载能力可达 150% 以上，一般持续时间为 60s。这类变频器的特征是具有较硬的力学特性和动态性能，即通常说的"挖土机"性能。在使用通用变频器时，可以根据负载特性选择需要的功能，并对通用变频器的参数进行设定。有的品牌的新机型根据实际需要，将不同应用场合所需要的常用功能组合起来，以应用宏编码形式提供，用户不必对参数逐项设定，应用十分方便。如 ABB 系列变频器的应用宏、VACONCX 系列变频器的"五合一"应用等就充分体现了这一优点。也可以根据系统的需要选择一些选件以满足系统的特殊需要。高性能矢量控制型变频器广泛应用于各类机械装置（如机床、塑料机械、生产线、传送带、升降机械以及电动车辆等）对调速系统和功能有较高要求的场合，性价比较高，市场价格略高于风机、水泵、空调专用变频器。

③ 单相变频器。单相变频器主要用于输入为单相交流电源的三相交流异步电动机的场合。所谓的单相变频器，是单相进、三相出（是单相交流 220V 输入，三相交流 220～230V 输出），与三相通用变频器的工作原理相同，但电路结构不同，即单相交流电源→整流滤波转换成直流电源→经逆变器再转换为三相交流调压调频电源→驱动三相交流异步电动机。目前单相变频器大多采用智能功率模块（IPM）结构，将整流电路、逆变电路、逻辑控制电路、驱动电路和保护电路或电源电路等集成在一个模块内，使整机的元器件数量和体积大幅度缩减，使整机的智能化水平和可靠性进一步提高。

二　标准变频器典型外部配电电路与控制面板

1. 典型外围设备

典型外围设备和任意选件连接图如图 11-4 所示。

以下为电路中各外围设备的功能说明。

（1）无熔丝断路器（MCCB）

用于快速切断变频器的故障电流，并防止变频器及其线路故障导致电源故障。

（2）电磁交流接触器（MC）

在变频器故障时切断主电源并防止掉电及故障后再启动。

（3）交流电抗器（ACL）

用于改善输入功率因数，降低高次谐波及抑制电源的浪涌电压。

（4）无线电噪声滤波器（NF）

用于减少变频器产生的无线电干扰（电动机变频器间配线距离少于 20m 时，建议连接在

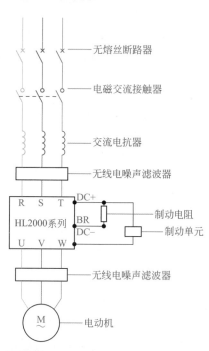

图11-4 典型外围设备和任意选件连接图

电源侧，配线距离大于 20m 时，连接在输出侧）。

（5）制动单元（UB）

制动力矩不能满足要求时选用，适用于大惯量负载及频繁制动或快速停车的场合。

注：ACL、NF、UB 为任选件。

常用规格的交流电压配备电感与变频器回生制动电阻选配见表 11-1、表 11-2。

表 11-1　交流电压配备电感选配

电压 /V	功率 /kW	电流 /A	电感 /mH	电压 /V	功率 /kW	电流 /A	电感 /mH
380	1.5	4	4.8	380	22	46	0.4
	2.2	5.8	3.2		30	60	0.32
	3.7	9	2.0		37	75	0.26
	5.5	13	1.5		45	90	0.21
	7.5	18	1.2		55	128	0.18
	11	24	0.8		75	165	0.13
	15	30	0.6		90	195	0.11
	18.5	40	0.5		110	220	0.09

表 11-2　变频器回生制动电阻选配

电压 /V	电动机功率 /kW	电阻阻值 /Ω	电阻功效 /mH	电压 /V	电动机功率 /kW	电阻阻值 /Ω	电阻功效 /mH
380	1.5	400	0.25	380	22	30	4
	2.2	250	0.25		30	20	6
	3.7	150	0.4		37	16	9
	5.5	100	0.5		45	13.6	9
	7.5	75	0.8		55	10	12
	11	50	1		75	13.6/2	18
	15	40	1.5		90	20/3	18
	18.5	30	4		110	20/3	18

（6）漏电保护器

由于变频器内部、电动机内部及输入 / 输出引线均存在对地静电容，又因 HL2000 系列变频器为低噪型，所用的载波较高，因此变频器的对地漏电流较大，大容量机种更为明显，有时甚至会导致保护电路误动作。遇到上述问题时，除适当降低载波频率、缩短引线外，还应安装漏电保护器。安装漏电保护器应注意以下几点：漏电保护器应设于变频器的输入侧，置于 MCCB 之后较为合适；漏电保护器的动作电流应大于该线路在工作电流下不使用变频器时（漏电流线路、无线电噪声滤波器、电动机等漏电流的总和）的 10 倍（注意：不同变频器的辅助功能、设置方式及更多接线方式需要查看使用说明书）。

2.控制面板

控制面板上包括显示和控制按键及
调整旋钮等部件，不同品牌的变频器其
面板按键布局不尽相同，但功能大同小
异。控制面板如图 11-5 所示。

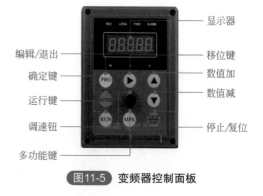

图11-5 变频器控制面板

三 单相220V进三相220V输出变频器用于380V电动机启动运行控制电路

单相 220V 进三相 220V 输出变频器用于 380V 电动机启动运行控制电路原理图如
图 11-6 所示（注意：不同变频器的辅助功能、设置方式及更多接线方式需要查看使
用说明书）。

220V 进三相 220V 输出的变频器，接三相电动机的接线电路，所有的端子是根据
需要来配定的，220V 电动机上一般标有丫-△接，使用的是 380V 和 220V 的标识。当

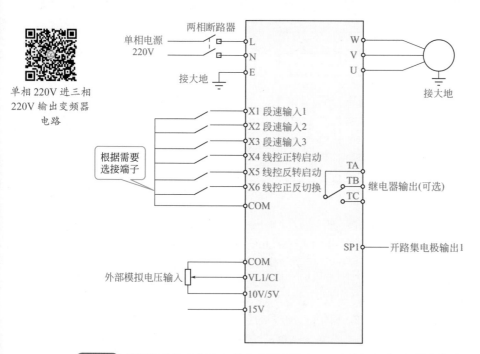

图11-6 单相220V进三相220V输出变频器用于380V电动机启动运行控制电路原理

使用 220V 进三相 220V 输出的时候，需要将电动机接成 220V 的接法，丫-△。一般情况下，小功率三相电动机使用星形接法就为 380V，三角形接法为 220V。当 U1、V1、W1 相接输入，W2、U2、V2 相接在一起形成中心点的时候，为星形接法。输入电压应该是两个绕组的电压之和，为 380V。如果要接入 220V 变频器，应该变成三角形接法，U1 接 W2、V1 接 U2、W1 接 V2，内部组成三角形，此时输入是一个绕组承受一相电压，这样承受的电压是 220V。

四 · 三相380V进380V输出变频器电动机启动控制电路

三相 380V 进 380V 输出变频器电动机启动控制电路原理图如图 11-7 所示。注意：不同变频器的辅助功能、设置方式及更多接线方式需要查看使用说明书。电路实物接线可参考第 14 章图 14-18。

三相变频器电动机
控制电路

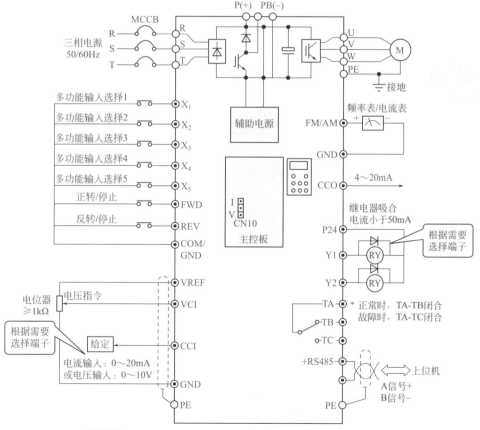

图11-7 三相380V进380V输出变频器电动机启动控制电路原理

这是一套 380V 输入和 380V 输出的变频器电路，相对应的端子选择是根据所需要外加的开关完成的，如果电动机只需要正转启停，只需要一个开关就可以了，如果需要正、反转启停，需要接两个端子、两个开关。需要远程调速时，要外接电位器，如果在面板上可以实现调速，就不需要接外接电位器。外配电路是根据功能接入的，一般使用情况下，这些元器件可以不接，只要把电动机正确接入 U、V、W 就可以了。

主电路输入端子 R、S、T 接三相电源的输入，U、V、W 三相电源的输出接电动机。一般在设备中接制动电阻，需要制动电阻卸放掉电能使电动机停转。

五　用继电器控制的变频器电动机正转控制电路

继电器控制的变频器电动机正转控制电路如图 11-8 所示。

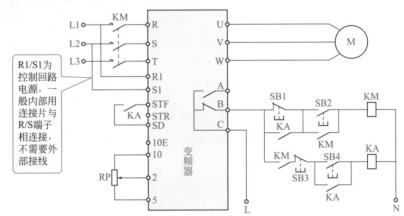

R1/S1 为控制回路电源，一般内部用连接片与 R/S 端子相连接，不需要外部接线

继电器控制的启动电路

图11-8　继电器控制的变频器电动机正转控制电路

电路工作原理说明如下。

① 启动准备。按动按钮开关 SB2 →交流接触器 KM 线圈得电→ KM 主触点和两个常开辅助触点均闭合→ KM 主触点闭合为变频器接主电源，一个 KM 常开辅助触点闭合锁定 KM 线圈得电，另一个 KM 常开辅助触点闭合为中间继电器 KA 线圈得电做准备。

② 正转控制。按动按钮开关 SB4 →继电器 KA 线圈得电→ 3 个 KA 常开触点均闭合，一个常开触点闭合锁定 KA 线圈得电，一个常开触点闭合将按钮开关 SB1 短接，还有一个常开触点闭合将 STF、SD 端子接通，相当于 STF 端子输入正转控制信号，变频器 U、V、W 端子输出正转电源电压，驱动电动机正向运转。调节端子 10、2、5 外接电位器 RP，变频器输出电源频率会发生改变，电动机转速也随之变化。

③ 变频器异常保护。若变频器运行期间出现异常或故障，变频器 B、C 端子间内部等效的常闭开关断开，交流接触器 KM 线圈失电，KM 主触点断开，切断变频器输入电源，对变频器进行保护，同时继电器 KA 线圈失电，3 个 KA 常开触点均断开。

④ 停转控制。在变频器正常工作时，按动按钮开关 SB3，KA 线圈失电，KA 的

3 个常开触点均断开，其中一个 KA 常开触点断开使 STF、SD 端子连接切断，变频器停止输出电源电压，电动机停转。

在变频器运行时，若要切断变频器输入主电源，需先对变频器进行停转控制，再按动按钮开关 SB1，交流接触器 KM 线圈失电，KM 主触点断开，变频器输入电源被切断。如果没有对变频器进行停转控制，而直接去按 SB1，是无法切断变频器输入主电源的，这是因为变频器正常工作时 KA 常开触点已将 SB1 短接，断开 SB1 无效，这样做可以防止在变频器工作时误操作 SB1 切断主电源。

六　通用变频器的维护保养

通用变频器长期运行中，由于使用环境的影响，内部零部件会发生变化或老化。为了确保通用变频器的正常运行，必须进行维护保养。维护保养可分为日常维护和定期维护，定期维护检查周期一般为 1 年。维护保养时对重点部位应重点检查。重点部位是主回路的滤波电容器、控制回路、电源回路、逆变器驱动及保护回路中的电解电容器、冷却风扇等。

日常检查和定期检查主要是尽早发现异常现象，清除尘埃，紧固检查，排除事故隐患等。在通用变频器运行过程中，可以从设备外部目视检查运行状况有无异常，通过键盘面板转换键查阅变频器的运行参数，如输出电压、输出电流、输出转矩、电动机转速等。掌握变频器日常运行参数值的范围，以便及时发现变频器及电动机的问题。

如何对变频器进行维修保养，以及日常检查和定期检查的具体要求可扫二维码详细学习。

变频器的维护
保养

第十二章

PLC应用技术

一 PLC控制与低压电器控制的区别

PLC 的梯形图与低压电器控制线路图基本相同，主要是 PLC 梯形图沿用了低压电器控制的电气元件符号和术语，仅个别之处有些不同。但 PLC 的控制与低压电器的控制又有本质的不同之处，主要表现在以下几个方面。

1. 控制逻辑

低压电器控制逻辑采用硬接线逻辑，利用低压电器机械触点的串联或并联，及延时继电器的滞后动作等组成控制逻辑，接线多而复杂、体积大、功耗大、故障率高、噪声大，修改或增加功能不易实现。另外，继电器触点数目有限，每个只有4～8对触点，因此灵活性和扩展性很差。而 PLC 采用存储器逻辑，控制逻辑以程序方式存储在内存中，修改、增加功能只需改变程序，称为"软接线"，故灵活性和扩展性都很好。

2. 可维护性和可靠性

低压电器控制逻辑采用大量的机械触点，连线多。触点动作时受到电弧的损伤，机械磨损严重，寿命短，故可靠性和维护性差。而 PLC 采用微电子技术，开关动作由电子电路来完成，体积小、寿命长、可靠性高。PLC 还能检查出自身的故障，并及时显示给操作人员，还可动态地监控程序的运行情况，为现场调试和维护提供了方便。

3. 工作方式

接通电源时，低压电器控制电路中各继电器都处于受控状态，属于并行工作方式。而 PLC 的控制逻辑中，各内部器件都处于周期性循环扫描过程中，属于串行工作方式。

4. 定时控制

低压电器控制调整时间由时间继电器完成。一般来说，时间继电器定时精度差，可调时间短，范围窄，易受环境影响，调整时间困难。PLC 使用半导体集成电路作定时器，时基脉冲由晶体振荡器产生，精度高，可调范围一般从 0.001s 到若干天不等，时间长短由软件来控制。

5.控制速度

低压电器控制是靠触点的机械动作来实现，频率低，触点动作时长，一般在几十毫秒数量级，并存在机械触点抖动。而 PLC 是由指令控制电子电路实现控制，属于无触点控制，速度快，一条指令的执行时间在微秒数量级，且不会出现抖动。

6.设计和施工

使用低压电器完成一项工程，设计、施工、调试必须依次进行，周期长，且调试和修改困难，不易实现大工程。PLC 完成一项工程，设计、施工、调试可同时进行，周期短，且调试和修改都很方便。

综上所述，PLC 控制在性能上比低压电器控制可靠性高、通用性强、设计施工周期短、调试和修改方便，而且体积小、功耗低、使用维护方便。由于 PLC 众多的优点是传统的低压电器所不具备的，所以 PLC 取代低压电器电路已成为一种必然的趋势。但在很小的系统中使用时，其价格要高于低压电器系统。

二 PLC的基本组成

可编程控制器（PLC）的结构多种多样，但其组成的一般原理基本相同，都是以微处理器为核心的结构，其功能的实现不仅基于硬件的作用，更要靠软件的支持，实际上可编程控制器就是一种新型的工业控制计算机。

PLC 系统通常由基本单元、扩展单元、扩展模块及特殊功能模块组成。

① 基本单元包括 CPU、存储器、I/O 和电源等，是 PLC 的主要部分，可独立工作。

② 扩展单元内设电源，用于扩展 I/O 点数。

③ 扩展模块用于增加 I/O 点数和 I/O 点数比例，内无电源，由基本单元和扩展单元供电。扩展单元、扩展模块内无 CPU，需要和基本单元一起才能工作。

④ 特殊功能模块是一些特殊用途的装置。

三 PLC的主机面板

三菱公司的 FX 系列 PLC 是比较具有代表性的微型 PLC，除具有基本的指令表编程以外，还可以采用梯形图编程及对应机械动作流程进行顺序设计的 SFC（Sequential Function Chart）顺序功能图编程，而且这些程序可以相互转换。在 FX 系列 PLC 中设置了高速计数器扩大了 PLC 的应用领域。

FX 系列 PLC 的主机面板结构如图 12-1 所示。

电源输入端子
(L、N、接地)

输入端子(X0~X7、X10~X17
X20~X27、X30~X37、COM)

输入LED指示灯

PLC状态指示灯

输出LED指示灯

存储器

串行通信口

输出端子(Y0~Y7、Y10~Y17
Y20~Y27、Y30~Y37、COM)

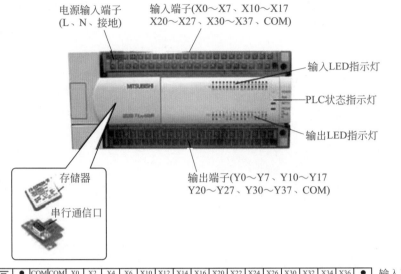

⏚	●	COM	COM	X0	X2	X4	X6	X10	X12	X14	X16	X20	X22	X24	X26	X30	X32	X34	X36	
L	N	●	24+	24+	X1	X3	X5	X7	X11	X13	X15	X17	X21	X23	X25	X27	X31	X33	X35	X37

输入及电
源端子

Y0	Y2	●	Y4	Y6	●	Y10	Y12	●	Y14	Y16	●	Y20	Y22	Y24	Y26	Y30	Y32	Y34	Y36	COM
COM	Y1	Y3	COM	Y5	Y7	COM	Y11	Y13	COM	Y15	Y17	COM	Y21	Y23	Y25	Y27	Y31	Y33	Y35	Y37

输出端子

图12-1　FX系列PLC主机面板结构说明

四　PLC的工作原理

　　PLC 运行程序的方式与微型计算机相比有较大不同，微型计算机运行程序时，一旦执行到 END 指令程序将结束。而 PLC 从 0000 号存储地址所存放的第一条用户程序开始，在无中断或跳转的情况下，按存储地址号递增的方向顺序逐条执行用户程序，直到 END 指令结束；然后再从头开始执行，并周而复始地重复，直到停机或从运行（RUN）切换到停止（STOP）工作状态。我们把 PLC 这种执行程序的方式称为扫描工作方式。每扫描完一次程序就构成一个扫描周期。另外，PLC 对输入、输出信号的处理与微型计算机不同。微型计算机对输入、输出信号进行实时处理，而 PLC 对输入、输出信号是集中批处理。

　　PLC 程序执行工作原理如图 12-2 所示。PLC 通过循环扫描输入端口的状态执行用户程序，实现控制任务。CPU 在每个扫描周期的开始扫描输入模块的信号状态，并将其状态送入输入映像寄存器区域，在每个扫描周期结束时，送入输出模块。

　　图 12-3 所示为循环扫描的工作过程。每一次扫描所用的时间称为一个扫描周期。在一个扫描周期内，可编程控制器的工作过程分为三个阶段。

▪ 1.输入采样阶段

　　在输入采样阶段，PLC 以扫描方式一次读入所有输入状态和数据，并将它们存入

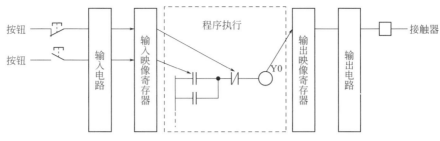

图12-2　PLC程序执行工作原理

I/O 映像区的相应单元内。输入采样结束后，转入用户程序执行和输出刷新阶段。在这两个阶段中，即使输入状态和数据发生变化，I/O 映像区中相应单元的状态和数据也不会改变。因此，如果输入的是脉冲信号，则该脉冲信号的宽度必须大于一个扫描周期，才能保证任何情况下该输入均能被读入。

2.用户程序执行阶段

在用户程序执行阶段，PLC 总是按由上而下的顺序依次扫描用户程序（梯形图）。在扫描每一条梯形图时，又总是先扫描梯形图左边由各触点构成的控制线

图12-3　循环扫描的工作过程

路，并按先左后右、先上后下的顺序对由触点构成的控制线路进行逻辑运算。然后，根据逻辑运算的结果，刷新该逻辑线圈在系统 RAM 存储区中对应的状态，或刷新该输出线圈在 I/O 映像区中对应位的状态，或者确定是否要执行该梯形图所规定的特殊功能指令。在用户程序执行过程中，只有输入点在 I/O 映像区内的状态和数据不会发生变化，而其他输出点和软设备在 I/O 映像区或 RAM 存储区内的状态和数据都有可能发生变化。排在上面的梯形图，其程序执行结果会对排在下面的凡是用到这些线圈或数据的梯形图起作用；相反，排在下面的梯形图，其被刷新的逻辑线圈的状态或数据只能到下一个扫描周期才能对排在其上面的梯形图起作用。

3.输出刷新阶段

当用户程序扫描结束后，PLC 就进入输出刷新阶段。在此期间，CPU 按照 I/O 映像区内对应的状态和数据刷新所有的输出锁存器，再经输出电路驱动相应的外设。这时，才是 PLC 的真正输出。

五　PLC的编程语言

1.梯形图

梯形图延续了继电器控制电路的形式，它是在电路控制系统中常用的继电器、接

触器逻辑控制基础上简化了符号演变来的，形象、直观、实用。

梯形图的设计应注意以下几点：

① 梯形图中每个梯级流过的不是物理电流，而是"概念电流"，从左流向右，其两端没有电源。这个"概念电流"只是形象地描述用户程序执行中应满足线圈接通的条件。

② 梯形图中只有常开和常闭触点，通常是 PLC 内部继电器触点或内部寄存器、计数器等的状态。不同 PLC 内每种触点有自己特定的号码标记，以示区别。

③ 梯形图按从左到右、从上到下的顺序排列。每一逻辑行起始于左母线，然后是触点的串、并联，最后是线圈与右母线相连。最左边的竖线称为起始母线也叫左母线，最后以继电器线圈结束。

④ 输入继电器用于接收外部的输入信号，而不能由 PLC 内部其他继电器的触点来驱动。因此，梯形图中只出现输入继电器的触点，而不出现其线圈。输出继电器输出程序执行结果给外部输出设备。

⑤ 梯形图中的继电器线圈如输出继电器线圈、辅助继电器线圈等，其逻辑动作只有线圈接通以后才能使对应的常开或常闭触点动作。

⑥ 梯形图中的触点可以任意串联或并联，但继电器线圈只允许并联而不能串联。

⑦ 当梯形图中的输出继电器线圈得电时，就有信号输出，但不是直接驱动输出设备，而要通过输出接口的继电器由晶体管或晶闸管实现。

⑧ PLC 是按循环扫描方式沿梯形图的先后顺序执行程序的。同一扫描周期中的结果，保留在输出状态暂存器中，所以输出点的值在用户程序中可当作条件使用。

⑨ 程序结束时，一般要有结束标志 END。

■ 2.助记符语言

助记符语言表示一种与计算机汇编语言相类似的助记符编程方式，但比汇编语言直观，编程简单，比汇编语言易懂易学。要将梯形图语言转换成助记符语言，必须先弄清楚所用 PLC 的型号及内部各种器件的标号、使用范围及每条助记符的使用方法。一条指令语句由步序、指令语和作用器件编号三部分组成。

■ 3.逻辑功能图

逻辑功能图也是 PLC 的一种编程语言。可以通过逻辑功能图来编写 PLC 程序，这种编程方式采用的是半导体逻辑电路的逻辑框图来表达。框图的左边画输入，右边画输出。控制逻辑常用"与""或""非"三种逻辑功能来表达。

■ 4.高级语言

对大型 PLC 设备，为了完成比较复杂的控制，有时采用 BASIC 等计算机高级语言编程，使 PLC 的功能更强大。

六 PLC基本梯形图编写

1.点动电路及PLC梯形图编写

（1）功能介绍

顾名思义：点则动，松则不动，即按下按钮开，松开按钮停。图12-4给出了三种形式的点动。

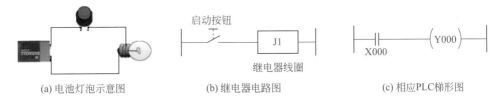

(a) 电池灯泡示意图　　　　　(b) 继电器电路图　　　　　(c) 相应PLC梯形图

图12-4 点动电路示意

（2）工作原理

工作原理如图12-5～图12-7所示。

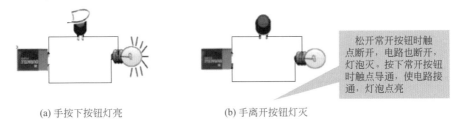

(a) 手按下按钮灯亮　　　　　(b) 手离开按钮灯灭

松开常开按钮时触点断开，电路也断开，灯泡灭。按下常开按钮时触点导通，使电路接通，灯泡点亮。

图12-5 灯泡点动工作原理示意

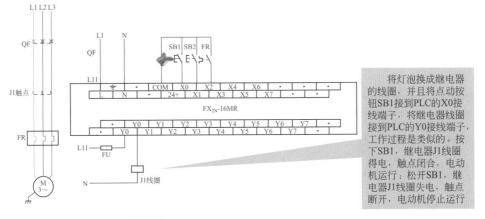

将灯泡换成继电器的线圈，并且将点动按钮SB1接到PLC的X0接线端子，将继电器线圈接到PLC的Y0接线端子，工作过程是类似的。按下SB1，继电器J1线圈得电，触点闭合，电动机运行；松开SB1，继电器J1线圈失电，触点断开，电动机停止运行

图12-6 继电器点动工作，SB1按下电动机运行

图12-7 点动时序

（3）程序编写

在编程界面里输入程序。

① 进入编程界面后用鼠标左键单击 按钮，在弹出的对话框中输入"X000"（0是阿拉伯数字），如图 12-8 所示。单击"确定"后图 12-9 所示，即输入了第一行梯形图程序的第一个软元件"X000"。

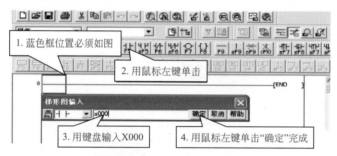

图12-8 点动电路编写（一）

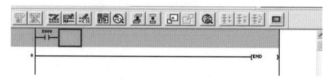

图12-9 点动电路编写（二）

② 点击 按钮，在弹出的对话框中输入"Y000"，单击"确定"后如图 12-10 所示，即输入了第一行最后一个软元件"Y000"。

图12-10 点动电路编写（三）

③ 输入完编写的程序后进行"变换 / 编译"，如图 12-11、图 12-12 所示。

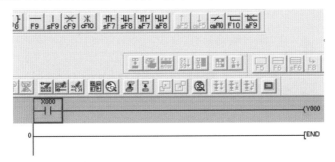

图12-11 用鼠标左键单击"变换/编译"（单击前）

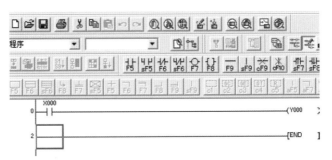

PLC 编程软件及
使用

图12-12 用鼠标左键单击"变换/编译"（单击后）

　　用三菱 PLC 中文版编程软件 Gx-Developer 编写梯形图。将 PLC 与计算机连接，将已编译好的工程文件写入 PLC。

2.带停止的自保持电路及PLC梯形图编写

（1）功能介绍

　　此功能为保持电路状态的一种基本形式，主要用于保持外部信号状态，如图 12-13、图 12-14 所示。

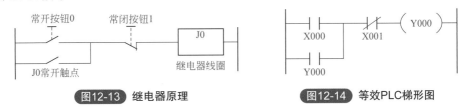

图12-13 继电器原理　　　　　　　　　　**图12-14** 等效PLC梯形图

（2）工作原理

　　开机 = 按下常开按钮 0 →继电器线圈 J0 得电→ J0 常开触点闭合→电动机得电开机，同时 J0 常开主触点自锁→电动机继续运行。如图 12-15 所示。

　　停机 = 按下常闭按钮 1 →继电器线圈 J0 失电，同时 J0 常开触点断开→电动机失电停机。如图 12-16 所示。

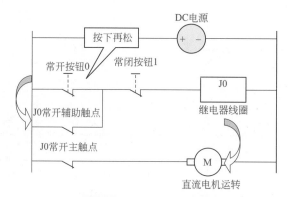

图12-15 继电器线圈J0通电

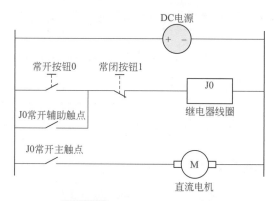

图12-16 继电器线圈J0未通电

从图中可以看出，自保持电路可用于长动控制，典型的如电动机的控制，其他需要按下按钮后就一直运行的控制对象也可以用此电路进行控制。

（3）程序编写

在编程界面里输入程序。

① 用鼠标左键单击 ╬ 按钮，在弹出的对话框中输入"X000"（0 是阿拉伯数字），单击"确定"后如图 12-17 所示。

② 用鼠标左键单击 ╬ 按钮，在弹出的对话框中输入"X001"，单击"确定"后

图12-17 自保持电路编写（一）

如图 12-18、图 12-19 所示。

图12-18　自保持电路编写（二）

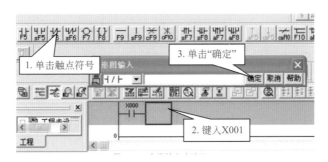

图12-19　自保持电路编写（三）

③ 用鼠标左键单击 按钮，在弹出的对话框中输入"Y001"，单击"确定"后如图 12-20 所示。

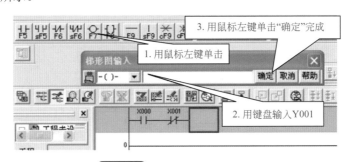

图12-20　自保持电路编写（四）

④ 用鼠标左键单击 按钮，在弹出的对话框中输入"Y000"单击"确定"后如图 12-21 所示。

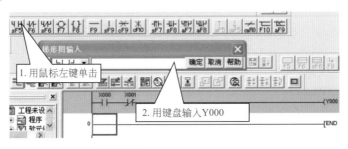

图12-21　自保持电路编写（五）

⑤ 输入完编写的程序后进行"变化/编译",如图 12-22 所示。

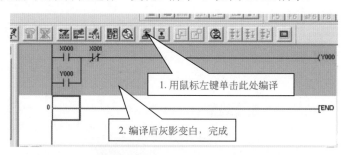

1.用鼠标左键单击此处编译

2.编译后灰影变白,完成

图12-22 自保持电路编写（六）

用三菱 PLC 中文版编程软件 Gx-Developer 编写梯形图。将 PLC 与计算机连接，将已编译好的工程文件写入 PLC。

七 PLC 编程指令

三菱 FX 系列 PLC 编程指令功能可扫二维码详细学习。

PLC 编程指令功能

八 电气控制中的 PLC 编程实例

1.电动机正、反转的控制

① 电动机正、反转的电气控制线路如图 12-23 所示。利用 PLC 实现电动机正、反转控制，要求完成 PLC 的硬件和软件设计：按下正转按钮 SB2，KM1 线圈得电，

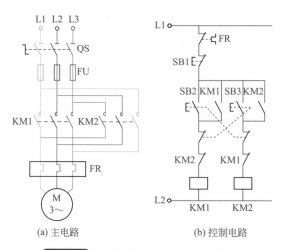

(a) 主电路   (b) 控制电路

图12-23 电动机正、反转电气控制线路

KM1 主触点闭合，电动机 M 正转启动，按下停车按钮 SB1，KM1 线圈失电，电动机 M 停车；按下反转按钮 SB2，KM2 线圈得电，KM2 主触点闭合，电动机 M 反转启动，按下停车按钮 SB1，KM2 线圈失电，电动机 M 停车。

②异步电动机正、反转控制 PLC 接线，如图 12-24 所示。

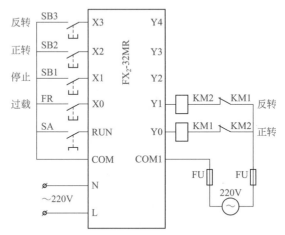

图12-24　异步电动机正、反转控制PLC接线

③ PLC 软件设计。要设计梯形图和指令表，梯形图和指令表如图 12-25 所示。

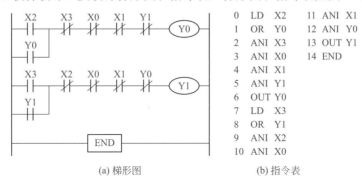

(a) 梯形图　　　　　(b) 指令表

图12-25　梯形图和指令表

在梯形图中，正、反转控制线路一定要有联锁，否则按下按钮 SB2、SB3，KM1、KM2 会同时输出，引起电源短路。

2.电动机Y-△启动控制编程

机床电动机的Y-△启动控制电路一般是控制三相异步电动机的Y启动、△运行来实现。图 12-26（a）所示是三相异步电动机的Y-△启动控制的主电路，将图 12-26 所示Y-△启动的继电器控制电路改造为功能相同的 PLC 控制系统，具体步骤如下。

①确定 I/O 信号数量，选择合适的输入 / 输出模块，并设计出 PLC 的 I/O 外部接线图。从图 12-26 和 PLC 的有关知识可知，PLC 的输入信号是 SB2（启动按钮）和 SB1（停止按钮）；输出信号是 KM1 线圈（共用）、KM3 线圈（星形接法）和 KM2

线圈（三角形接法），总共有 2 点输入、3 点输出，所以选择 FX 系列 PLC 的基本单元完全满足要求，其 PLC 的 I/O 外部接线如图 12-26（b）所示。

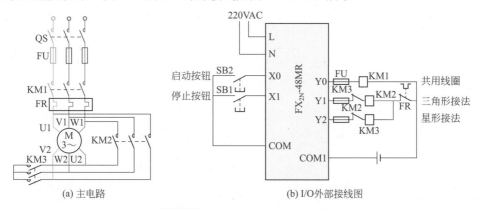

(a) 主电路　　　　　　　　　(b) I/O 外部接线图

图12-26　电动机丫-△启动接线图

② 梯形图的设计。根据三相异步电动机的丫-△降压启动工作原理，可以设计出对应的梯形图，如图 12-27 所示。为了防止电动机由丫形接法转换为△形接法时发生相间短路，输出继电器 Y2（丫形接法）和输出继电器 Y1（△形接法）的动断触点实现软件互锁，而且还在 PLC 输出电路使用接触器 KM2、KM3 的动断触点进行硬件互锁。

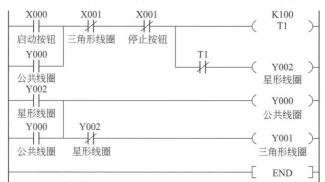

图12-27　电动机的丫-△降压启动控制的梯形图

当按下启动按钮 SB2 时，输入继电器 X0 接通，X0 的动合触点闭合，输出继电器 Y2 接通，使接触器 KM2（丫形连接接触器）得电，接着 Y2 的动合触点闭合，使接触器 Y0 接通并自锁，接触器 KM1（共用线圈）得电，电动机接成 Y 形降压启动，同时定时器 T1 开始计时，10s 后 T1 的动断触点断开使 Y2 失电，故接触器 KM3（丫形连接接触器）也失电复位，Y2 的动断触点（互锁）恢复闭合解除互锁使 Y1 接通，接触器 KM2（△形连接接触器）得电，电动机接成△形全压运行。

第十三章 电气安全、防火、防爆及触电急救

一、电气安全的重要性、电工人员安全职责、法律法规与安全管理措施

1.电气安全的重要性

　　电力安全生产的重要性是由电力生产、建设的客观规律和生产特性及社会作用决定的。电力安全生产不仅关系到电力系统自身的稳定、效益和发展，而且直接影响广大电力用户的利益和安全，影响国民经济的健康发展、社会秩序的稳定和人民日常的生产生活。电力行业必须坚持"安全第一、预防为主"的基本方针。

　　安全生产在电力行业中的地位显而易见，因此安全工作是一项持之以恒、与时俱进的工作，必须把其作为一项经常化、日常化的基础工作来抓，最终实现安全生产的制度化、标准化、规范化。电力生产事故大多是能够预防的，只有不断加大安全监督管理力度，严格执行安全生产奖惩规定，严格执行重大事故责任追究制度，努力提高电力生产的科学管理水平，才能将安全生产的各项要求落到实处。

2.电工安全职责

　　① 拒绝违章作业的指令，对他人违章作业加以劝阻和制止。电工必须经过专业培训，应熟悉电气安全知识和触电急救方法，持证上岗。

　　② 一旦发生事故，立即采取安全及急救措施，防止事态扩大，保护好现场，同时立即向上级汇报。

　　③ 严格执行各项规章制度和安全技术操作规程，遵守劳动、操作、工艺、施工纪律，不违章作业。对本岗位的安全生产负直接责任。

　　④ 正确穿戴绝缘鞋、绝缘手套等劳动保护用品。高处作业应系安全带。负责本岗位工具的使用和保管，定期维护和保养，确保使用时安全可靠。

　　⑤ 作业时应将施工线路电源切断，并悬挂断电施工标示牌，安排专人监护，监护人不得随意离岗。

　　⑥ 熟练掌握岗位操作技能和故障排除方法，做好巡回检查和交接班检查，及时发现和消除事故隐患，自己不能解决的应立即报告。

　　⑦ 积极参加各种安全活动、岗位练兵，提高安全意识和技能。

　　⑧ 认真做好用电、维修记录，对容易导致事故发生的重点部位进行经常性监督、检查。

3.相关法律法规的规定

根据《中华人民共和国安全生产法》的规定，特种作业人员必须按照国家有关规定经专门的安全作业培训，取得相应资格，方可上岗作业。特种作业人员的范围由国务院安全生产监督管理部门会同国务院有关部门确定。

特种作业人员安全技术培训考核管理规定电工作业、低压电工作业、防爆电气作业等均为特种行业，均需考取特种行业作业许可证才能上岗工作。

低压电工作业人员的安全技术培训及考核要求如下。

特种作业人员应当符合下列条件：年满 18 周岁，且不超过国家法定退休年龄；经社区或者县级以上医疗机构体检健康合格，并无妨碍从事相应特种作业的器质性心脏病、癫痫病、美尼尔氏症、眩晕症、癔症、帕金森病、精神病、痴呆症以及其他疾病和生理缺陷；具有初中及以上文化程度；具备必要的安全技术知识与技能；相应特种作业规定的其他条件。

特种作业人员的安全技术培训、考核、发证、复审工作实行统一监管、分级实施、教考分离的原则。特种作业人员应当接受与其所从事的特种作业相应的安全技术理论培训和实际操作培训。已经取得职业高中、技工学校及中专以上学历的毕业生从事与其所学专业相关的特种作业，持学历证明经考核发证机关同意，可以免予相关专业的培训。跨省、自治区、直辖市从业的特种作业人员，可以在户籍所在地或者从业所在地参加培训。

参加特种作业操作资格考试的人员，应当填写考试申请表，由申请人或者申请人的用人单位持学历证明或者培训机构出具的培训证明向申请人户籍所在地或者从业所在地的考核发证机关或其委托的单位提出申请。考核发证机关或其委托的单位收到申请后，应当在 60 日内组织考试。特种作业操作资格考试包括安全技术理论考试和实际操作考试两部分。考试不及格的，允许补考 1 次。经补考仍不及格的，重新参加相应的安全技术培训。

特种作业操作证有效期为 6 年，在全国范围内有效。特种作业操作证每 3 年复审 1 次。特种作业人员在特种作业操作证有效期内，连续从事本工种 10 年以上，严格遵守有关安全生产法律法规的，经原考核发证机关或者从业所在地考核发证机关同意，特种作业操作证的复审时间可以延长至每 6 年 1 次。特种作业操作证需要复审的，应当在期满前 60 日内，由申请人或者申请人的用人单位向原考核发证机关或者从业所在地考核发证机关提出申请，并提交下列材料：社区或者县级以上医疗机构出具的健康证明；从事特种作业的情况；安全培训考试合格记录。

特种作业操作证有效期届满需要延期换证的，应当按照规定申请延期复审。

特种作业操作证申请复审或者延期复审前，特种作业人员应当参加必要的安全培训并考试合格。

安全培训时间不少于 8 个学时，主要培训法律、法规、标准、事故案例和有关新工艺、新技术、新装备等知识。

离开特种作业岗位 6 个月以上的特种作业人员，应当重新进行实际操作考试，经确认合格后方可上岗作业。特种作业人员伪造、涂改特种作业操作证或者使用伪造的特种作业操作证，给予警告，并处 1000 元以上 5000 元以下的罚款。特种作业人员转借、转让、冒用特种作业操作证的，给予警告，并处 2000 元以上 10000 元以下的罚款。

二　电气安全管理的组织措施

1.工作票制度

对电气设备的工作，应填用工作票或按命令执行，其方式有下列三种。

① 填用第一种工作票。工作票格式如下。

电气第一种工作票

NO：_____ 　　　　　　　　　　　　编号：_____

1. 工作负责人（监护人）：　　　　班组_____ 附页：_____张

2. 工作班成员：

　　　　　　　　　　　　　　　　　共_____人

3. 工作地点：_____

4. 工作内容：_____

5. 计划工作时间：自　年　月　日　时　分至　年　月　日　时　分

6. 安全措施：

下列由工作票签发人（或工作负责人）填写：　　　下列由工作许可人填写：

应断开断路器和隔离开关，包括填写前已断开断路器和隔离开关（注明编号）、应取熔断器（保险）：	已断开断路器和隔离开关（注明编号）、已取熔断器（保险）：	
应装设接地线、隔板、隔罩（注明确切地点），应合上接地刀闸（注明双重名称）：	已装设接地线、隔板、隔罩（注明地线编号和地点），已合上接地刀闸（注明双重名称）：	编号
		共　　组
应设遮拦、应挂标示牌：	已设遮拦、已挂标示牌：	
	工作地点保留带电部分和补充安全措施：	
工作票签发人：　年　月　日　时　分		
点检签发人：　年　月　日　时　分		
工作票接收人：　年　月　日　时　分		
	工作许可人：　　　值班负责人：	

7. 批准工作结束时间：　年　月　日　时　分。值长（或单元长）：

8. 许可工作开始时间：　年　月　日　时　分。工作许可人：　　　工作负责人：

9. 工作负责人变更：原工作负责人离去，变更为工作负责人，变更时间　年　月　日　时　分。

工作票签发人：　　　　　工作许可人：

10. 工作票延期，有效期延长到　年　月　日　时　分。

工作负责人：　　　值长（或单元长）或值班负责人：

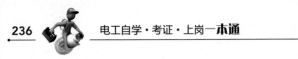

11. 检修设备需试运（工作票交回，所列安全措施拆除，可以试运）			12. 检修设备试运后，工作票所列安全措施已全部执行，可以重新工作：		
允许试运时间	工作许可人：	工作负责人：	允许恢复工作时间	工作许可人：	工作负责人：
月　日　时　分			月　日　时　分		
月　日　时　分			月　日　时　分		
月　日　时　分			月　日　时　分		

13. 工作终结：工作人员已全部撤离，现场已清理完毕。

全部工作于　　年　　月　　日　　时　　分结束。工作负责人：　　　点检验收人：　　　工作许可人：

接地线共　　组，已拆除　　组，未拆除　　组，未拆除接地线的编号_____

值班负责人：

14. 备注：_____

② 填用第二种工作票。工作票格式如下。

电气第二种工作票

NO：_____　　　　　　　　　　　　编号：_____

1. 工作负责人（监护人）：　　班组：_____　　附页：___张

2. 工作班成员：_____　　共：___人

3. 工作地点：_____

4. 工作内容：_____

5. 计划工作时间：自　年　月　日　时　分至　年　月　日　时　分

6. 工作条件（停电或不停电）：

7. 安全措施

下列由工作票签发人（或工作负责人）填写：　　　　　下列由工作许可人填写：

应做措施	已做措施

工作票签发人：　　年　　月　　日　　时　　分

点检签发人：　　年　　月　　日　　时　　分

8. 接票人签名：　　　接票时间　年　月　日　时　分

9. 许可开工时间：　年　月　日　时　分

工作许可人：　　　　　工作负责人：

10. 检修工作结束，经验收合格。同意结束此项检修工程，可以进行动态验收。

　　　年　月　日　时　分。

工作负责人：　　　　工作许可人：

11. 接地线共　　组已拆除，全部措施已恢复。　　　工作许可人：

12. 检修设备试运行	
试运行时间（工作许可人填写）	检修设备及系统试运行状况
月　日　时　分至　月　日　时　分	
月　日　时　分至　月　日　时　分	

13. 工作终结：工作人员已全部撤离，现场已清理完毕，全部工作于　　年　　月　　日　　时　　分结束。

工作负责人：　　　点检验收人：　　　工作许可人：

备注：_____

③ 口头或电话命令。

填用第一种工作票的工作为：

① 高压设备上工作需要全部停电或部分停电者。

② 高压室内的二次接线和照明等回路上的工作，需要将高压设备停电或做安全措施者。

填用第二种工作票的工作为：

① 带电作业和在带电设备外壳上的工作。

② 控制盘和低压配电盘、配电箱、电源干线上的工作。

③ 二次接线回路上的工作，无需将高压设备停电者。

④ 转动中的发电机、同步调相机的励磁回路或高压电动机转子电阻回路上的工作。

⑤ 非当值人员用绝缘棒和电压互感器定相或用钳形电流表测量高压回路的电流。

其他工作用口头或电话命令。口头或电话命令必须清楚正确，值班员应将发令人、负责人及工作任务详细记入操作记录簿中，并向发令人复诵核对一遍。

工作票填写注意事项如下：

① 工作票要用钢笔或圆珠笔填写一式两份，应正确清楚，不得任意涂改，如有个别错字漏字需要修改时，应字迹清楚。

② 两份工作票中的一份必须经常保存在工作地点，由工作负责人收执，另一份由值班员收执，按值移交。值班员应将工作票号码、工作任务、许可工作时间及完工时间记入操作记录簿中。

③ 在无人值班的设备上工作时，第二份工作票由工作许可人收执。一个工作负责人只能发给一张工作票。工作票上所列的工作地点，以一个电气连接部分为限。

④ 如施工设备属于同一电压、位于同一楼层、同时停送电，且不会触及带电导体时，允许在几个电气连接部分共用一张工作票。

⑤ 开工前，工作票内的全部安全措施应一次做完。

⑥ 若一个电气连接部分或一个配电装置全部停电，则所有不同地点的工作，可以发给一张工作票，但要详细填明主要工作内容。几个班同时进行工作时，工作票可发给一个总负责人，在工作班成员栏内只填明各班的负责人，不必填写全部工作人员名单。若至预定时间一部分工作尚未完成，仍须继续工作而不妨碍送电者，在送电前，应按照送电后设备带电情况办理新工作票，布置好安全措施后，方可继续工作。

事故抢修工作可不用工作票，但应记入操作记录簿内，在开始工作前必须做好安全措施，并应指定专人负责监护。

第一种工作票应在工作前一日交给值班员。临时工作票在工作开始以前直接交给值班员。

第二种工作票应在进行工作的当天预先交给值班员。

若变电所距离工作区较远或因故更换新工作票，不能在工作前一日将工作票送到，工作票签发人可根据自己填好的工作票用电话全文传达给变电所值班员，传达必须清楚。值班员应根据传达做好记录，并复诵核对。若电话联系有困难，也可在进行工作的当天预先将工作票交给值班员。

第一、二种工作票的有效时间，以批准的检修期为限。第一种工作票至预定时间，工作尚未完成，应由工作负责人办理延期手续。延期手续应由工作负责人向值班负责人申请办理，主要设备检修延期要通过值长办理。工作票有破损不能继续使用时，应补填新的工作票。需要变更工作班中的成员时，须经工作负责人同意。需要变更工作负责人时，应由工作票签发人将变动情况记录在工作票上。若扩大工作任务，必须由工作负责人通知工作许可人，并在工作票上增填工作项目。若须变更或增设安全措施，必须填用新的工作票，并重新履行工作许可手续。

工作票签发人不得兼任该项工作的工作负责人，工作负责人可以填写工作票。工作许可人不得签发工作票。

2.工作许可制度

在电气设备上工作，应得到许可后才能进行。

① 工作许可人（值班员）在完成施工现场的安全措施后，还应会同工作负责人到现场再次检查所做的安全措施，重新验电，证明检修设备确无电压。对工作负责人指明带电设备的位置和注意事项。和工作负责人在工作票上分别签名。

② 完成上述许可手续后，工作人员方可开始工作。工作负责人、工作许可人任何一方不得擅自变更安全措施，值班员不得变更有关检修设备的运行接线方式。工作中如有特殊情况需要变更时，应事先取得对方的同意。

3.工作监护制度

工作现场必须有一人对所有工作人员的工作进行监护。工作监护人应由技术级别较高的人员担任，一般由工作负责人担任。 完成工作许可手续后，工作负责人（监护人）应向工作人员交代现场安全措施、带电部位和其他注意事项。工作负责人必须始终在工作现场，对工作人员的安全认真监护，及时纠正违反安全的动作。

4.工作间断、转移和终结制度

工作间断时，工作人员应从工作现场撤出，所有安全措施保持不动，工作票仍由工作负责人执存。间断后继续工作，无须通过工作许可人。每日收工，应清扫工作地点，开放已封闭的道路，并将工作票交回值班员。次日复工时，应征得值班员许可，取回工作票，工作负责人必须事前重新认真检查安全措施是否符合工作票的要求后，方可工作。若无工作负责人或监护人带领，工作人员不得进入工作地点。在未办理工作票终结手续以前，值班人员不得将施工设备合闸送电。

检修工作结束以前，若需将设备试加工作电压，可按下列条件进行：全体工作人员撤离工作地点；将该系统的所有工作票收回，拆除临时遮栏、接地线和标示牌，恢复常设遮栏；应在工作负责人和值班员进行全面检查无误后，由值班员进行加压试验。

在同一电气连接部分用同一工作票依次在几个工作地点转移工作时，全部安全措施由值班员在开工前一次做完，不需再办理转移手续，但工作负责人在转移工作地点时，应向工作人员交代带电范围、安全措施和注意事项。

全部工作完成后，工作人员应清扫、整理现场。工作负责人应先周密地检查，待全体工作人员撤离工作地点后，再向值班员讲清所修项目、发现的问题、试验结果和存在问题等，并与值班员共同检查设备状况，有无遗留物件，是否清洁等，然后在工作票上填明工作终结时间，经双方签名后，工作票方能终结。只有在同一停电系统的所有工作票结束，拆除所有接地线、临时遮栏和标示牌，恢复常设遮栏，并得到值班员或值班负责人的许可命令后，方可合闸送电。已结束的工作票，保存三个月。

5. 电工作业保证安全的技术措施

（1）停电

断开开关。

工作地点必须停电的设备：

a. 施工及检修的设备或导电部分与工作人员工作中正常活动范围小于表 13-1 规定的安全距离。

表 13-1　工作人员工作中正常活动范围与带电设备的安全距离

电压等级 /kV	安全距离 /m	电压等级 /kV	安全距离 /m
10kV 以下	0.35	750	8.00
20、35	0.60	1000	9.50
63（66）、110	1.50	±50 及以下	1.50
220	3.00	±500	6.80
330	4.00	±660	9.00
500	5.00	±800	10.10

b. 带电部分在工作人员后面、两侧、上下，且无遮栏措施的设备。

c. 其他需要停电的设备。

（2）验电

① 验电时必须用电压等级合适且试验日期有效合格的验电器。在被检修设备进出线两侧各相分别验电。验电前，应先在有电设备上试验，确认验电器良好。如果在木杆、木梯或木架结构上验电，不接地线不能显示的，可在验电器上接地线，但必须经值班负责人许可。

② 高压验电必须戴绝缘手套。验电时应使用相应电压等级的专用验电器。35kV及以上的电气设备，没有专用验电器的情况下，可用绝缘棒代替验电器，根据绝缘棒端有无火花和放电"噼啪"声来判断有无电压。

③ 装设接地线。装设接地线必须先接接地端，后接导体端；拆接地线的顺序与此相反。接地线应用多股软裸铜线，其截面应符合短路电流的要求，但不得小于 25mm^2。

当验明设备上确无电压，应立即将检修设备接地并三相短路。对于可能送电至停电设备的各方面都要装设接地线。接地线与带电部分应符合安全距离的规定。

检修母线时，应根据母线长短和有无感应电压等实际情况来确定接地线数量。检修 10m 及以下的母线，可以装设一组接地线。

检修部分若分为几个在电气上不相连接的部分，如分段母线以隔离开关（刀闸）或断路器（开关）隔开分成几段，则各段应分别验电并接地短路，接地线与检修部分之间不得有开关或熔断器（保险）。降压变电所全部停电时，应将各个可能来电侧都接地短路，其余部分不必每段装设接地线。

装设接地线必须由两人进行。若为单人值班，只允许使用接地刀闸接地，使用绝缘棒合接地刀闸。

接地线要用多股软裸铜线，其截面应符合短路电流要求，但不得小于25mm²。装设接地线之前应详细检查导线，损坏的及时修理或更换。禁止使用不符合规定的导线作接地或短路线之用。

接地线必须使用专用线夹固定在导体上，禁止用缠绕的方法进行短路或接地。装、拆接地线，均应使用绝缘棒并戴绝缘手套。人体不得碰触接地线。

对带有电容的设备或电缆线路，在装设接地线之前，应先放电。

④ 悬挂标示牌和装设遮栏。在工作地点、施工设备和一经合闸即可送电到工作地点或施工设备的开关和刀闸的操作把手上，均应悬挂"禁止合闸，有人工作"的标示牌。

如线路上有人工作，应在线路断路器（开关）、隔离开关（刀闸）操作把手上悬挂"禁止合闸，线路有人工作"的标示牌，标示牌的悬挂和拆除，应按操作规程执行。

部分停电的工作，安全距离小于规定距离以内的未停电设备，应装设临时遮栏，而遮栏与带电部分的距离，不得小于安全距离的规定数值。临时遮栏可用干燥木材、橡胶或其他坚韧绝缘材料制成，装设必须牢固，并悬挂"止步，高压危险"的标示牌。

在室内高压设备上工作，在工作地点两边间隔和对面间隔的遮栏上、禁止通行的过道上悬挂"止步，高压危险"的标示牌。在室外地面高压设备上工作，应在工作地点四周用绳子做围栏。围栏上悬挂适当数量"止步，高压危险"的标示牌。

禁止工作人员在工作中移动或拆除接地短路线、标示牌和临时遮栏。

三 电气安全用具与安全标志

1.安全用具

电气安全用具是用来防止电气工作人员在工作中发生触电、电弧灼伤、高空坠落等事故的重要工具。电气安全用具分绝缘安全用具和一般防护安全用具两大类。绝缘安全用具又分为基本安全绝缘用具和辅助安全绝缘用具。常用的基本安全绝缘用具有绝缘棒、绝缘夹钳、验电器等。常用的辅助安全绝缘用具有绝缘手套、绝缘靴、绝缘垫、绝缘台等。基本安全绝缘用具的绝缘强度能长期承受工作电压，并能在该电压等级内产生过电压时保证工作人员的人身安全。辅助安全绝缘用具的绝缘强度不能承受电气设备或线路的工作电压，只能起加强基本安全用具的保护作用，主要用来防止接触电压、跨步电压对工作人员的危害，不能直接接触高压电气设备的带电部分。一般防护安全用具有携带型接地线、临时遮栏、标示牌、警告牌、安全带、防护目镜等。这些安全用具用来防止工作人员触电、电弧灼伤及高空坠落。

2.安全标志

安全标志用来提醒人员注意或按标志上注明的要求去执行，是保障人身和设施安全的重要措施。安全标志一般设置在光线充足、醒目、稍高于视线的地方。

对于隐蔽工程（如埋地电缆），在地面上要有标志桩或依靠永久性建筑挂标示牌，注明工程位置。

对于容易被人忽视的电气部位，如封闭的架线槽、设备上的电气盒，要用红漆画上电气箭头。另外，在电气工作中还常用标示牌提醒工作人员不得接近带电部分、不得随意改变刀闸的位置等。移动使用的标示牌要用硬质绝缘材料制成，上面有明显标志，均应根据规定使用。常用电气安全标示牌如表 13-2 所示。

表 13-2　常用电气安全标示牌

名称	悬挂位置	尺寸/(mm×mm)	底色	字色
禁止合闸，有人工作	一经合闸即可送电到施工设备的开关和刀闸操作手柄上	200×100 80×50	白底	红字
禁止合闸，线路有人工作	一经合闸即可送电到施工设备的开关和刀闸操作手柄上	200×100 80×50	红底	白字
在此工作	室内和室外工作地点或施工设备上	250×250	绿底、中间有直径210mm 的白圆圈	黑字，位于白圆圈中
止步，高压危险	工作地点邻近带电设备的遮栏上；室外工作地点附近带电设备的构架横梁上；禁止通行的过道上，高压试验地点	250×200	白底红边	黑色字，有红箭头
从此上下	工作人员上下的铁架梯子上	250×250	绿底、中间有直径210mm 的白圆圈	黑字，位于白圆圈中
禁止攀登，高压危险	工作地点邻近能上下的铁架上	250×250	白底红边	黑字
已接地	看不到接地线的工作设备上	200×100	绿底	黑字

■ 3.安全用具分类

安全用具分类如图 13-1 所示。

图13-1 安全用具分类

四　电流对人体危害、接触电击防护、供电系统中的接地技术

1.触电事故分类

触电事故分为两类：一类叫"电击"；另一类叫"电伤"。

（1）电击

所谓电击，是指电流通过人体时所造成的内部伤害，它会破坏人的心脏、呼吸及神经系统的正常工作，甚至危及生命。根本原因：在低压系统通电电流不大且时间不长的情况下，电流引起人的心室颤动，是电击致死的主要原因；在通过电流虽较小，但时间较长情况下，电流会造成人体窒息而导致死亡。绝大部分触电死亡事故都是电击造成的，日常所说的触电事故，基本上多指电击而言。

电击可分为直接接触电击与间接接触电击两种，如图 13-2 所示。

电击的分类
{
　直接接触电击：指人触及设备和线路正常运行时的带电体而发生的电击

　间接接触电击：指人触及正常状态下不带电，而当设备或线路故障时意外带电的导体而发生的电击
}

图13-2　**电击分类**

直接电击多数发生在相线、刀闸或其他设备带电部分。

间接接触电击大多发生在大风刮断架空线或接户线后搭落在金属物或广播线上，相线和电杆拉线搭连，电动机等用电设备的线圈绝缘损坏而引起外壳带电等情况下。

对于电击伤，当人体接触电流时，轻者立刻出现惊慌、呆滞、面色苍白，接触部位肌肉收缩，且头晕、心跳过速和全身乏力，重者出现昏迷、持续抽搐、心室纤维颤动、心跳和呼吸停止。有些严重电击患者当时症状虽不重，但在 1h 后可能突然恶化。有些人触电后，心跳和呼吸极其微弱，甚至暂时停止，处于"假死状态"，因此要认真鉴别，不可轻易放弃对触电患者的抢救。

（2）电伤

电伤是指电流的热效应、化学效应或力学效应对人体造成的伤害。电伤一般都是大电流造成的。

电伤的分类如图 13-3 所示。

2.触电事故发生的主要规律

① 低压触电多于高压触电。低压电网与人关系密切，在生活中人们接触较多；低压电气设备及线路较简单且多而广，管理上难度大且不严格，不被人们重视。而高压电则与之相反，人们接触少，电工作业人员技术素质较高，且管理严格。

② 农村触电事故多于城市。农村用电条件差，保护装置及管理欠缺，乱拉乱接

电伤的分类 ⎱ 电烧伤：电流热效应造成的伤害

皮肤金属化：在电弧高温作用下，金属熔化、汽化、金属微粒渗入皮肤，使皮肤粗糙而张紧的伤害

电烙印：在人体与带电体接触的部位留下的永久性斑痕

机械性损伤：电流作用于人体时，由于中枢神经反射和肌肉强烈收缩等作用导致的机体组织断裂、骨折等伤害

电光眼：发生电弧时，由红外线、可见光、紫外线对眼睛的伤害

图13-3 电伤分类

较多，不符合用电规范，人们用电缺乏电气知识。

③ 触电事故与季节有关。根据国家电力部门资料表明，一年之中，二、三季度事故较多，6～9月份为高峰。夏秋两季雨水较多、天气潮湿，降低了电气设备及线路的绝缘性能，特别要注意陈旧设备及线路或维修不当的设备及线路，在这个时候将有更大的危险性，由于天气潮热，人体多汗，皮肤电阻降低，容易导电，且这时人们穿戴较少，防护用品及绝缘护具佩戴不全。夏秋两季正值农忙季节，农村用电量增大，人们接触电器的机会多。城市空调热也增加了人们触电的机会，特别是空调安装上的隐患。

④ 触电事故与环境有关，如冶金、采矿、建筑等行业多于其他行业（潮湿、高温、现场复杂不便管理，移动手持电动工具居多，造成触电机会较多）。

⑤ 青年人、中年人触电较多，一方面由于他们是主要生产力，与电器接触较多；另一方面，工作年限短，思想麻痹。

⑥ 触电多发生在电气连接部位，如导线接头、与设备的连接点、灯头、插座、插头、端子板等，这些地方容易被作业人员接触，当导体裸露或绝缘能力降低时，就会产生触电机会。

⑦ 携带移动式电气设备及手持电动工具触电事故多。因为人为直接接触，使用环境恶劣，经常拆装接线，绝缘易损易磨，使用不当，所以触电机会较多。

⑧ 违反操作规程或误操作导致触电伤亡居多。操作规程是经多年实践总结出来的，里面有触电实例和血的教训，是必须遵守的，只要违反或误操作就有触电的可能。

⑨ 触电事故一般由几个原因造成，如绝缘损坏后的误操作，维修不当的误操作等。

⑩ 单相触电多于三相触电。统计数字表明，无论是高压触电还是低压触电，大多是单相触电。触电事故的原因大多是电气设备及线路绝缘能力降低而产生漏电，如为多相漏电或绝缘不良，会引起漏电保护跳闸，不会使人触电；而单相故障有时候不会跳闸，当人触及时会发生触电。另外，低压系统中，人们接触的单相设备多也是原因之一。因此，防护单相触电尤为重要，所以电路必须按照三级保护原则进行安装。

3.触电方式

按照人体接电方式和电流流经人体的途径可分为单相触电、两相触电和跨步电压触电。

（1）单相触电

单相触电是指人在地面或其他接地体上，人体的某一部位触及一相带电体时的触电。如图13-4（a）所示。

（2）两相触电

两相触电是指人体两处同时触及两相带电体时的触电，如图13-4（b）所示。两相触电危险性大于单相触电，因为当两相触电时，加在人体的电压由单相触电的相电压220V变为线电压380V。

（3）跨步电压触电

跨步电压触电是指人进入接地电流的散流场时的触电。由于散流场内地面上的电位分布不均匀，人的两脚间电位不同，两脚间电位差称为跨步电压。跨步电压的大小与人和接地体的距离有关。当人的一只脚跨在接地体上时，跨步电压最大；人离接地体愈远，跨步电压愈小；与接地体的距离超过20m时，跨步电压接近于零。跨步电压越高危险性越大。跨步电压室内距离为4m，室外为8m。如果在上述范围排除故障，必须穿绝缘靴。如图13-5所示。

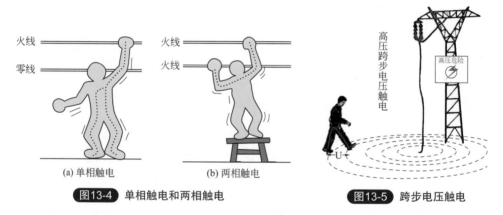

图13-4 单相触电和两相触电

(a) 单相触电   (b) 两相触电

图13-5 跨步电压触电

触电伤亡事故中，纯电伤性质的及带有电伤性质的约占75%（电烧伤约占40%）。尽管大约85%以上的触电死亡事故是电击造成的，但其中大约70%含有电伤成分。对专业电工自身的安全而言，预防电伤具有更加重要的意义。

4.触电电流分类

（1）感知电流

感知电流是引起人的感觉的最小电流。试验表明，对于不同的人，感知电流也不相同。成年男性平均感知电流约为1.1mA，成年女性约为0.7mA。

（2）摆脱电流

摆脱电流是人触电后能自主摆脱电源的电流。对于不同的人，摆脱电流（工频电流）不相同，成年男性平均摆脱电流约为16mA，成年女性约为10.5mA；成年男性最小摆脱电流约为9mA，成年女性约为6mA。试验证明，直流电流、高频电流、冲击电流对人体都有伤害作用，其伤害程度较工频电流要轻。平均直流摆脱电流男性约为 76mA，女性约为 51mA。

（3）致命电流

是指在较短时间内危及生命的最小电流。当有一较大的触电电流通过人体时，通过时间超过某一界限值，人的心脏正常活动将被破坏，心脏跳动节拍被打乱，不能进行强力收缩，从而失去循环供血的机能，这种现象叫做心室颤动，开始发生心室颤动的电流称为心室颤动电流，也叫致命电流。

一般情况下：

① 人的体重越重，发生心室颤动的电流值就越大。

② 一般来说，电流作用于人体的时间越长，发生心室颤动的电流就越小。

③ 当通电时间超过心脏搏动周期（人体的心脏搏动周期约为 0.75s，是心脏完成收缩、舒张全过程一次所需要的时间）时，心室颤动的电流值急剧下降，也就是说，触电时间超过心脏搏动周期时，危险性急剧增加。可能引起心室颤动的直流电流：通电时间为 0.03s 时约为 1300mA，3s 时约为 500mA。电流频率不同，对人体的伤害程度也不同，频率为 25～300Hz 的交流电流对人体的伤害最严重，频率为 1000Hz 以上时，对人体的伤害程度明显减轻。

5.接触电击防护

用电时，必须采取先进的防护措施和管理措施，防止人体直接接触带电体发生触电事故。安全电压、屏护、标示牌、安全距离、绝缘防护、保护接地、保护接零、漏电保护是防止直接或间接触电的有效措施。

（1）绝缘防护

所谓绝缘，是指用绝缘材料把带电体封闭起来，实现带电体相互之间、带电体与其他物体之间的电气隔离，使电流按指定路径通过，确保电气设备和线路正常工作，防止人身触电。绝缘防护是防止触电事故的重要措施。

① 绝缘材料　绝缘保护性能的优劣决定于材料的绝缘性能。绝缘性能主要用绝缘电阻、耐压强度、泄漏电流和介质损耗等指标来衡量。绝缘电阻大小用兆欧表测量；耐压强度由耐压试验确定；泄漏电流和介质损耗分别由泄漏试验和能耗试验确定。

应当注意，绝缘材料在腐蚀性气体、蒸汽、潮气、粉尘、机械损伤的作用下会使绝缘性能降低或丧失。很多良好的绝缘材料受潮后会丧失绝缘性能。

电气设备和线路的绝缘保护必须与电压等级相符，各种指标应与使用环境和工作条件相适应。此外，为了防止电气设备的绝缘损坏而带来的电气事故，还应加强对电气设备的绝缘检查，及时消除缺陷。

常用的绝缘材料有：玻璃、云母、木材、塑料、橡胶、胶木、布、纸、漆、六氟化硫等。

② 绝缘电阻　对绝缘材料施加的直流电压与泄漏电流之比称为绝缘电阻。绝缘电阻是最基本的绝缘性能指标。足够的绝缘电阻能把电气设备的泄漏电流限制在很小的范围内，防止由漏电引起的触电事故。不同的线路或设备对绝缘电阻有不同的要求。一般来说，新设备较老设备要求高，移动的较固定的要求高，高压较低压要求高。

新装和大修后的低压线路和设备，要求绝缘电阻不小于 0.5MΩ。实际上，设备的绝缘电阻值随温升的变化而变化，运行中的线路和设备，要求可降低为每伏工作电压 1000Ω，在潮湿的环境中，要求可降低为每伏工作电压 500Ω。

便携式电气设备的绝缘电阻不小于 2MΩ。配电盘二次线路的绝缘电阻不小于 1MΩ，在潮湿环境中可降低为 0.5MΩ。

高压线路和设备的绝缘电阻一般不小于 1000MΩ。

架空线路每个悬式绝缘子的绝缘电阻不小于 300MΩ。

兆欧表是用来测量被测设备的绝缘电阻和高值电阻的仪表。

③ 绝缘破坏　绝缘物在强电场的作用下被破坏，丧失绝缘性能，这就是击穿现象，这种击穿叫做电击穿，击穿时的电压叫做击穿电压，击穿时的电场强度叫做材料的击穿电场强度或击穿强度。

对于固体绝缘，还有热击穿和电化学击穿。热击穿是绝缘物在外加电压作用下，由于流过泄漏电流引起温度过分升高所导致的击穿。电化学击穿是由于游离、化学反应等因素的综合作用所导致的击穿。热击穿和电化学击穿电压都比较低，但电压作用时间较长。

气体绝缘击穿后都能自行恢复绝缘性能，而固体绝缘击穿后不能恢复绝缘性能。

绝缘物除因击穿而破坏外，腐蚀性气体、蒸气、潮气、粉尘、机械损伤也会降低其绝缘性能或导致破坏。

在正常工作的情况下，绝缘物也会逐渐"老化"而失去绝缘性能，所以绝缘物不是绝对的。

（2）屏护

屏护是采用屏护装置控制不安全因素，即采用遮栏、护罩、护盖、箱盒等把带电体同外界隔绝。在屏护保护中，采用阻挡物进行保护时，对于设置的障碍必须防止两种情况发生：一是身体无意识地接近带电部分；二是在正常工作中无意识地触及运行中的带电设备。

① 需要使用屏护装置的场所　屏护装置主要用于电气设备不便于绝缘或绝缘不足以保证安全的场合，具体有：开关电器的可动部分，例如闸刀开关的胶盖、铁壳开关的铁壳等；人体可能接近或触及的裸线、母线等；高压设备，无论是否有绝缘；安装在人体可能接近或触及的场所的变配电装置；在带电体附近作业时，作业人员与带电体之间、过道、入口等处（应装设可移动临时性屏护装置）。

② 屏护装置的安全条件　就实质来说，屏护装置并没有真正"消除"触电危险，它仅仅起"隔离"作用。屏护一旦被逾越，触电的危险仍然存在。因此，对电气设备实行屏护时，通常还要辅以其他安全措施。凡用金属材料制成的屏护装置，为了防止其意外带电，必须接地。屏护装置本身应有足够的尺寸，其与带电体之间应保持必要的距离。被屏护的带电部分应有明显的标志，使用通用的符号或涂上规定的具有代表意义的专门颜色。在遮栏、栅栏等屏护装置上，应根据被屏护对象挂上"止步，高压危险"或"当心有电"等标示牌。

③ 常用配电装置屏护装置安全要求　如表 13-3 所示。

（3）电气安全距离

电气安全距离指在带电作业时，带电部分之间或带电部分与接地部件之间，发生

表 13-3 常用配电装置屏护装置安全要求

网眼遮栏与裸导线的距离	低压设备	10kV 设备	20～35kV 设备
	≥0.15m	≥0.35m	≥0.6m
栅栏与裸导线的距离应 ≥0.8m	户内栅栏高度应≥1.2m	户外栅栏高度应≥1.5m	栏条间距应＜0.2m
户外变电装置围墙高度应≥2.5m			

放电概率很小的空气间隙距离。为了防止人体触及或过分接近带电体，或防止车辆和其他物体碰撞带电体，以及避免发生各种短路、火灾和爆炸事故，在人体与带电体之间、带电体与地面之间、带电体与带电体之间、带电体与其他物体和设施之间，都必须保持一定的距离。

根据各种电气设备（设施）的性能、结构和工作的需要，安全距离大致可分为以下几种。

① 导线的安全距离（表 13-4～表 13-6）。

表 13-4 导线与建筑物的最小距离

线路电压 /kV	1 以下	10	35
垂直距离 /m	2.5	3.0	4.0
水平距离 /m	1.0	1.5	3.0

表 13-5 导线与树木的最小距离

线路电压 /kV	1 以下	10	35
垂直距离 /m	1.0	1.5	3.0
水平距离 /m	1.0	2.0	—

表 13-6 导线与地面或水面的最小距离

线路经过地区	线路电压 /kV		
	1 以下	10	35
居民区	6m	6.5m	7m
非居民区	5m	5.5m	6m
交通困难地区	4m	4.5m	5m
不能通航或浮运的河、湖冬季水面（或冰面）	5m	5m	5.5m
不能通航或浮运的河、湖最高水面（50 年一遇的洪水水面）	3m	3m	3m

② 配电装置的安全距离。配电装置的布置应考虑设备搬运、检修、操作和试验方便。为了工作人员的安全，配电装置布置需保持必要的安全通道。

低压配电装置正面通道的宽度，单列布置时不应小于 1.5m，双列布置时不应小于 2m。

低压配电装置背面通道应符合以下要求。

a. 宽度一般不应小于 1m，有困难时可减为 0.8m。

b. 通道内高度低于 2.3m，无遮栏的裸导电部分与对面墙或设备的距离不应小于 1m，与对面其他裸导电部分的距离不应小于 1.5m。

c. 通道上方裸导电部分的高度低于 2.3m 时，应加遮栏，遮栏后的通道高度不应低于 1.9m。配电装置长度超过 6m 时，屏护后应有两个通向本室或其他房间的出口，且其间距离不应超过 15m。

d. 室内吊灯灯具高度一般应大于 2.5m，受条件限制时可减为 2.2m；如果还要降低，应采取适当安全措施。当灯具在桌面上方或其他人碰不到的地方时，高度可减为 1.5m。

e. 户外照明灯具一般不应低于 3m；墙上灯具高度允许减为 2.5m

③ 各种用电设备的安全距离。

车间低压配电箱底口距地面高度暗装时取 1.4m，明装时取 1.2m；明装电度表板底口距地面高度取 1.8m。常用开关设备的安装高度为 1.3～1.5m，为便于操作，开关手柄与建筑物之间应保持 150mm 的距离；墙用平开关离地面高度取 1.4m；明装插座离地面高度取 1.3～1.5m，暗装的可取 0.2～0.3m。

④ 检修、维护时的安全距离。

在检修中，为了防止人体及其所携带的工具触及或接近带电体，而必须保持的最小距离，称为安全间距。间距的大小决定于电压的高低、设备的类型以及安装的方式等因素。

在低压工作中，人体或其所携带的工具与带电体的距离不应小于 0.1m。在架空线路附近进行起重工作时，起重机具（包括被吊物）与低压线路导线的最小距离为 1.5m。在高压无遮栏操作中，人体及其所携带工具与带电体之间的距离，10kV 及以下为 0.7m，20～35kV 为 1.0m。

（4）安全电压

安全电压是指不致使人直接致死或致残的电压，一般环境条件下允许持续接触的"安全特低电压"是 36V。行业规定安全电压为不高于 36V，持续接触安全电压为 24V，安全电流为 10mA。电击对人体的危害程度主要取决于通过人体电流的大小和通电时间长短。

安全电压应满足以下三个条件：

① 标称电压不超过交流 50V、直流 120V；

② 由安全隔离变压器供电；

③ 安全电压电路与供电电路及大地隔离。

我国规定的安全电压额定值的等级为 42V、36V、24V、12V、6V。当电气设备采用的电压超过安全电压时，必须按规定采取防止直接接触带电体的保护措施。

✚ 6.保护接地和保护接零

如图 13-6 所示。保护接地是为防止电气装置的金属外壳、配电装置的构架和线路杆塔等带电危及人身和设备安全而进行的接地。所谓保护接地，就是将正常情况下不带电，而在绝缘材料损坏后或其他情况下可能带电的电器金属部分用导线与接地体可靠连接起来的保护接线方式。

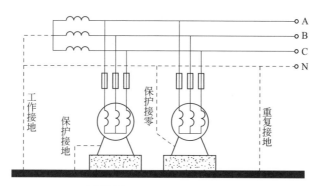

图13-6　保护接地和保护接零

　　保护接零是把电工设备的金属外壳和电网的零线可靠连接，以保护人身安全的一种用电安全措施。

7.低压电器系统中的接地形式

（1）接地保护系统文字代号说明

　　根据现行的国家标准《低压配电设计规范》（GB 50054—2011），低压配电系统有三种接地形式，即 IT 系统、TT 系统、TN 系统。

　　① 第一个字母表示电源端与地的关系。

　　T——电源变压器中性点直接接地。

　　I——电源变压器中性点不接地，或通过高阻抗接地。

　　② 第二个字母表示电气装置的外露可导电部分与地的关系。

　　T——电气装置的外露可导电部分直接接地，此接地点在电气上独立于电源端的接地点。

　　N——电气装置的外露可导电部分与电源端接地点有直接电气连接。

（2）IT 系统

　　IT 系统就是电源中性点不接地，用电设备外露可导电部分直接接地的系统。IT系统可以有中性线，但在使用中建议不设置中性线。因为如果设置中性线，在 IT 系统中 N 线任何一点发生接地故障，该系统将不再是 IT 系统。如图 13-7 所示。

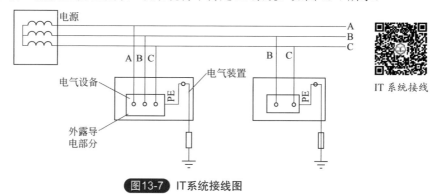

IT 系统接线

图13-7　IT系统接线图

IT系统应用范围：IT系统的优点是在供电距离不是很长时应用，其供电的可靠性高、安全性好，一般用于不允许停电的场所，或者是要求严格的连续供电的地方，例如医院的手术室、炼钢车间等，特别是地下矿井内（供电条件比较差，电缆易受潮）。运用IT方式供电的系统，即使电源中性点不接地，一旦设备漏电，单相对地漏电流仍小，不会破坏电源电压的平衡，所以比电源中性点接地的系统还安全。但是，如果用在供电距离很长的情况下，供电线路对大地的分布电容就不能忽视了。

IT系统在负载发生短路故障或漏电使设备外壳带电时，漏电电流经大地形成回路，保护设备不一定动作，这是很危险的。所以IT系统只有在供电距离不太长时才比较安全，有其很大的局限性，很少采用。

（3）TT系统

TT系统就是电源中性点直接接地，用电设备外露可导电部分直接接地的系统。通常将电源中性点的接地叫做工作接地，而设备外露可导电部分的接地叫做保护接地。TT系统中，这两个接地必须是相互独立的。设备接地可以是每一设备都有各自独立的接地装置，也可以若干设备共用一个接地装置。TT系统接线图如图13-8所示。

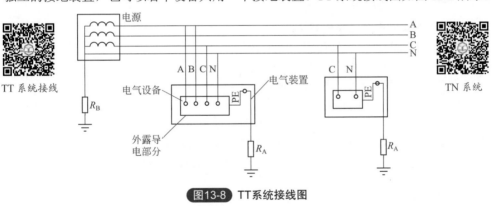

图13-8 TT系统接线图

① 保护接地TT系统的优缺点：

a. 由于单相接地时接地电流比较大，可使保护装置（漏电保护器）可靠动作，及时切除故障。

b. 与低压电器外壳不接地相比，在电器发生碰壳事故时，可降低外壳的对地电压，因而可减轻人身触电危害程度。

c. 对低压电网的雷击过电压有一定的泄漏能力。

d. 能抑制高压线与低压线搭连或配变高低压绕组间绝缘击穿时，低压电网出现的过电压。

e. 低压电器外壳接地的保护效果不及IT系统。

f. 当电气设备的金属外壳带电（相线碰壳或设备绝缘损坏而漏电）时，由于有接地保护，可以大大减少触电的危险。但是，低压断路器（自动开关）不一定能跳闸，造成漏电设备的外壳对地电压高于安全电压，属于危险电压。

② TT系统的应用范围：

a. TT系统设备在正常运行时外壳不带电，当发生漏电故障时外壳高电位不会沿

接地线 (PE 线) 传递至整个系统。因此，在存在爆炸与火灾隐患等危险的场所应用很广。TT 系统能大幅降低漏电设备上的故障电压，由于其不能把漏电值降低到安全范围内，因此采用 TT 系统必须装设漏电保护装置。

b. TT 系统主要用于低压用户。TT 系统由于接地装置就在设备附近，其 PE 线断线容易被发现。

（4）TN 系统

TN 系统是三相配电网低压中性点直接接地，电气装置的外露可导电部分通过保护导体接零的系统。

TN 系统通常是一个中性点接地的三相电网系统。其特点是电气设备的外露可导电部分直接与系统接地点相连，当发生碰壳短路时，短路电流即经金属导线构成闭合回路，形成金属性单相短路，从而产生足够大的短路电流，使保护装置能可靠动作，将故障切除。

如果将工作零线 N 重复接地，碰壳短路时，一部分电流就可能分流于重复接地点，会使保护装置不能可靠动作或拒动，使故障扩大化。

在 TN-S 系统中，也就是三相五线制中，因 N 线与 PE 线是分开敷设，并且是相互绝缘的，同时与用电设备外壳相连接的是 PE 线而不是 N 线，因此我们所关心的是 PE 线的电位，而不是 N 线的电位，所以在 TN-S 系统中重复接地不是对 N 线的重复接地。如果将 PE 线和 N 线共同接地，由于 PE 线与 N 线在重复接地处相接，重复接地点与配电变压器工作接地点之间的接线已无 PE 线和 N 线的区别，原由 N 线承担的中性线电流变为由 N 线和 PE 线共同承担，并有部分电流通过重复接地点分流。这样可以认为重复接地点前侧已不存在 PE 线，只有由原 PE 线及 N 线并联共同组成的 PEN 线，原 TN-S 系统所具有的优点将丧失，所以不能将 PE 线和 N 线共同接地。

由于上述原因，在有关规程中明确提出，中性线（即 N 线）除电源中性点外，不应重复接地。

TN 系统中，根据其保护零线是否与工作零线分开，划分为 TN-C 系统、TN-S 系统、TN-C-S 系统三种形式。如图 13-9 所示。

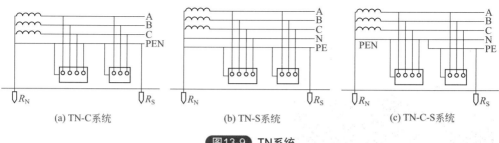

(a) TN-C系统　　　　(b) TN-S系统　　　　(c) TN-C-S系统

图13-9 TN系统

① TN-C 系统　在 TN-C 系统中，将 PE 线和 N 线的功能综合起来，由一根称为 PEN 线的导体同时承担两者的功能。在用电设备处，PEN 线既连接到负荷中性点上，又连接到设备外露的可导电部分。由于其固有的技术上的弊端，现在已很少采用，尤其是在民用配电中，已不允许采用 TN-C 系统。

② TN-S 系统　TN-S 系统中性线 N 与 TT 系统相同。与 TT 系统不同的是，用电

设备外露可导电部分通过 PE 线连接到电源中性点，与系统中性点共用接地体，而不是连接到自己专用的接地体，中性线（N 线）和保护线（PE 线）是分开的。TN-S 系统的最大特征是 N 线与 PE 线在系统中性点分开后，不能再有任何电气连接。这一条件一旦破坏，TN-S 系统便不再成立。TN-S 系统的特点如下：

a. 系统正常运行时，专用保护线上没有电流，只是工作零线上有不平衡电流。PE 线对地没有电压，所以电气设备金属外壳接零保护是接在专用的保护线 PE 上，安全可靠。

b. 工作零线只用作单相照明负载回路。

c. 专用保护线 PE 不许断线，也不许接入漏电开关。

d. TN-S 系统供电干线上可以安装漏电保护器。

e. TN-S 系统安全可靠，适用于工业与民用建筑等低压供电系统。

③ TN-C-S 系统　TN-C-S 系统是 TN-C 系统和 TN-S 系统的结合形式。在 TN-C-S 系统中，从电源出来的那一段采用 TN-C 系统，因为这一段中无用电设备，只起电能的传输作用。到用电负荷附近某一点处，将 PEN 线分开形成单独的 N 线和 PE 线，从这一点开始，系统相当于 TN-S 系统。TN-C-S 系统的特点如下：

a. TN-C-S 系统可以降低电动机外壳对地的电压，然而又不能完全消除这个电压。这个电压的大小取决于负载不平衡的情况及线路的长度。要求负载不平衡电流不能太大，而且在 PE 线上应做重复接地。

b. PE 线在任何情况下都不能接入漏电保护器，因为线路末端的漏电保护器动作会使前级漏电保护器跳闸造成大范围停电。

c. PE 线除了在总箱处必须和 N 线连接外，其他各分箱处均不得把 N 线和 PE 线相连接，PE 线上不许安装开关和熔断器。

实际上，TN-C-S 系统是在 TN-C 系统上变通的做法。当三相电力变压器工作接地情况良好，三相负载比较平衡时，TN-C-S 系统在施工用电实践中效果还是不错的。但是，在三相负载不平衡，建筑施工工地有专用的电力变压器时，必须采用 TN-S 系统。

8.重复接地

除工作接地以外，在专用保护线 PE 上一处或多处再次与接地装置相连接称为重复接地。

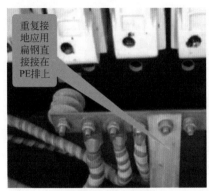

重复接地应用扁钢直接接在 PE 排上

图13-10　重复接地

在低压三相四线制中性点直接接地线路中，在安装时，应将配电线路的零干线和分支线的终端接地，零干线上每隔 1km 做一次接地。对于接地点超过 50m 的配电线路，接入用户处的零线仍应重复接地，重复接地电阻应不大于 10Ω。重复接地如图 13-10 所示。

（1）重复接地的作用

① 零线重复接地能够缩短故障持续时间，降低零线上的压降损耗，降低相线、零线反接的危险性。

② 在保护零线发生断路后，当电器设备的绝缘损坏或相线碰壳时，零线重复接地还能降低故障电器设备的对地电压，降低发生触电事故的危险性。

（2）重复接地的要求和注意事项

在低压 TN 系统中，架空线路干线和分支线终端的 PEN 导体或 PE 导体应重复接地。电缆线路和架空线路在每个建筑物的进线处，做重复接地。装有剩余电流动作保护器的 PEN 导体，不允许重复接地。除电源中性点外，中性导体（N）不应重复接地。低压线路每处重复接地电力网的接地电阻不应大于 10Ω。在电气设备的接地电阻允许达到 10Ω 的电力网中，每处重复接地的接地电阻不应超过 30Ω，且重复接地不应少于 3 处。

重复接地注意事项：在 TN-S（三相五线制）系统中，零线（工作零线）是不允许重复接地的。这是因为如果中性线重复接地，三相五线制漏电保护检测就不准确，无法起到准确的保护作用。因此，零线不允许重复接地，实际上是漏电检测后不能重复接地。

9. 工作接地

在采用 380/220V 的低压电力系统中，一般都从电力变压器引出四根线，即三根相线和一根中性线，这四根兼做动力和照明用。动力用三根相线，照明用一根相线和中性线。如图 13-11 所示。

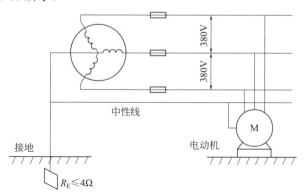

图13-11 工作接地

在这样的低压系统中，考虑在正常或故障的情况下，都能使电气设备可靠运行，并有利人身和设备的安全，一般把系统的中性点直接接地，即为工作接地。由变压器三线圈接出的也叫中性线即零线，该点就叫中性点。

工作接地的作用如下。

① 降低一相接地的危险性。

② 稳定系统的电位，限制电压不超过某一范围，降低高压窜入低压的危险性。

③ 工作接地和保护接零的区别：凡是因设备运行需要的接地，叫做工作接地。如果不接，设备就不能运行。例如变压器的中性点接地。保护接零就是某根电线接触物体时，让漏电保护开关能及时跳闸，防止电击伤人。

两种接线方式都为保护人身安全起着重要作用。

10.剩余电流动作保护器

在低压电网中安装剩余电流动作保护器（residual current operated protective device，RCD），又叫漏电开关，是防止由于直接接触和间接接触引起的人身触电、电气火灾及电气设备损坏的有效的防护措施。剩余电流动作保护器主要应用在1000V以下的低压系统中。

（1）工作原理

漏电开关按工作原理分电压动作型和电流动作型。其中，电流动作型又分电磁式、电子式和中性点接地式三种。目前国内外广泛应用的漏电开关都是电流动作型。

漏电开关工作原理如图13-12所示。漏电开关由零序互感器TAN、放大器A和主电路断路器QF（含脱扣器）三部分组成。当设备正常工作时，主电路电流的相量和为零，零序互感器的铁芯无磁通，其二次绕组没有感应电压输出，开关保护闭合。

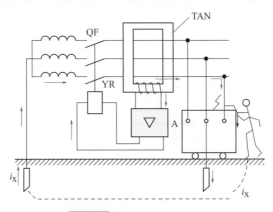

图13-12 漏电开关工作原理

当保护的电路中有漏电时，或有人体的触电电流i_x通过时，由于取道大地为回路，于是主电路电流的相量和不再为零，零序互感器的铁芯磁通有变化，其二次绕组有感应电压输出。

当剩余电流达到一定值时，经放大器放大后足以使脱扣器YR动作，使断路器在0.1s内跳开，有效地起到触电保护的作用。

（2）剩余电流保护器主要参数

① 额定动作电流　指在规定的条件下，使漏电保护器动作的电流值。例如30mA的保护器，当通入电流值达到30mA时，保护器即动作断开电源。

我国标准规定电流型漏电保护器的额定动作电流可分为6mA、10mA、15mA、30mA、50mA、75mA、100mA、200mA、300mA、500mA、1000mA、3000mA、5000mA、10000mA、20000mA等15个等级（15mA、50mA、75mA、200mA不推荐优先采用）。其中，30mA及30mA以下的属高灵敏度，主要用于防止各种人身触电事故；30mA以上，1000mA及1000mA以下的属中灵敏度，用于防止触电事故和漏电火灾；1000mA以上的属低灵敏度，用于防止漏电火灾和监视一相接地事故。

我国有关标准还规定，用于防火的漏电报警器的额定动作电流宜设计为25mA、

50mA、100mA、200mA、400mA 和 800mA。

② 额定动作时间　是指从突然施加额定动作电流起，到保护电路被切断为止的时间。例如 30mA×0.1s 的保护器，从电流值达到 30mA 起，到主触点分离止的时间不超过 0.1s。

③ 额定不动作电流　在规定的条件下，漏电保护器不动作的电流值一般应选额定动作电流值的二分之一。例如额定动作电流 30mA 的漏电保护器，在电流值达到 15mA 以下时，保护器不应动作，否则因灵敏度太高容易误动作，影响用电设备的正常运行。

（3）剩余电流动作保护装置的选用

国家为了规范剩余电流动作保护装置的使用，颁布了《剩余电流动作保护装置安装和运行》（GB/T 13955—2017）标准。

依据标准规定，在选用漏电保护器时应遵循以下主要原则。

① 购买漏电保护器时应购买具有生产资质的厂家的产品，且产品质量检测合格。不合格产品其主要问题为：有的不能正常分断短路电流，不能消除火灾隐患；有的起不到人身触电保护的作用；还有一些不该跳闸时跳闸，影响正常用电。

② 应根据保护范围、人身设备安全和环境要求确定漏电保护器的电源电压、工作电流、漏电电流及动作时间等参数。

③ 电源采用漏电保护器做分级保护时，应满足上、下级开关动作的选择性。一般上一级漏电保护器的额定动作电流不小于下一级漏电保护器的额定动作电流，这样既可以灵敏地保护人身和设备安全，又能避免越级跳闸，缩小事故检查范围。

④ 手持式电动工具（除Ⅲ类外）、移动式家电设备（除Ⅲ类外）、其他移动式机电设备，以及触电危险性较大的用电设备，必须安装漏电保护器。

⑤ 建筑施工场所、临时线路的用电设备，应安装漏电保护器。这是《施工现场临时用电安全技术规范》（JGJ 46—2012）中明确要求的。

⑥ 机关、学校、企业、住宅建筑物内的插座回路，宾馆、饭店及招待所的客房内插座回路，必须安装漏电保护器。

⑦ 安装在水中的供电线路和设备，潮湿、高温、金属占比较大及其他导电良好的场所，如机械加工、冶金、纺织、电子、食品加工等行业的作业场所，以及锅炉房、水泵房、食堂、浴室、医院等场所，必须使用漏电保护器进行保护。

⑧ 固定线路的用电设备和正常生产作业场所，应选用带漏电保护器的动力配电箱。临时使用的小型电器设备，应选用漏电保护插头（座）或带漏电保护器的插座箱。

⑨ 漏电保护器作为直接接触防护的补充保护时（不能作为唯一的直接接触保护），应选用高灵敏度、快速动作型漏电保护器。一般环境选择动作电流不超过 30mA，动作时间不超过 0.1s，这两个参数保证了人体触电时，不会使触电者产生病理性生理危险。在浴室、游泳池等场所，漏电保护器的额定动作电流不宜超过 10mA。在触电后可能导致二次事故的场合，应选用额定动作电流为 6mA 的漏电保护器。

⑩ 对于不允许断电的电气设备，如公共场所的通道照明、应急照明、消防设备的电源、用于防盗报警的电源等，应选用报警式漏电保护器接通声、光报警信号，以便通知管理人员及时处理故障。

（4）漏电保护器额定动作电流

正确合理地选择漏电保护器的额定动作电流非常重要：一方面，在发生触电或泄漏电流超过允许值时，漏电保护器可有选择地动作；另一方面，漏电保护器在正常泄漏电流作用下不应动作，防止供电中断而造成不必要的经济损失。

漏电保护器的额定动作电流应满足以下三个条件：

① 为了保证人身安全，额定动作电流应不大于人体安全电流值，国际上公认不高于 30 mA 为人体安全电流值；

② 为了保证电网可靠运行，额定动作电流应大于低电压电网正常漏电电流；

③ 为了保证多级保护的选择性，下一级额定动作电流应小于上一级额定动作电流。

a. 第一级漏电保护器安装在配电变压器低压侧出口处。该级保护的线路长，漏电电流较大，其额定动作电流在无完善的多级保护时，最大不得超过 100mA；具有完善多级保护时，漏电电流较小的电网，非阴雨季节为 75mA，阴雨季节为 200mA，漏电电流较大的电网，非阴雨季节为 100mA，阴雨季节为 300mA。

b. 第二级漏电保护器安装于分支线路出口处，被保护线路较短，用电量不大，漏电电流较小。漏电保护器的额定动作电流应介于上、下级保护器额定动作电流之间，一般取 30～75mA。

c. 第三级漏电保护器用于保护单个或多个用电设备，是直接防止人身触电的保护设备。被保护线路和设备的用电量小，漏电电流小，一般不超过 10mA，宜选用额定动作电流为 30mA、动作时间小于 0.1s 的漏电保护器。

（5）漏电保护器的安装和运行维护

除应遵守常规的电气设备安装规程外，还应注意以下几点：

① 漏电保护器的安装应符合生产厂家产品说明书的要求。

② 标有电源侧和负荷侧的漏电保护器不得接反。如果接反，会导致电子式漏电保护器的脱扣线圈无法随电源切断而断电，以致长时间通电而烧毁。

③ 安装漏电保护器不得拆除或放弃原有的安全防护措施，漏电保护器只能作为电气安全防护系统中的附加保护措施。

④ 安装漏电保护器时，必须严格区分中性线和保护线。使用三极四线式和四极四线式漏电保护器时，中性线应接入漏电保护器。经过漏电保护器的中性线不得作为保护线。

⑤ 工作零线不得在漏电保护器负荷侧重复接地，否则漏电保护器不能正常工作。

⑥ 采用漏电保护器的支路，其工作零线只能作为本回路的零线，禁止与其他回路工作零线相连，其他线路或设备也不能借用已采用漏电保护器后的线路或设备的工作零线。

⑦ 安装完成后，要按照《建筑电气工程施工质量验收规范》（GB 50303—2002）3.1.6 条款，即"动力和照明工程的漏电保护器应做模拟动作试验"的要求，对完工的漏电保护器进行试验，以保证其灵敏度和可靠性。试验时可操作试验按钮三次，带负荷分合三次，确认动作正确无误方可正式投入使用。

漏电保护器在使用中发生跳闸，经检查未发现开关动作原因时，允许试送电一次，如果再次跳闸，应查明原因，找出故障，不得连续强行送电。

漏电保护器一旦损坏不能使用时，应立即请专业电工进行检查或更换。如果漏电保护器发生误动作和拒动作，其原因一方面是由漏电保护器本身引起，另一方面是来自线路的缘由，应认真具体分析，不要私自拆卸和调整漏电保护器的内部器件。

　　（6）漏电保护器使用注意事项

　　① 漏电保护器适用于电源中性点直接接地或经过电阻、电抗接地的低压配电系统。对于电源中性点不接地的系统，不宜采用漏电保护器，因为后者不能构成泄漏电气回路，即使发生了接地故障，产生了大于或等于漏电保护器的额定动作电流，该保护器也不能及时动作切断电源回路。显而易见，必须具备接地装置，电气设备发生漏电时，且漏电电流达到动作电流时，就能在 0.1s 内立即跳闸，切断电源主回路。

　　② 漏电保护器保护线路的工作中性线 N 要通过零序电流互感器，否则，接通后，就会有一个不平衡电流使漏电保护器产生误动作。

　　③ 接零保护线（PE）不准通过零序电流互感器。因为保护线（PE）通过零序电流互感器时，漏电电流经保护线又回穿过零序电流互感器，导致电流抵消，而互感器上检测不出漏电电流值，在出现故障时，造成漏电保护器不动作，起不到保护作用。

　　④ 控制回路的工作中性线不能进行重复接地。一方面，重复接地时，在正常工作情况下，工作电流的一部分经由重复接地回到电源中性点，在电流互感器中会出现不平衡电流。当不平衡电流达到一定值时，漏电保护器便产生误动作；另一方面，因故障漏电时，保护线上的漏电电流也可能穿过电流互感器回到电源中性点，抵消了互感器的漏电电流，使保护器拒绝动作。

　　⑤ 漏电保护器后面的工作中性线（N）与保护线（PE）不能合并为一体。如果二者合并为一体时，当出现漏电故障或人体触电时，漏电电流经由电流互感器回流，结果又雷同于上面，造成漏电保护器拒绝动作。

　　⑥ 被保护的用电设备与漏电保护器之间的各线互相不能碰接。如果出现线间相碰或零线间相交接，会立刻破坏零序平衡电流，引起漏电保护器误动作。另外，被保护的用电设备只能并联安装在漏电保护器之后，接线保证正确，不许将用电设备接在实验按钮的接线处。

五　电气防火与防爆

1.引起电气火灾的原因

　　引起电气火灾的原因有以下两方面：

　　① 电气设备或线路过热。

　　② 电火花和电弧。

　　使电气设备或线路过热有下面六方面的原因：

　　① 电气设备或线路长期过载。

　　② 电气设备或线路发生短路故障。

　　③ 电气线路及设备、开关等出现接触不良现象，引起过热或电火花。

④ 电气设备的铁芯过热。

⑤ 电气设备散热不良，从而使设备温度升高。

⑥ 电热设备使用不当。

2.危险场所划分

（1）危险场所判断

① 危险物品　除考虑危险物种类，还必须考虑物品的自燃点、闪点、爆炸极限、密度等物理性能，工作温度和压力及数量、配置，出现爆炸性混合物的范围。

② 危险源　考虑危险物品的特性、数量或扩散情况。

③ 通风　室内原则上应视为阻碍通风，但如安装了强制通风设备，则不视为阻碍通风场所。

④ 危险场所判断程序　首先检查有无危险源。如无危险源，则不作为爆炸危险场所。若有危险源，再研究形成爆炸性混合物的可能性。

（2）危险场所的划分

① 气体、蒸气爆炸危险场所。各级区域的特征。

a. 0区：指正常运行时，连续出现或长时间出现或短时间频繁出现爆炸性气体、蒸气或薄雾的危险区域。

b. 1区：指正常运行时，可能出现爆炸性气体、蒸气或薄雾的危险区域。

c. 2区：指正常运行时，不出现爆炸性气体、蒸气或薄雾，即使出现也仅可能是短时间存在的区域。

② 非爆炸危险区域。凡符合下列条件之一时，可划分为非爆炸危险区域。

a. 没有释放源，且不可能有易燃物质侵入的区域。

b. 易燃物质可能出现的最大体积浓度不超过爆炸下限的10%的区域。

c. 在生产过程中，使用明火的设备附近，或使用表面温度超过该区域易燃物质引燃温度的炽热部件的设备附近。

d. 在生产装置区外，露天或敞开安装的输送爆炸危险物质的架空管道地带。

3.燃烧和爆炸

火灾和爆炸（这里指的是化学爆炸）都是同燃烧直接联系的。燃烧一般具备以下三个条件：

① 有着火源存在。凡能引起可燃物质燃烧的热能源即为着火源，如明火、电火花、灼热的物体等。

② 有助燃物质存在。凡能帮助燃烧的物质称为助燃物质。如氧气、氯酸钾、高锰酸钾等。

③ 有固体、液体和气体可燃物质存在。凡是能与空气中的氧气强烈氧化作用的物质都属于可燃物，如木材、纸张、钠、镁、汽油、乙醇、乙炔、氢气等。

大部分可燃物质，不论是液体还是固体，其燃烧往往是在蒸气或气体状态下进行的，燃烧时产生火焰。但有的物质不能转变成气态燃烧，如焦炭的燃烧是呈灼热状态的燃烧，燃烧时不产生火焰。就燃烧速度而言，气体最快，液体次之，固体最慢。

爆炸是和燃烧密切联系的。凡是发生瞬间的燃烧，同时生成大量的热和气体，并以很大的压力向四周扩散的现象，都叫做爆炸。爆炸分为物理性爆炸和化学性爆炸。

物理性爆炸是由于液体（固体）变成蒸气或气体，体积膨胀，压力急剧增加，大大超过容器所能承受的极限压力而发生的爆炸。如蒸汽锅炉、压缩和液化气瓶等爆炸，都属于物理性爆炸，物理性爆炸能间接引起火灾。

化学性爆炸是由于爆炸性物质本身发生了化学反应，产生大量气体和较高温度的爆炸。如可燃气体、可燃蒸气、粉尘与空气形成混合物的爆炸都属于化学性爆炸。化学性爆炸能直接造成火灾。

4.电气火灾和爆炸原因

电气火灾火势凶猛，如不及时扑灭，势必迅速蔓延。为了防止电气火灾和爆炸，首先应当了解电气火灾和爆炸的原因。在运行中，电流的热量和电流的火花或电弧是引起电气火灾和爆炸的直接原因。

（1）危险温度

危险温度是电气设备过热引起的，而电气设备过热主要是由电流的热量造成的。导体的电阻虽然很小，但其电阻总是客观存在的，因此，电流通过导体时要消耗一定的电能，这部分电能以发热的形式消耗掉。应当指出，对于电动机和变压器等带有铁磁材料的电气设备，除电流通过导体产生热量外，交变电流的交变磁场还会在铁磁材料中产生热量。可见，这类电器设备的铁芯也是一个重要的热源。有机械运动的电气设备，工作中会由于轴承摩擦、电刷摩擦等引起发热，使温度升高。此外，当电气设备的绝缘性能下降时，通过绝缘材料的泄漏电流增加，可能导致绝缘材料温度升高。由以上说明可知，电气设备运行时总是要发热的。但是，正确设计、正确施工以及正确运行的电气设备，其最高温度与周围环境之差不会超过某一允许范围。这就是说，电气设备正常的发热是允许的。当电气设备的正常运行遭到破坏时，发热量增加，温度升高，在一定条件下可以引起火灾。

引起电气设备过度发热的不正常运行有以下几种情况：

① 短路。线路中电流过大，产生的热量又和电流的平方成正比，若温度达到可燃物的自燃点，即引起燃烧，从而导致火灾。

② 过载。

a. 设计、选用线路和设备不合理。

b. 使用不合理。

c. 设备故障运行。

③ 接触不良。导线接头、控制器触点等接触不良是诱发电气火灾的重要原因。所谓"接触不良"，其本质是接触点电阻变大引起功耗增大。

④ 铁芯发热。变压器绕组和铁芯在运行中会发热，其发热的主要因素是铜损和铁损。

⑤ 散热不良。指电气设备散热通风措施遭到破坏，使散热不良，造成电气设备过热。

（2）电火花和电弧

电火花是电极间的击穿放电；电弧是由大量的电火花汇集成的。在生产和生活中，电火花是经常见到的。电火花包括工作火花和事故火花两类。

工作火花是指电气设备正常工作时或正常操作过程中产生的火花。事故火花是线路或设备发生故障时出现的火花。以下情况可能引起空间爆炸：

① 周围空间有爆炸性混合物，在危险温度或电火花作用下引起空间爆炸。

② 充油设备的绝缘油在电弧作用下分解和汽化，喷出大量油雾和可燃气体，引起空间爆炸。

③ 发电机氢冷装置漏气、酸性蓄电池排出氢气等，形成爆炸性混合物，引起空间爆炸。

5.防爆电气设备

① 隔爆型（标志 d）：是一种具有隔爆外壳的电气设备，其外壳能承受内部爆炸性气体混合物的爆炸压力并阻止内部的爆炸向外壳周围爆炸性混合物传播。适用于爆炸危险场所的任何地点。

② 增安型（标志 e）：在正常运行条件下不会产生电弧、电火花，也不会产生足以点燃爆炸性混合物的高温。在结构上采取种种措施来提高安全程度，以避免在正常和认可的过载条件下产生电弧、电火花和高温。

③ 本质安全型（标志 ia 、ib）：在正常工作或规定的故障状态下产生的电火花和热效应均不能点燃规定的爆炸性混合物。这种电气设备按使用场所和安全程度分为 ia 和 ib 两个等级。ia 等级设备在正常工作、一个故障和两个故障时均不能点燃爆炸性气体混合物。ib 等级设备在正常工作和一个故障时不能点燃爆炸性气体混合物。

④ 正压型（标志 p）：它具有正压外壳，可以保持内部保护气体，即新鲜空气或惰性气体的压力高于周围爆炸性环境的压力，阻止外部混合物进入外壳。

⑤ 充油型（标志 o）：它是将电气设备全部或部分部件浸在油内，使设备不能点燃油面以上的或外壳外的爆炸性混合物。如高压油开关即属此类。

⑥ 充砂型（标志 q）：在外壳内充填砂粒材料，使其在一定使用条件下壳内产生的电弧、传播的火焰、外壳壁或砂粒材料表面的过热均不能点燃周围爆炸性混合物。

⑦ 无火花型（标志 n）：正常运行条件下，不会点燃周围爆炸性混合物，且一般不会发生有点燃作用的故障。这类设备的正常运行是指不应产生电弧或电火花。电气设备的热表面或灼热点也不应超过相应温度组别的最高温度。

⑧ 特殊型（标志 s）：指结构上不属于上述任何一类，而采取其他特殊防爆措施的电气设备。如填充石英砂型的设备即属此列。

以上介绍的电气设备防爆类型标志有 d、e、ia 和 ib、p、o、q、n、s 八种形式。

6.防爆场所电气线路敷设

① 选用的防爆电器设备的级别、组别，不应该低于爆炸危险场所内爆炸性混合物的级别和组别。

② 防爆电器设备应该有标志 Ex（Explosion），铭牌上应该有防爆等级标志、防

爆合格证书编号。

③ 电气线路应尽量在远离释放源的地方或者爆炸危险性较小的环境内敷设。

④ 铺设电气线路的沟道、电缆或钢管，所穿过的不同区域之间或楼板处的孔洞，应该采用非燃性材料严密堵塞。

⑤ 在爆炸危险场所选用导线或者电缆（单芯）的截面积：0 区，本质安全型用 0.5mm²；1 区：控制通讯、照明用 1.5mm²，动力用 2.5mm²；2 区：可用 1.5mm²。移动设备 1、2 区都要用 2.5mm²，且要用重型合成橡胶电缆。

⑥ 电气线路敷设应该尽量避免有中间接头。必须分路或者接头时，可以用防爆接线盒。

⑦ 爆炸危险场所的配线方法：在 0 区，只允许本质安全设备配线；在 1 区，可用镀锌钢管配线或者用低压电缆配线，不准用高压电缆配线；在 2 区，允许用低压电缆配线，低压可用钢管和电缆配线。

⑧ 电缆敷设时，电力电缆与通讯、信号电缆分开，高压电缆与低压、控制电缆分开。

⑨ 输电架空线不允许跨越爆炸危险场所，距离爆炸危险场所的距离不应小于 1.5 倍的电杆高度。

⑩ 本质安全型电路用的电缆或导线需是蓝色。

⑪ 本质安全型电路和非本安电路在同一接线箱内接线时，需要有绝缘隔板分隔，距离至少 50mm。

⑫ 本质安全型和非本安电路配线，不应该发生混触，要避免发生静电感应和电磁感应现象。

⑬ 本质安全型电路和非本安电路或其他电路不允许用同一根电缆，也不应在同一根钢管里铺设。

⑭ 接地：

a. 凡在爆炸危险场所里的防爆电气设备、金属构架、金属配线钢管、电缆金属护套均应接地。

b. 如果防爆电器设备是固定在金属构架上，电气设备仍然需要单独接地。

c. 接地线应单独与接地干线相连。

d. 接地线的截面积和绝缘等级应与相线相同。

e. 接地电阻不大于 4Ω。

f. 本质安全型电源的屏蔽层应在非爆炸危险场所一头接地。

g. 防爆电器设备如由主腔和接线腔组成，需要内外接地。

h. 防爆电器设备的安装固定螺栓不能认为是接地螺栓。

⑮ 电气线路钢管敷设时，无特殊要求，可不设置金属跨接线。

⑯ 隔爆型电气设备的隔爆接合面应无砂眼、机械伤痕、锈蚀，严禁涂油漆。

⑰ 隔爆接线盒内壁应涂耐弧漆。

⑱ 隔爆电动机和风机的轴和轴孔、风扇与端罩之间在正常工作状态下，不应该产生摩擦。

⑲ 隔爆插销，一定要有断电后才能插入或者拔出插头的连锁装置。

⑳ 除了本质安全型设备外，都应有切断电源后开启的警告牌。

㉑ 正压型防爆电气设备的取风口应该在非危险场所。

㉒ 电气线路进入防爆电器设备应该注意下列要求：

a. 电气线路可以用电缆或者导线配线，进入电气设备时必须配相应的橡胶密封圈。

b. 电缆的外径和密封圈内径相配合，误差小于1mm，导线的根数必须与密封圈的孔数相同，配合尺寸误差小于0.5mm。

c. 电气设备的电缆引入装置，安装密封圈处，不应有螺纹，它与电缆引入装置内孔相配合，误差小于1mm。

d. 必须保证安装完毕后，电缆的外护套和导线的绝缘都在密封圈内。

7.电气防火防爆措施

（1）消除或减少爆炸性混合物

这项措施属于一般性防火防爆措施。在爆炸危险场所，如有良好的通风装置，能降低爆炸性混合物的浓度，场所危险等级可以考虑降低。蓄电池室可能有氢气排出，应有良好的通风。变压器室一般采用自然通风。通风系统应用非燃烧性材料制作，结构应坚固，连接应紧密；通风系统不应有阻碍气流的死角；电气设备应与通风系统联锁，运行前必须先通风。进入电气设备和通风系统内的气体不应含有爆炸危险物质或其他有害物质。

（2）隔离间距

隔离是将电气设备分室安装，并在隔墙上采取封堵措施，以防止爆炸性混合物流入。变、配电室与爆炸危险场所或火灾场所毗邻时，隔墙应是非燃烧材料制成的。毗邻变、配电室的门、窗应向外开，通向无火灾和爆炸危险的场所。变、配电室是工业和企业的枢纽，电气设备较多，而且有些设备工作时产生电火花和较高温度，其防火、防爆要求比较严格。

（3）消除引燃源

为了防止出现电气引燃源，应根据危险场所特征和级别选用相应种类和级别的电气设备和电气线路，并应保持电气设备和电气线路安全运行。保持设备清洁有利于防火。在爆炸危险场所，应尽量少用便携式电气设备，应尽量少装插销座和局部照明灯。

（4）危险场所接地和接零

爆炸危险场所的接地、接零比一般场所要求高。

① 接地、接零实施范围。除生产上有特殊要求以外，一般场所不要求接地（或接零）的部分仍应接地（或接零）。

② 整体性连接。在爆炸危险场所，必须将所有设备的金属部分、金属管道、以及建筑物的金属结构全部接地（或接零），并连接成连续整体，以保持电流途径不中断。

③ 保护导线。单相设备的工作零线应与保护零线分开，相线和工作零线均应装设短路保护装置，并装设双极开关同时操作相线和工作零线。

④ 保护方式。在不接地电网中，必须装设一相接地时或严重漏电时能自动切断电源的保护装置或能发出声、光双重信号的报警装置。

（5）保持电气设备正常运行

电气设备运行中产生的电火花和危险温度是引起火灾的重要原因。保持电压、电流、温升等不超过允许值是为了防止电气设备过热。在有气体或蒸气爆炸性混合物的爆炸危险场所，根据自燃点的组别，选择电气设备的极限温升。必须保持电气设备绝缘良好。在运行中，应保持各导电部分连接可靠，接触良好。保持良好的导电性能。保持设备清洁有利于防火。

（6）消防供电

为了保证消防设备不间断供电，应考虑建筑物的性质、火灾危险性、疏散和火灾扑救难度等因素。在室内高度超过 24m 的公共场所和高度超过 50m 的可燃物品场所，以及超过 4000 个座位的体育馆、超过 2500 个座位的会场等大型公共建筑，其消防设备应采取一级负荷供电。室外消防用水量大于 0.03m³/s 的工厂、仓库或室外消防用水量大于 35L/s 的易燃材料堆、油罐、可燃气体储罐，以及室外消防用水量大于 0.025m³/s 的公共建筑，应专线供电。消防水泵、消防电梯、火灾事故照明、防烟、排烟等消防用电设备在火灾时必须确保运行，从保障安全和方便使用。

（7）其他防火防爆措施

为了防火防爆，必须采取包括组织措施在内的综合措施。要保证堵塞危险漏洞。采用耐火设施对现场防火有很重要的作用。变配电室、酸性蓄电池室、电容器室应为耐火建筑，临近室外变、配电装置的建筑物外墙也应耐火。密封也是一种防爆措施。密封有两个含义：一是把危险物质尽量装在密闭容器内，限制爆炸性物质的产生和散逸；二是把电气设备或电气设备可能引爆的部件密封起来，消除引爆的因素。

六　低压配电室、配电盘及电动机安装与安全要求

1.低压配电室的安全要求

① 低压配电室必须封闭管理，设专人负责，落实岗位责任制。

② 配电室室内必须配备安全防护用品并定期检验，配电室至少每月要清扫一次。

③ 低压配电装置运行维护管理必须遵守下列规定：

a. 低压配电装置的有关设备，应定期清扫和检测绝缘电阻。检测时应用 500V 兆欧表测量母线、断路器、接触器和互感器的绝缘电阻，以及二次回路的对地绝缘电阻等。

b. 低压断路器故障跳闸后，在查明及消除跳闸原因后，方可合闸。

c. 对频繁操作的功率补偿电容用交流接触器，每 3 个月检测一次。

d. 经常检查熔断器的熔体与实际负荷是否相匹配，各连接点接触是否良好，有无烧损现象。

e. 对配电室内漏电保护器每月按跳闸按钮一次进行跳闸保护试验，不合格更换。

④ 要经常对配电室进行检查和维护，及时发现问题和消除隐患。

⑤ 配电室内各种形式的检查、检测应做好记录，并保存三年。

⑥ 配电室操作电工必须严格遵守相关各项安全操作规程。非持证人员严禁上岗操作。无关人员严禁进入配电室，如需进入，必须经领导同意方可进入。

⑦ 工作前，必须检查工具、防护用具是否完好。

⑧ 任何电器设备未经验电，一律视为有电，不准用手触及。

⑨ 维修电气设备时须断电操作，并挂上"禁止合闸，有人工作"标示牌，验明无电后方可进行工作。

⑩ 室内检修，如需停电，应一人监护一人操作，先停低压电各分路开关，后停低压电总开关，再停高压开关，并分别挂停电指示牌，封挂地线，确认停电无误方可检修。

⑪ 电气设备的金属外壳必须接地，接地线要符合标准。有电设备不准断开外壳接地线。

⑫ 动力配电盘、配电箱、开关、变压器等各种电气设备附近，不准堆放各种易燃易爆、潮湿和其他影响操作的物件。

⑬ 电气设备发生火灾时，要立即切断电源，并使用四氯化碳或二氧化碳灭火，严禁用水灭火。

⑭ 高压送电操作：

a. 先合室外高压电隔离开关；

b. 合室内高压柜总进线开关；

c. 合室内高压柜变压器出线开关给变压器送电。

⑮ 室内低压送电操作：

a. 拆除停电指示牌，检查检修工具；

b. 先合低压柜总开关，再合各分路开关；

c. 监视电压电流情况，发现问题及时反馈处理

⑯ 电气设备停电后，在未拉闸和做好安全措施以前应视为有电，不得触及设备和进入遮栏，以防突然来电。

⑰ 工作人员进行各项操作检修时，必须按规定穿戴合格的防护用品。

2.配电盘的安装与安全要求

① 配电盘安装稳固。盘内设备与各构件间连接牢固。

② 配电盘、柜的接地应牢固良好。装有电器的可开启的盘、柜门，应以软导线与接地的金属构架可靠连接。

③ 配电盘内端子箱安装应牢固，封闭良好，安装位置应便于检查，成列安装时，应排列整齐。

④ 配电盘内布线要横平竖直，螺钉不能有松动，线头接触良好。

⑤ 配电盘内各元件固定可靠、无松动，触点无氧化、无毛刺。

⑥ 配电盘内二次回路的连接件均应采用铜质制品。接线的具体要求如下：

a. 电气回路的连接（螺栓连接、插接、焊接等）应牢固可靠。

b. 电缆芯线和所配导线的端部均应标明其回路编号；编号应正确，字迹应清晰且不易脱色。

c. 配线整齐、清晰、美观；导线绝缘良好，无损伤。

d. 盘、柜内的导线不应有接头。

e. 每个端子板的每侧接线一般为一根，不得超过两根。

⑦ 400V 及以下的二次回路的带电体之间或带电体与接地间，电气间隙应符合规范和设计要求。

⑧ 用于连接可动部位（门上电器、控制台板等）的导线应符合下列要求：

a. 应采用多股软导线，敷设时应有适当余量。

b. 线束应有加强绝缘层（如外套塑料管等）。

c. 与电器连接时，端部应绞紧，不得松散、断股。

d. 在可动部位两端，应用卡子固定。

⑨ 引进配电盘、柜内的控制电缆及其芯线应符合下列要求：

a. 引进盘、柜的电缆应排列整齐，避免交叉，并应固定牢固，不使所接的端子板受到机械应力。

b. 铠装电缆的钢带不应进入盘、柜内；铠装钢带切断处的端部应扎紧。

c. 用于晶体管保护、控制等逻辑回路的控制电缆，当采用屏蔽电缆时，其屏蔽层应予接地；如不采用屏蔽电缆，则其备用芯线应有一根接地。

d. 橡胶绝缘芯线应有外套绝缘管保护。

e. 配电盘、柜内的电缆芯线，应按垂直或水平方向有规律地配置，不得任意歪斜交叉连接；备用芯线应留有适当余量。

⑩ 在绝缘导线可能遭到油类污蚀的地方，应采用耐油的绝缘导线，或采取防油措施。

3. 电动机的安装与安全要求

（1）电动机的安装环境要求

通风良好、灰尘少、操作和维护方便、不潮湿（绝缘电阻降低，漏电可能性增大；生锈腐蚀易导致金属间接触不良，接地回路电阻增大甚至断开，威胁电动机安全运行）。

（2）安装基础要求

较强机械强度，不易变形；固定牢靠，保持电动机在规定位置而不产生位移。

（3）启动前的检查

① 熟记与电动机性能有关的数据，如电动机额定转速、额定功率、额定电压、额定电流等。

② 确认电动机能满足所传动的工作机械的性能要求，如转速、启动电流、电压等。

③ 检查安装情况、周围环境状况是否适合。

④ 确认进入出线盒的电源线连接可靠，电动机外壳处的接地线接触良好。

⑤ 检查电源开关、隔离开关、测量仪表、保护装置、启动柜等是否处于正常状态。

⑥ 检查电动机的冷却系统是否达到了说明书的要求。

⑦ 如有必要，应检查绝缘电阻是否达到规定要求。如有必要应确认电动机的旋转方向。

（4）启动后的检查

① 检查电动机的旋转方向。

② 检查电动机在启动和加速时有无异常声响和振动。

③ 检查启动电流是否正常，电源的电压降是否过大。

④ 检查启动时间是否正常。

⑤ 检查启动后的负载电流是否正常（应低于铭牌上标记的额定电流），三相电压、电流是否平衡。

⑥ 检查启动装置在启动过程中是否正常。

（5）运行中的检查和维护

① 电动机运转是否正常，可以从电动机发出的声响、转速、温度、工作电流等进行判断。如在运行中的电动机发生漏电、转速突然降低、发生剧烈振动、有异常声响、过热冒烟或控制电器接点打火冒烟这些现象之一时，应立即断电停机检修。

② 倾听电动机运转时发出的声响，如果发现有较大的"嗡嗡"声，不是电流大就是缺相运行。如出现异常的摩擦声，可能是轴承损坏有扫膛现象。如有轻度的异声，可用木棍或长杆改锥一端顶到电动机轴承部位，一端贴近耳朵，细心分辨发出的声响是否异常。如有异常声响，说明轴承有问题，应及时更换，以免使轴承保持架损坏，造成转子与定子摩擦扫膛，烧毁电动机定子绕组。

③ 观察控制电器接点及电动机接线点是否有松动、异常升温或打火，绝缘有没有老化，接触器有没有异常的振动或声响，触点吸合后是否打火。如发现这些问题，应尽早处理解决，以免酿成事故。

七 电气设备设置、安装安全要求与防护

1.电气设备设置安全要求

① 电气设备要采取保护接地或接零。

② 在电气设备系统和有关工作场所装设安全标志。

③ 设备的带电部分对地和带电部分之间应保持一定的安全距离。

④ 对地面裸露的带电设备要采取可靠的防护措施。

⑤ 采用可靠的触电保安器及漏电保护开关。

⑥ 定期对电气设备进行绝缘试验。

⑦ 低压电力系统要装设保护性中性线。

⑧ 对某些电气设备和电动工具采取特殊的安全措施。

2.电气设备安装的安全要求

① 电气设备的金属外壳，可能由于绝缘损坏而带电的，安装时必须根据技术条件采取保护接地或接零措施。

② 行灯的电压不能超过 36V，在金属容器内或者潮湿处所不能超过 12V。

③ 手电钻、角磨机、电锤等手持电动工具，在使用前必须采取保护性接地或接零措施。

④ 产生大量蒸气、气体、粉尘的工作场所，要使用密闭式电气设备；有爆炸危险的气体或者粉尘的工作场所，要使用防爆型电气设备。

⑤ 电气设备和线路都要符合安全规格，电气设备安装完毕后的运行过程中应该定期检修。

⑥ 电气设备必须设有可熔保险器或者自动空气开关。

⑦ 电气设备和线路的绝缘必须良好。裸露的带电导体应该安装于碰不着的位置，否则必须设置安全遮栏和明显的警告标志。

⑧ 电气设备的开关应该由设备操作者专人管理。

3.电气设备的安全防护要求

① 电气设备的金属外壳要采取保护接地或接零。

② 安装带漏电保护功能的自动断电装置。

③ 尽可能采用安全电压。

④ 保证电气设备具有良好的绝缘性能。

⑤ 采用电气安全用具。

⑥ 设立屏护装置。

⑦ 保证人或物与带电体的安全距离。

⑧ 易产生过电压的电力系统，应有避雷针、避雷线、避雷器、保护间隙等过程电压保护装置。

⑨ 在电气设备的安装地点应设安全标志。

⑩ 对各种高压用电设备，应采取装设高压熔断器和断路器等不同类型的保护措施；对低压用电设备，应采取相应的低压电器保护措施。

⑪ 定期检查用电设备。

八 电气火灾的原因与防范措施

1.造成电气火灾的原因

（1）短路火灾

电气线路中的裸导线或绝缘导线的绝缘体破损后，火线与零线及火线与地线在某一处碰在一起，引起电流突然增大很多倍的现象叫短路，俗称连电。由于短路时电阻突然减少，电流突然增大，其瞬间的发热量很大，大大超过了线路正常工作时的发热量，并在短路点产生强烈的电火花和电弧，不仅能使绝缘层迅速燃烧，而且能使金属熔化，引起附近的可燃物燃烧，造成火灾。

（2）超负荷火灾

当导线中通过的电流量超过了安全载流量时，导线的温度不断升高，这种现象就叫导线超负荷。当导线超负荷时，加快了导线绝缘层老化变质。当严重超负荷时，导线的温度会不断升高，甚至会引起导线的绝缘发生燃烧，并能引燃导线附近的可燃物，从而造成火灾。

（3）接触电阻过大火灾

导线与导线，导线与开关、熔断器、仪表、电气设备等连接的地方都有接头，在接头的接触面上形成的电阻称为接触电阻。当有电流通过接头时会发热，这是正常现象。如果接头处理良好，接触电阻不大，则接头点的发热就很少，可以保持正常温度。如果接头中有杂质、连接不牢靠或其他原因使接头接触不良，造成接触部位的局部电阻过大，当电流通过接头时，就会在此处产生大量的热，形成高温。在有较大电流通过的电气线路上，如果在某处出现接触电阻过大现象，就会在接触电阻过大的局部范围内产生极大的热量，使金属变色甚至熔化，引起导线的绝缘层发生燃烧，并引燃附近的可燃物，从而造成火灾。

（4）漏电火灾

所谓漏电，就是线路的某一个地方因为某种原因（自然原因或人为原因，如潮湿、高温、碰压、划破、摩擦、腐蚀等）使电线的绝缘或支架材料的绝缘能力下降，导致电线与电线之间（通过损坏的绝缘、支架等）、导线与大地之间有一部分电流通过。当漏电发生时，漏泄的电流在流入大地途中遇电阻较大的部位，会产生局部高温，致使附近的可燃物燃烧，从而引起火灾。此外，在漏电点产生的漏电火花同样也会引起火灾。

2.防止电气火灾的措施

（1）防止电气火灾的预防措施

① 对用电线路进行巡视，以便及时发现问题。

② 严禁乱接乱拉导线。安装线路时，要根据用电设备负荷情况合理选用相应截面的导线。导线与导线之间，导线与建筑构件之间及固定导线用的绝缘子之间应符合规程要求的间距。

③ 检查线路上所有连接点是否牢固可靠，要求附近不得存放可燃物品。

④ 安装线路和施工过程中，要防止划伤、磨损、碰压导线绝缘，并注意导线连接接头质量及绝缘包扎质量。

⑤ 在潮湿、高温或有腐蚀性物质的场所，严禁绝缘导线明敷，应采用套管布线。在多尘场所，线路和绝缘子要经常打扫。

⑥ 在设计和安装电气线路时，导线和电缆的绝缘强度要满足网路的额定电压，绝缘子也要根据电源的不同电压进行选配。

⑦ 定期检查线路熔断器，选用合适的保险丝，不得随意调粗保险丝，更不准用铝线和铜线等代替保险丝。

（2）重视电气火灾的前兆

电气火灾前，都有一种前兆，要特别引起重视，就是电线因过热首先会烧焦绝缘外皮，散发出一种烧胶皮、烧塑料的难闻气味。所以，当闻到此气味时，应首先想到可能是电气方面原因引起的，如查不到其他原因，应立即拉闸停电，直到查明原因、妥善处理后，才能合闸送电。万一发生了火灾，不管是否是电气方面引起的，首先要想办法迅速切断火灾范围内的电源。因为如果火灾是电气方面引起的，切断了电源，也就切断了起火的火源；如果火灾不是电气方面引起的，也会烧坏电线的绝缘，若不切断电源，烧坏的电线会造成碰线短路，引起更大范围的电线着火。发生电气火灾时，应盖土、盖沙或使用灭火器，但决不能使用泡沫灭火器，因为此种灭火器的灭火剂是导电的。

九　电气火灾的扑救与安全要求

1.电气火灾的扑救

在处理电气火灾的时候，一定要以保障自身安全为前提，要按照以下步骤进行。

① 要设法迅速切断电源，防止救火过程中导致人身触电事故。

② 如需切断电线时，必须在不同部位剪断不同相线。剪断空中电线时，剪断位置最好选在电源方向支持物附近，对已落下来的电线应设置警戒区域。

③ 充油电气设备着火时应立即切断电源再灭火。备有事故储油池的，必要时设法将油放入池内。地面上的油火不能用水喷射，因为油火漂浮水面会蔓延火情，只能用消防干砂来灭地面上的油火。

④ 带电灭火切记要采用不导电的灭火剂，如二氧化碳、四氯化碳、2111、干粉等，都是不导电的。泡沫灭火器的灭火剂有导电性能，只能用来扑灭明火，不能用于带电灭火。带电灭火人员应与带电体保持安全距离。

⑤ 切断电源的地点要选择适当，在拉闸时最好使用绝缘工具操作。

⑥ 为了及时扑救电气火灾，现场必须备有常用的消防器材和带电灭火器材，并且平时定期检查器材是否完好、灭火器是否在有效期。

⑦ 当火势很大、自备消防器材难以扑灭时，应立即通知消防部门，千万不能耽误灭火最佳时期。

2.电气灭火的安全要求

① 按灭火剂的种类选择适当的灭火器。二氧化碳、四氯化碳、1211、干粉等灭火器的灭火剂都是不导电的，可用于带电灭火。泡沫灭火剂（水溶液）有一定的导电性，而且对电气设备的绝缘有影响，不宜用于带电灭火。

② 人体与带电体之间要保持必要的安全距离。用水灭火时，水枪喷嘴至带电体的距离：电压110kV及以下者不应小于3m，220kV及以上者不应小于5m。用二氧化碳等不导电灭火剂的灭火器时，喷嘴至带电体的最小距离：10kV者不应小于0.4m，36kV者不应小于0.6m。

③ 对高空设备灭火时，人体与带电体之间的仰角不应大于45°，并应站在设备外侧，以防坠落造成伤害。

④ 高压电气设备及线路发生火灾时，救援人员必须穿绝缘靴、戴绝缘手套。

⑤ 使用喷雾水枪灭火时，应穿绝缘靴、戴绝缘手套，未穿绝缘靴的扑救人员，要防止因地面水渍导电而触电。可以将水枪喷嘴接地。除让灭火人员穿戴绝缘手套和绝缘靴外，还可以穿均压服。

⑥ 如遇带电导线跌落地面，要划出一定的警戒区，防止跨步电压伤人

⑦ 充油电气设备灭火。充油设备的油闪点多在 130～140℃之间，有较大的危险性。如果只在设备外部起火，可用二氧化碳、二氟一氯一溴甲烷、干粉等灭火器带电灭火。如火势较大，应切断电源，并用水灭火。如油箱破坏、喷油燃烧，火势很大时，除切断电源外，有事故储油坑的应设法将油放进储油坑，坑内和地上的油火可用泡沫扑灭。发电机和电动机等旋转电机起火，用喷雾水灭火，并使其冷却，也可用二氧化碳、二氟一氯一溴甲烷或蒸汽灭火，但不宜用干粉、沙子或泥土灭火，以免损伤电气设备的绝缘。

十　常用灭火器及消防栓的使用

1.干粉灭火器

步骤：用手握住压把—用右手提着灭火器到现场并倒立上下晃动—拆除铅封，拔出保险销—在距火焰 2～3m 的地方（站在上风处），左手拿着喇叭筒（软管），右手用力压下压把—对准火焰根部喷射，并不断左右扫射，直至把火焰扑灭。

适用范围：适用于扑救各种固体火灾、液体火灾和气体火灾，以及电气设备火灾（600V 以下）。

2.二氧化碳灭火器

步骤：用手握住压把—用右手提着灭火器到现场—拆除铅封，拔出保险销—在距火焰 2～3m 的地方（站在上风处），左手拿着喇叭筒，右手用力压下压把—对准火焰根部喷射，并不断左右扫射，直至把火焰扑灭。

适用范围：适用于扑救各种固体火灾、液体火灾和气体火灾，以及电气设备火灾（600V 以下）；还可扑救仪器仪表、图书、档案等的初起火灾。

> **注意：** 使用时要尽量防止皮肤因直接接触喷筒和喷射胶管而造成冻伤。扑救电气火灾时，如果电压超过 600V，切记要先切断电源后再灭火。

3.泡沫灭火器

步骤：取出灭火器—将灭火器保持平衡（不能颠倒）提到现场—右手握住筒上把手，左手执筒底边缘—把灭火器颠倒过来呈垂直状态，右手抓筒身，左手抓筒底边缘，用劲上下晃动几下，站在离火源 8m 的地方喷射，并不断前进，围着火焰喷射，直至把火扑灭—灭火后，把灭火器卧放在地上，喷嘴朝下。

适应范围：适用于扑灭各种油类火灾，木材、纤维、橡胶等固体可燃物火灾。

▪ 4.消防栓的使用

当火灾发生时，找到离火场最近的消防栓，打开消防栓箱门取出水带，将水袋的一端接在消防栓出水口上，另一端接好水枪，拉到起火点附近后方可打开消防栓阀门进行灭火。

十一 触电后脱离电源的方法、后续处理措施及触电急救

随着社会的发展，电气设备和家用电器的应用越来越广，人们发生触电事故也相应增多。人触电后，电流可能直接流过人体的器官，导致心脏、呼吸系统和中枢神经系统机能紊乱，形成电击；或者电流的热效应、化学效应和机械效应对人体表造成电伤。无论是电击还是电伤，都会带来严重的伤害，甚至危及生命。因此，触电的现场急救方法是大家必须熟练掌握的急救技术。

▪ 1.触电事故的特点

① 电压越高，危险性越大。
② 有一定的季节性，每年的二、三季度因天气潮湿、炎热，触电事故较多。
③ 低压设备触电事故较多。原因是作业现场低压设备较多，又被多数人直接使用。
④ 发生在便携式设备和移动式设备上的触电事故多。
⑤ 在潮湿、高温、混乱或金属设备多的现场中触电事故多。
⑥ 因违章操作和无知操作而触电的事故占绝大多数。

▪ 2.触电急救的要点

触电急救的要点是抢救迅速与救护得法。即用最快的速度现场采取积极措施，保护触电人员生命，减轻伤情，减少痛苦，并根据伤情迅速联系医疗部门救治。即使触电者失去知觉、心跳停止，也不能轻率地认定触电者死亡，而应看作是"假死"，继续急救。

发现有人触电时，首先要尽快使其脱离电源，然后根据具体情况，迅速对症救护。有人触电后经 5h 连续抢救而成功获救，这说明触电急救对于减小触电死亡率是有效的。但因急救无效死亡者甚多，其原因除了发现过晚外，主要是救护人员没有掌握触电急救方法。因此，掌握触电急救方法十分重要。我国《电业安全工作规程》将紧急救护法列为电气工作人员必须掌握的技能之一。

▪ 3.使触电者脱离电源的方法

触电急救的第一步是使触电者迅速脱离电源，因为电流对人体的作用时间越长，对生命的威胁越大。具体方法如下。

（1）脱离低压电源的方法
脱离低压电源可用"拉""切""挑""垫""拽"五个字来概括。
拉：指就近拉开电源开关、拔出插头或瓷插熔断器。

切：当电源开关、插座或瓷插熔断器距离触电现场较远时，可用带有绝缘柄的利器切断电源线。切断时应防止带电导线断落触及周围的人。多芯绞合线应分相切断，以防短路伤人。

挑：如果导线搭落在触电者身上或压在身下，这时可用干燥的木棒、竹竿等挑开导线；或用干燥的绝缘绳套拉导线或触电者，使触电者脱离电源。

垫：如果触电者由于痉挛，手指紧握导线，或导线缠在身上，可先用干燥的木板塞进触电者身下，使其与大地绝缘，然后再采取其他办法把电源切断。

拽：救护人员可戴上绝缘手套或在手上包缠干燥的衣服等绝缘物品拖拽触电者，使之脱离电源。如果触电者的衣裤是干燥的，又没有紧缠在身上，救护人员可直接用一只手抓住触电者不贴身的衣裤将其拉离电源。但要注意，拖拽时切勿接触触电者的皮肤。也可站在干燥的木板、橡胶垫等绝缘物品上，用一只手拖拽触电者离开电源。

（2）脱离高压电源的方法

由于电源的电压等级高，一般绝缘物品不能保证救护人员的安全，而且高压电源开关距离现场较远、不便拉闸。因此，使触电者脱离高压电源的方法与脱离低压电源的方法有所不同。通常的做法是：

① 立即打电话通知有关供电部门拉闸停电。

② 如果电源开关离触电现场不太远，则可戴上绝缘手套，穿上绝缘靴，拉开高压断路器，或用绝缘棒拉开高压跌落熔断器以切断电源。

③ 往架空线路抛挂裸金属软导线，人为造成线路短路，迫使继电器保护装置动作，从而使电源开关跳闸。抛挂前，将短路线的一端先固定在铁塔或接地引下线上，另一端系重物。抛掷短路线时，应注意防止电弧伤人或断线危及人员安全，也要防止重物砸伤人。

④ 如果触电者触及断落在地上的带电高压导线，且尚未确认线路无电时，救护人员不可进入断线落地点8～10m的范围内，以防止跨步电压触电。进入该范围的救护人员应穿上绝缘靴或临时双脚并拢跳跃地接近触电者。触电者脱离带电导线后应迅速将其带至8～10m以外，立即开始触电急救。只有在确认线路已经无电时，才可在触电者离开导线后就地急救。

▉ 4.使触电者脱离电源的注意事项

① 救护人员不得采用金属和其他潮湿物品作为救护工具。
② 未采取绝缘措施前，救护人员不得直接触及触电者的皮肤和潮湿的衣服。
③ 在拉触电者脱离电源的过程中，救护人员宜用单手操作，这样比较安全。
④ 当触电者位于高位时，应采取措施预防触电者在脱离电源后坠地。
⑤ 夜间发生触电事故时，应考虑切断电源后的临时照明问题，以利救护。

▉ 5.现场救护

触电急救的第二步是现场救护。抢救触电者首先应使其迅速脱离电源，然后立即就地抢救。关键是"区别情况与对症救护"，同时派人通知医务人员到现场。对触电者的检查如图13-13所示。

对触电者的检查

正常　瞳孔放大

(a) 检查瞳孔　　　(b) 检查呼吸　　　(c) 检查心跳

图13-13 现场救护人员对触电者的检查

　　根据触电者受伤害的轻重程度，现场救护有以下几种措施。

（1）触电者未失去知觉的救护措施

　　如果触电者所受的伤害不太严重，神志尚清醒，只是心悸、头晕、出冷汗、恶心、呕吐、四肢发麻、全身乏力，甚至一度昏迷但未失去知觉，则可先让触电者在通风、暖和的地方静卧休息，并派人严密观察，同时请医生前来或送往医院救治。

（2）触电者已失去知觉的急救措施

　　如果触电者已失去知觉，但呼吸和心跳尚正常，则应使其舒适地平卧着，解开衣服以利呼吸，四周不要围人，保持空气流通，冷天应注意保暖，同时立即请医生前来或送往医院诊治。若发现触电者呼吸困难或心跳失常，应立即施行人工呼吸或胸外心脏按压。

（3）对"假死"者的急救措施

　　如果触电者呈现"假死"现象，则可能有三种临床症状：一是心跳停止，但尚能呼吸；二是呼吸停止，但心跳尚存（脉搏很弱）；三是呼吸和心跳均已停止。"假死"症状的判定方法是"看""听""试"。"看"是观察触电者的胸部、腹部有无起伏；"听"是用耳贴近触电者的口鼻处，听有无呼气声音；"试"是用手或小纸条测试口鼻有无呼吸的气流，再用两手指轻压一侧喉结旁凹陷处的颈动脉"试"有无搏动。"看""听""试"的操作方法如图 13-14 所示。

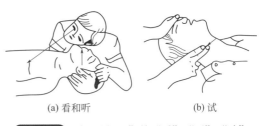

(a) 看和听　　　　　　(b) 试

图13-14 判断"假死"的"看""听""试"

6.抢救触电者生命的心肺复苏法

　　当判定触电者呼吸和心跳停止时，应立即按心肺复苏法就地抢救。所谓心肺复苏法，就是支持生命的三项基本措施，即通畅气道、口对口（鼻）人工呼吸、胸外按压。

（1）通畅气道

　　若触电者呼吸停止，应采取措施始终确保气道通畅，其操作要领如下。

　　① 清除口中异物：使触电者仰面躺在平硬的地方，迅速解开其领口、围巾、紧身衣和裤带等。如发现触电者口内有食物、假牙、血块等异物，可将其身体及头部同时侧转，迅速用一根手指或两根手指交叉从口角处插入取出异物。要注意防止将异物

推到咽喉深处。

② 采用仰头抬颌法（图 13-15）通畅气道：一只手放在触电者前额，另一只手的手指将其颌骨向上抬起，气道即可通畅，如图 13-16（a）所示。为使触电者头部后仰，可将其颈部下方垫适量厚度的物品，但严禁垫在头下，因为头部抬高前倾会阻塞气道 [图 13-6（b）]，还会使施行胸外按压时流向胸部的血量减少，甚至完全消失。

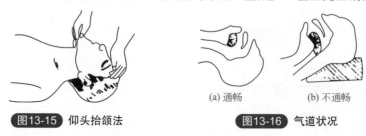

图13-15　仰头抬颌法　　　　　　　　(a) 通畅　　(b) 不通畅
　　　　　　　　　　　　　　　　　图13-16　气道状况

（2）口对口（鼻）人工呼吸

救护人员在完成通畅气道的操作后，应立即对触电者施行口对口或口对鼻人工呼吸。口对鼻人工呼吸适用于触电者嘴巴紧闭的情况。人工呼吸的操作要领如下。

① 先大口吹气刺激起搏：救护人员蹲跪在触电者一侧，用放在其额上的手指捏住其鼻翼，另一只手的食指和中指轻轻托住其下巴；救护人员深吸气后，与触电者口对口，先连续大口吹气两次，每次 1～1.5s，然后用手指测试其颈动脉是否有搏动，如仍无搏动，可判断心跳已停止，在实施人工呼吸的同时，应进行胸外按压。

② 正常口对口人工呼吸：大口吹气两次测试搏动后，立即转入正常的人工呼吸阶段。正常的吹气频率是每分钟约 12 次（对儿童则每分钟 20 次，吹气量宜小些，以免肺泡破裂）。救护人员换气时，应将触电者的口或鼻放松，让其借自己胸部的弹性自动吐气。吹气和放松时要注意触电者胸部有无起伏的呼吸动作。吹气时如有较大的阻力，可能是头部后仰不够，应及时纠正，使气道保持畅通如图 13-17 所示。

(a) 口对口人工呼吸法　　(b) 触电者平卧姿势　　(c) 急救者吹气方法　　(d) 触电者呼气姿态

图13-17　口对口人工呼吸

③ 口对鼻人工呼吸：触电者如牙关紧闭，可改成口对鼻人工呼吸。吹气时要使其嘴唇紧闭，防止漏气。

（3）胸外按压

胸外按压是借助人力使触电者恢复心脏跳动的急救方法。其有效性在于选择正确的按压位置和采取正确的按压姿势。如图 13-18 所示。胸外按压的操作要领如下。

① 确定正确的按压位置。

a. 右手的食指和中指沿触电者的右侧肋弓下缘向上，找到肋骨和胸骨接合处的中点。

 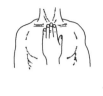 

(a) 急救者跪跨位置　　(b) 急救者压胸的手掌位置　　(c) 按压方法示意　　(d) 突然放松示意

图13-18　胸外按压

b. 右手的两手指并齐，中指放在切迹中点（剑突底部），食指平放在胸骨下部，另一只手的掌根紧挨食指上缘，置于胸骨上，掌根处即为正确按压位置，如图 13-19 所示。

② 正确的按压姿势。

a. 使触电者仰面躺在平硬的地方并解开其衣服。仰卧姿势与口对口人工呼吸法相同。

b. 救护人员立或跪在触电者一侧肩旁，两肩位于其胸骨正上方，两臂伸直，肘关节固定不动，两手掌相叠，手指翘起，不接触其胸壁。

c. 以髋关节为支点，利用上身的重力，垂直将正常成人胸骨压陷 3～5cm（儿童和瘦弱者酌减）。

d. 压至要求程度后，立即全部放松，但救护人员的掌根不得离开触电者的胸膛。按压姿势与用力方法如图 13-20 所示。按压有效的标志是在按压过程中可以触到颈动脉搏动。

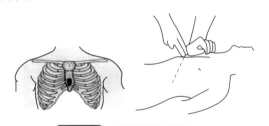

图13-19　正确的按压位置

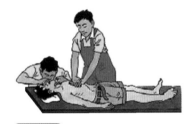

图13-20　按压姿势与用力方法

③ 恰当的按压频率。

a. 胸外按压要以均匀速度进行。操作频率以每分钟 80 次为宜。

b. 当胸外按压与口对口（鼻）人工呼吸同时进行时，操作的节奏为：单人救护时，每按压 15 次后吹气 2 次（15：2），反复进行；双人救护时，每按压 5 次后由另一人吹气 1 次（5：1），反复进行。

7.现场救护中的注意事项

（1）抢救过程中应适时对触电者进行再判定

判定方法如下：

① 按压吹气 1min 后（相当于单人抢救时做了 4 个 15：2 循环），应采用"看""听""试"的方法在 5～7s 内完成对触电者是否恢复自然呼吸和心跳的再判断。

② 若判定触电者已有颈动脉搏动，但仍无呼吸，则可暂停胸外按压，再进行两

次口对口人工呼吸，接着每隔 5s 吹气一次（相当于每分钟 12 次）。如果脉搏和呼吸仍未能恢复，则继续坚持进行心肺复苏法抢救。

③ 抢救过程中，要每隔数分钟再判定触电者的呼吸和脉搏情况，每次判定时间不得超过 5～7s。在医务人员未接替抢救之前，现场人员不得放弃现场抢救。

（2）抢救过程中移送触电伤员时的注意事项

① 心肺复苏法应在现场就地坚持进行，不要图方便而随意移动伤员。如确有需要移动时，抢救中断时间不应超过 30s。

② 移动触电伤员或送往医院，应使用担架，并在其背部垫以木板，不可让伤员身体蜷曲着进行搬运。移送途中应继续抢救，在医务人员未接替救治前不可中断抢救。

③ 应创造条件，用装有冰屑的塑料袋做成帽状包绕在伤员头部，露出眼睛，使脑部温度降低，争取触电者心、肺、脑能复苏。

（3）伤员好转后的处理

如果伤员的心跳和呼吸经抢救后均已恢复，可暂停心肺复苏法操作。但心跳呼吸恢复早期仍可能再次骤停，救护人应严密监护，不可麻痹，要随时准备再次抢救。触电伤员恢复之初，往往神志不清、精神恍惚或情绪躁动不安，应设法使其安静下来。

（4）慎用药物

首先要明确，任何药物都不能代替人工呼吸和胸外按压。必须强调的是，对触电者用药或注射针剂，应由有经验的医生诊断确定，慎重使用。例如肾上腺素有使心脏恢复跳动的作用，但也可使心脏由跳动微弱转为心室颤动，从而导致触电者心跳停止而死亡。因此，如没有准确诊断和足够的把握，不得乱用此类药物。而在医院抢救时，则由医务人员根据医疗仪器设备诊断的结果决定是否采用此类药物。

此外，禁止采取冷水浇淋、猛烈摇晃、大声呼喊或架着触电者跑步等"土"办法。因为人体触电后，心脏会发生颤动，脉搏微弱，血流混乱，在这种情况下用上述办法刺激心脏，会使伤员因急性心力衰弱而死亡。

（5）触电者死亡的认定

对于触电后失去知觉，呼吸、心跳停止的触电者，在未经心肺复苏急救之前，只能视为"假死"。任何在事故现场的人员都有责任及时、不间断地进行抢救。抢救时间应坚持 6h 以上，直到救活或医生做出临床死亡的认定为止。只有医生才有权认定触电者经抢救无效死亡。

第十四章 电工实验台的操作与实训

一 电工实验台与实验板常用功能

1.电工专用实验台

电工实验台是根据人力资源和社会保障部颁发的维修电工初、中级考核培训技能内容所要求的电气控制线路和实用电子线路而研发的实训装置。通过实训操作，能快速掌握实用技术与操作技能，具有针对性、实用性、科学性和先进性。但是，实验台造价较高，一般是培训学校或技能鉴定所等单位用于学习、考核的设备。实验台外形如图 14-1 所示。

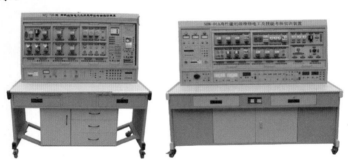

图14-1 电工专用实验台

控制屏为实验提供交流电源、高压直流电源、低压直流电源及各种测试仪表等。具体功能如下。

（1）主控功能板

① 三相四线电源输入，经漏电保护器后，经过总开关，由接触器通过启、停按钮进行操作。

② 设有 450V 指针式交流电压表三块，指示电源输入的三相电压。

③ 定时器兼报警记录仪（服务管理器），平时作为时钟使用，具有设定实验时间、定时报警、切断电源等功能；还可以自动记录由于接线或操作错误所造成的漏电报警、仪表超量程报警的总次数，为学生实验技能的考核提供一个统一的标准。

（2）交、直流电源

① 励磁电源：直流 220V/0.5A，具有短路保护。

② 电枢电源：直流 0～220V/2A 连续可调电源一路，具有短路保护。

③ 直流稳压电源：±12V/0.5A 两路，5V/0.5A 一路，具有短路软截止自动恢复保护功能。

④ 交流电源：

a. 设有一组变压器，变压器原边根据不同的接线可加 220V，也可以加 380V 交流电源，合上开关后，变压器副边即可输出 110V、36V、20V、12V、6.3V 的交流电压；

b. 设有一组单相调压器，可得到交流 0～250V 可调电压；

c. 控制屏设有单相三极 220V 电源插座及三相四极 380V 电源插座。

（3）交、直流仪表

① 交流电压表：0～500V 带镜面交流电压表一块，精度 1.0 级。

② 交流电流表：0～5A 带镜面交流电流表一块，精度 1.0 级，具有超量程报警、指示、切断总电源等功能。

③ 功率表、功率因数表：由微处理器、高精度 A/D 转换芯片和全数显电路构成，通过键控、数显窗口实现人机对话功能控制模式。为了提高测量范围和测试精度，在软、硬件上均分八挡区域，自动判断、自动换挡。功率测量精度 1.0 级，电压、电流量程分别为 0～450V、0～5A。测量功率因数时还能自动判断负载性质（感性显示"L"，容性显示"C"，纯电阻不显示），可储存 15 组数据，供随时查阅。

④ 直流电压表：直流数字电压表 1 块，测量范围 0～300V，三位半数显，输入阻抗为 10MΩ，精度 0.5 级。

⑤ 直流电流表：直流数字电流表 1 块，测量范围为 0～5A，三位半数显，精度 0.5 级，具有超量程报警、指示、切断总电源等功能。

（4）实验挂箱

挂箱上安装有熔断器、钮子开关、交流接触器、时间继电器、直流接触器、按钮开关、信号指示灯、热继电器等，通过走线槽走线，进行工艺布线训练。实验挂箱如图 14-2 所示。

图14-2　实验挂箱

（5）电工实验台常见的实验项目

电工实验台常用的实验项目主要有：三相异步电动机直接启动控制线路；三相异步电动机接触器点动控制线路；三相异步电动机接触器自锁控制线路；具有过载保护的正转控制线路；按钮联锁的三相异步电动机接触器正反转控制线路；三相异步电动机的顺序控制线路；三相异步电动机的多地控制线路；接触器控制Y-△降压启动控制

线路；时间继电器控制Y-△降压启动控制线路；通电延时带直流能耗制动Y-△启动控制线路；接触器联锁的正、反转控制线路；按钮接触器复合联锁电动机正、反转控制线路；接触器控制串联电阻降压启动控制线路；时间继电器控制串联电阻降压启动控制线路；工作台自动往返控制线路；半波整流能耗制动控制线路；单相运行反接制动控制线路；C620 型车床的接线、故障与维修；Z3040 型摇臂钻床接线、故障与维修；数字步进电动机线路；光控开关和报警电路；电压上、下限报警电路（全自动冰箱保护器）；数字钟电路等。

不同的电工电子实验台实训项目有所不同，但电动机常用电路接线都是有的，因此读者在学习时可以在实验台上多做电路实验。

2.电工实验板与器件

由于实验台比较昂贵，学习者可采用电工实验板实训。电工实验板是以一块配电盘板为样板，根据电路所需选择实验器件组装各种电路，比起实验台更加方便灵活。根据所用器件不同，可以组装调试和维修多种电路，学习者在单位或家中即可组装实验电路。考核单位、学校实习时，考生和学员比较多，实验台不够用的时候也会采用实验板进行考核和实训。

在实验板上组装器件及接线

组装好的实验板

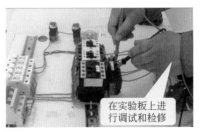

在实验板上进行调试和检修

图14-3 电工实验板与器件

无论是实验台还是实验板，不仅可供学生实训操作，也是各劳动职业技能鉴定部门、大中专院校、职校、技校初、中级维修电工技能考核的理想器材。

二 实验台及配电箱的布线

实验台布线和配电箱、配电柜的布线过程是相同的，在电工实验台上练习布线就是配电箱的布线过程。需要注意的是，在实验台或实验板上布线时，多数线都不用走线槽，这样比较方便并节省时间。

在组装配电盘时，根据原理图和设计需要，选择合适电气布线后，需要选择一款合适的配电箱，当配电箱达不到要求时还需要自己改造，如安装部分压板、在需要安装器件的位置开孔等。整体配电箱如图 14-4 所示。

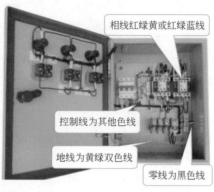

按钮开关

相线红绿黄或红绿蓝线

控制线为其他色线

地线为黄绿双色线

零线为黑色线

配电箱的布线

图14-4　整体配电箱

在安装配电箱时，简单的配电箱可以使用硬导线直接安装，线要用不同的颜色分开，零线为黑色、地线为黄绿色、相线为红绿蓝或红绿黄。线材长短要合适，不能过长和过短，配线时一般要求横平竖直，进线与出线分开安装，配线后要用扎带或卡子将线固定，如图 14-5 所示，后配线要在穿线孔处安装绝缘层（一般使用绝缘胶圈），如图 14-6 所示，在后配线的背板后面也应对导线整形固定，必要时使用走线槽或走线管。

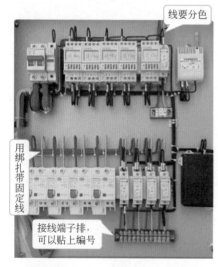

线要分色

用绑扎带固定线

接线端子排，可以贴上编号

图14-5　用卡子或绑扎带整形固定线

绝缘胶圈

线穿入背面

端子排

图14-6　后配线形式的配电箱

对于配电箱中软硬线都有的，则需要使用线槽走线，门与板之间的连接线应用螺旋管缠绕固定，当电路复杂、引线多时，为防止接线错误和便于检修，应在端子上套标号线管，所有端子都要安装标记号，如图 14-7 所示。

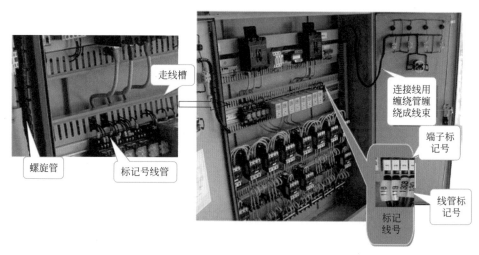

图14-7 使用线槽的配电箱

　　线槽布线的缺点是线路只能按照线槽方向走，比较浪费电源线，电路线间干扰增大。优点是线路在线槽中经过，不用整理，节约时间，盖好线槽后，只看到电气元件，看不到电源线和控制线，美观。

　　电气线路的线槽布线要求：

　　① 线槽应平整、无扭曲变形，内壁应光滑、无毛刺。

　　② 同一回路的所有相线、中性线和保护线（如果有保护线），应敷设在同一线槽内；同一路径没有防干扰要求的线路，可敷设于同一线槽内。

　　③ 电线或电缆在线槽内不宜有接头，电线、电缆和分支接头的总截面积（包括外护层）不应超过该点线槽内截面积的75%。

三　电气原理图转换为实际接线的方法

　　一个复杂的电气控制线路要想转换成实际接线，对于初学者来说有时会感觉遥不可及，但是只要掌握了方法和技巧，就会轻松学会原理图到接线图的转换。

　　对于原理图转换为实际接线，一般要经过以下步骤：

绘制接线 ⟶ 原理图 ⟶ 平面图 ⟶ 整理 ⟶ 固定器件 ⟶ 安装完毕
平面布置图　　上编号　　上填号　　号码　　号码连接　　检查实验

　　下面以电动机正、反转控制电路为例，介绍电动机控制电路原理图转换为实际接线的方法技巧。

　　① 根据电气原理图绘制接线平面图。当拿到一张电气原理图（图14-8），准备接线前应对电气控制箱内元器件进行布局，绘制出电气控制柜或配电箱电气平面图。

　　根据图14-9绘制出元件的布局平面图，并画出原理图电气元件的符号，绘制过程中可以按照器件的结构依次绘制，也可以按照原理图进行绘制（绘图时元器件可用方框带接点代替）。

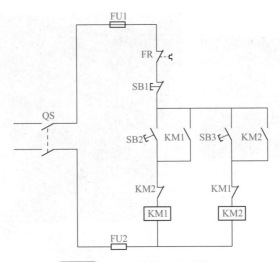

图14-8 正、反转控制电气原理图

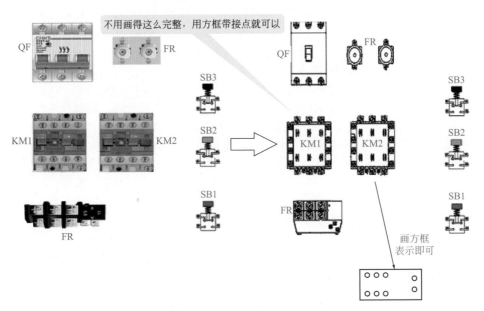

图14-9 正、反转控制器件布局平面图

布局原理图中的器件符号应根据电气原理图进行标注，不能标错。引线位置应以实物标注上下或左右，总之尽可能与实际电路中元件保持一致。当熟练后，可以不绘制原理图，直接绘制成图 14-10 所示的平面图。

② 在电气原理图上编号。首先对原理图上的接线点进行编号，每个编号必须是唯一的，每个元件两端各有一个编号，不能重复。在编号时，可以从上到下，每编完一列再由上到下编下一列，这样可保证不会有漏编的元件，如图 14-11 所示。

③ 在布局平面图上编号。根据原理图上的编号，对布局平面图进行编号，如

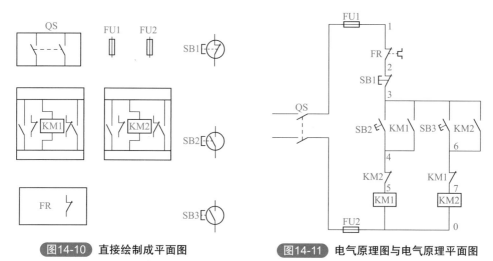

图14-10　直接绘制成平面图

图14-11　电气原理图与电气原理平面图

图 14-12 所示就是将图 14-11 的编号填入平面图中，注意不能填写错误。如 KM1 的常开触点是 3、4 号，KM1、KM2 两个线圈的一端都是 0 号等。填号时要注意区分常开触点和常闭触点（动断触点）不能编错，填号时不分上下左右，填对即可。

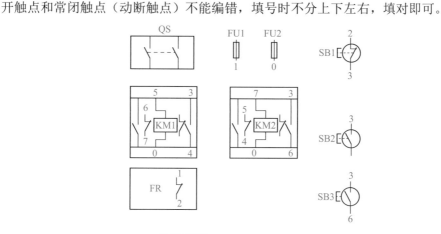

图14-12　原理的编号填入平面图

④ 整理编号。对于复杂的电路，要对号码校对整理，一是防止错误，二是将元器件接线尽可能集中布线（使同号码元件尽可能同侧，或尽可能相邻）。布置规则一是元件两端号码对调（如图中 KM1 的 6、7 对调），注意电路不能变；二是同一个器件上功能相同的接点，左右两边可以成对互换（如 KM2 中的 3、6 与 4、5 互换），电路不变。

⑤ 接线。平面图上的编号整理好后，在实际的电气柜（配电箱）中将元件摆放好并固定，就可以根据编号接线了（将对应的编号用导线连起来）。需要注意的是，对于复杂的电路，最好用不同的颜色线进行接线，如主电路用粗红绿蓝（红黄蓝）色线，零线用黑色线，其他路用细的不同颜色的线等，一是防止接错，二是便于后续维修查线。

四 在考试用电工实验台或配电板上组装多种电气线路及调试与检修

本节中所介绍的电路接线是常用的电工电路，同时也是在考试中经常用到的电工实操电路。读者可自行采购元件，在实验板上组装，多加练习，即可快速掌握电气线路的组装、配线、调试和维修。

1. 三相电动机正、反转电路

（1）三相电动机正、反转电路所需元器件

所需元器件见表 14-1。

表 14-1   三相电动机正、反转电路元器件

名称	符号	元器件外形	元器件作用
断路器	QS		主回路过流保护
熔断器	FU		当线路大负荷超载或短路电流增大时熔断器熔断，起到切断电流、保护电路的作用
按钮开关	SB E-\		启动控制的设备
	SB E-7		停止控制的设备
热继电器	FR		用于电动机或其他电气设备、电气线路的过载保护
接线端子			将屏内设备和屏外设备的线路相连接，使信号（电流、电压）传输
交流接触器	KM		快速切断交流主回路的电源，开启或停止设备的工作（注意在本电路中两只交流接触器型号不同）
电动机	M $\frac{M}{3\sim}$		拖动、运行

注：对于元器件的选择，电气参数要符合要求，具体元器件的型号和外形要根据现场要求和实际配电箱结构选择。

（2）三相电动机正、反转电路的接线

实际接线如图 14-13 所示。

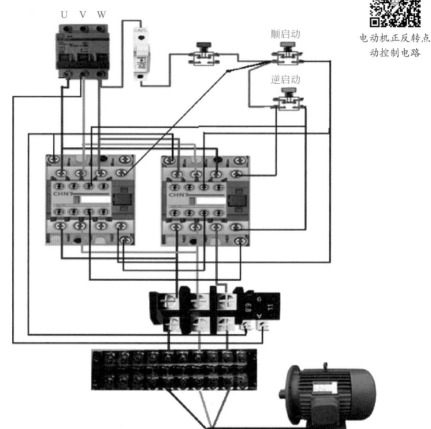

电动机正反转点
动控制电路

图14-13　三相电动机正、反转电路的接线

（3）电路调试与检修

接通电源，按动顺启动按钮开关，顺启动交流接触器应吸合，电动机能够旋转。按动停止按钮开关，再按动逆启动按钮开关，逆启动交流接触器应工作，电动机应能够旋转。如果不能正常顺启动，检查顺启动交流接触器是否毁坏，如果毁坏则进行更换；同样，如果不能进行逆启动，检查逆启动交流接触器是否毁坏，如果没有毁坏，看按钮开关是否毁坏，如果没有毁坏，说明是电动机出现了故障。无论是顺启动还是逆启动，电动机能够启动运行，都说明电动机没有故障，是交流接触器和它相对应的按钮开关出现了故障，应进行更换。

2.三相电动机制动电路

（1）三相电动机制动电路所需元器件

所需元器件见表 14-2。

表 14-2   三相电动机制动电路元器件

名称	符号	元器件外形	元器件作用
断路器	QS		主回路过流保护
熔断器	FU		当线路大负荷超载或短路电流增大时熔断器熔断，起到切断电流、保护电路的作用
按钮开关	SB		停止控制的设备
	SB		启动控制的设备
变压器	B		利用电磁感应原理来改变交流电压
整流器	UR		把交流电转换成直流电
变阻器	RP		起到保护作用，防止接通电路的时候电流过大，烧毁电子器件；而后慢慢调小电阻，使电子元器件进入正常工作环境
时间继电器	KT		当电器或机械给出输入信号时，在预定的时间后输出电气关闭或电气接通信号
交流接触器	KM		快速切断交流主回路的电源，实现开启或停止设备的工作
热继电器	FR		保护电动机不会因为长时间过载而烧毁
接线端子			将屏内设备和屏外设备的线路相连接，使信号（电流、电压）传输
电动机	M（M 3~）		拖动、运行

注：对于元器件的选择，电气参数要符合要求，具体元器件的型号和外形要根据现场要求和实际配电箱结构选择。

（2）三相电动机制动电路的接线

电路原理图详见第 9 章图 9-7。实际接线如图 14-14 所示。

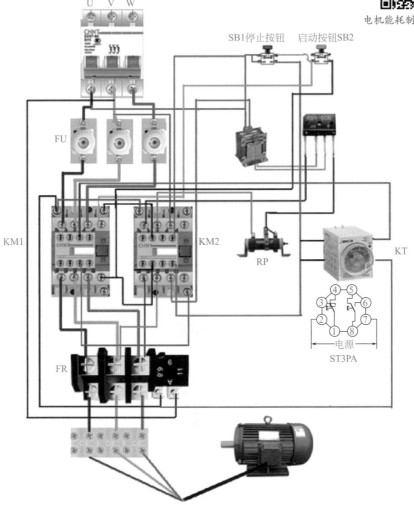

图14-14　三相电动机制动电路的接线

（3）电路调试与检修

组装完成后，首先检查连接线是否正确，当确认连接线无误后，闭合总开关 QS，按动启动按钮开关 SB2，此时电动机应能启动。若不能启动，检查 KM1 的线圈是否毁坏，按钮开关 SB2、SB1 是否能正常工作，时间继电器是否毁坏，KM2 的触点是否接通。当 KM1 的线圈通路良好时，接通电源以后按动 SB2，电动机应该能够运转。当断电时不能制动，主要检查 KM2 和时间继电器的触点及线圈是否毁坏。当 KM2 和时间继电器的线圈没有毁坏时，检查变压器是否能正常工作，用万用表检测变压器的初级线圈和变压器的次级线圈是否有断路现象。如果变压器初级、次级电压正常，应该检查整个电路是否正常工作，如果整个电路中的整流元件没有毁坏，检查制动电阻 RP 是否毁坏，若制动电阻 RP 毁坏，应该更换 RP。整流二极管如果毁坏，应该用同型号、同电压值的二极管更换，注意极性不能接反。

3.三相电动机保护电路

（1）三相电动机保护电路所需元器件
所需元器件见表 14-3。

表 14-3　三相电动机保护电路元器件

名称	符号	元器件外形	元器件作用
断路器	QS		主回路过流保护
熔断器	FU		当线路大负荷超载或短路电流增大时熔断器熔断，起到切断电流、保护电路的作用
欠流继电器	KA $I<$ 13 8 1 常开 常闭 触点2 触点1 14 12 9		用于欠电流保护，当电流未达到设定值时断开
过流继电器	KA $I>$ 13 5 1 常开 常闭 触点1 触点1 14 12 9		用于过电流保护，当电流达到设定值时断开
欠压继电器	KV $U>$ 13 8 1 常开 常闭 14 12 9		用于欠电压保护，当电压未达到设定值时断开
交流接触器	KM		快速切断交流主回路的电源，开启或停止设备的工作
热继电器	FR		保护电动机不会因为长时间过载而烧毁
电动机	M $\begin{pmatrix} M \\ 3\sim \end{pmatrix}$		拖动、运行

　注：对于元器件的选择，电气参数要符合要求，具体元器件的型号和外形要根据现场要求和实际配电箱结构选择。

（2）三相电动机保护电路的接线

实际接线如图 14-15 所示（电路原型可参考第 9 章图 9-8）。

开关联锁过载
保护电路

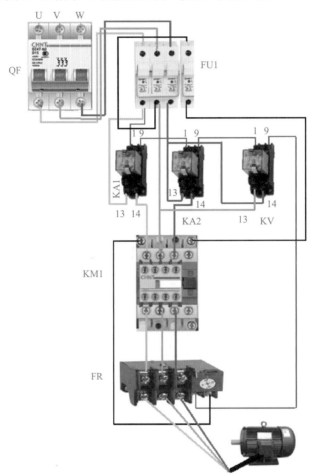

图14-15　三相电动机保护电路的接线

（3）电路调试与检修

在这个电路中，有热保护、欠压保护、过流保护，保护电路所有开关都是串联的，任何一个开关断开后，继电器线圈都会断掉电源，从而断开 KM 交流接触器触点，使电动机停止工作。在检修时，主要检查熔断器是否熔断，各继电器的触点是否良好，交流接触器线圈是否良好，当发现回路当中的任何一个元器件毁坏的时候，应进行更换。

4.三相电动机Y-△降压启动电路接线

（1）三相电动机Y-△降压启动电路所需元器件

所需元器件见表 14-4。

表 14-4　三相电动机丫-△降压启动电路元器件

名称	符号	元器件外形	元器件作用
断路器	QS		主回路过流保护
熔断器	FU		当线路大负荷超载或短路电流增大时熔断器被熔断，起到切断电流、保护电路的作用
按钮开关	SB E-\		启动控制的设备
	SB E-/		停止控制的设备
热继电器	FR		电动机或其他电气设备、电气线路的过载保护
接线端子			将屏内设备和屏外设备的线路相连接，使信号（电流、电压）传输
时间继电器	KT		当电器或机械给出输入信号时，在预定的时间后输出电气关闭或电气接通信号
交流接触器	KM		快速切断交流主回路的电源，开启或停止设备的工作
电动机	M (M 3~)		拖动、运行

注：对于元器件的选择，电气参数要符合要求，具体元器件的型号和外形要根据现场要求和实际配电箱结构选择。

（2）三相电动机丫-△降压启动电路的接线

三个交流接触器控制丫-△降压启动电路接线如图 14-16 所示（电路原理可参考第 9 章图 9-9）。

（3）电路调试与检修

这是用三个交流接触器来控制的丫-△降压启动电路，是在小功率电路当中应用最多的控制电路。接通电源后，若电动机不能正常旋转，首先检查熔断器是否熔断，断开空开，用万用表电阻挡测量熔断器是否是通的，如果不通，说明熔断器毁坏，应进

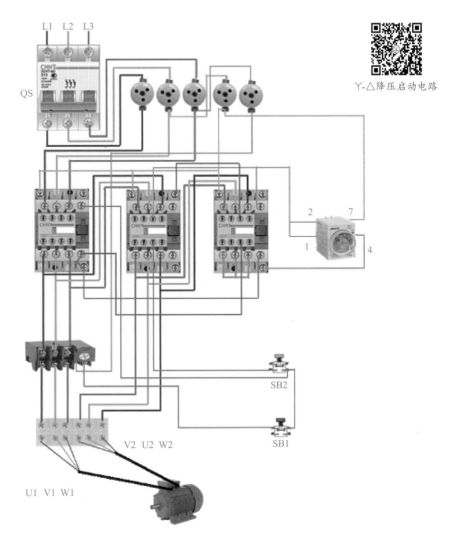

Y-△降压启动电路

图14-16 三个交流接触器控制Y-△降压启动电路接线

行更换。然后用万用表电阻挡直接检查三个交流接触器的线圈是否毁坏，如有毁坏应进行更换。检查时间继电器是否毁坏，时间继电器可以用代换法进行检查。检查热继电器是否毁坏，按钮开关的接点是否毁坏。若上述元器件均无故障，属于电动机的故障，可以维修或更换电动机。在检修交流接触器Y-△降压启动电路的时候，判断出交流接触器毁坏，在更换交流接触器时应注意用原型号的交流接触器进行代换，同时它的接线不要接错。

5.单相双直电容电动机正、反转控制启动运行电路

（1）单相双直电容电动机正、反转控制启动运行电路所需元器件
所需元器件见表14-5。

表 14-5 单相双直电容电动机正、反转控制启动运行电路元器件

名称	符号	元器件外形	元器件作用
断路器	QS		主回路过流保护
倒顺开关	QS L1 L2 L3		连通、断开电源或负载，可以使电动机正转或反转，主要是给单相、三相电动机做正、反转控制用的元器件
电容器	C		为电动机提供启动或运行移相交流电压
单相电动机	M Ⓜ		拖动、运行

注：对于元器件的选择，电气参数要符合要求，具体元器件的型号和外形要根据现场要求和实际配电箱结构选择。

（2）单相双直电容电动机正、反转控制启动运行电路的接线

实际接线如图 14-17 所示。

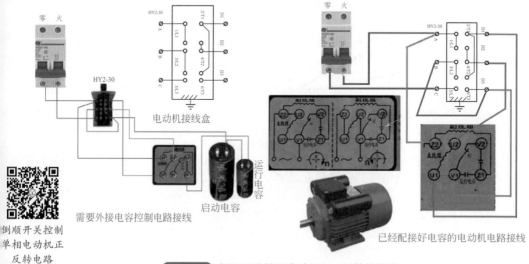

图14-17 倒顺开关控制电动机正、反转的接线

6.三相380V进380V输出变频器电动机启动控制电路

（1）三相 380V 进 380V 输出变频器电动机启动控制电路所需元器件

所需元器件见表 14-6。

表 14-6　三相 380V 进 380V 输出变频器电动机启动控制电路元器件

名称	符号	元器件外形	元器件作用
断路器	QS		主回路过流保护
变频器	BP f_1 / f_2		应用变频技术与微电子技术，通过改变电动机工作电源频率来控制交流电动机
电动机	M $\overset{M}{3\sim}$		拖动、运行

注：对于元器件的选择，电气参数要符合要求，具体元器件的型号和外形要根据现场要求和实际配电箱结构选择。

（2）三相 380V 进 380V 输出变频器电动机启动控制电路接线

三相 380V 进 380V 输出变频器电动机启动控制电路实际组装接线图如图 14-18 所示（电路原理可参考第 11 章图 11-7）。

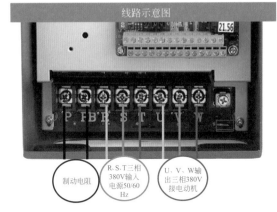

三相变频器电动机控制电路

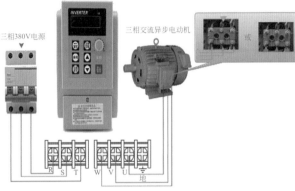

图14-18　三相380V进380V输出变频器电动机启动控制电路实际组装接线

（3）电路调试与检修

接好电路后，三相电接入空开，接入变频器的接线端子，通过内部变频为正确的参数设定，由输出端子输出到电动机。当此电路不能工作时，应检查空开的下端是否有电，变频器的输入端、输出端是否有电。当检查输出端有电时，电动机不能按照正常设定运转，应该通过调整这些输出按钮开关进行测量，因为不按照正确的参数设定，端子可能没有对应功能控制输出，这是应该注意的。如果输出端子有输出，电动机不能正常旋转，说明电动机出现故障，应更换或维修电动机。如果变频器输入电压显示正常，进行正确的参数设定或输入不能设定的参数，输出端没有输出，说明变频器毁坏，应该更换或维修变频器。

7.单相电度表与漏电保护器的实操接线

（1）接线原理

选好单相电度表后，应进行检查、安装和接线。如图 14-19 所示，1、3 为进线，2、4 接负载，接线柱 1 要接相线（即火线），漏电保护器多接在电度表后端。这种电度表接线目前在我国应用最多。

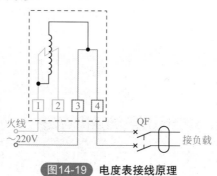

图14-19 电度表接线原理

（2）电气线路元器件与作用

电气线路元器件及作用如表 14-7 所示。

表 14-7　单相电度表与漏电保护器的电气线路元器件及作用

名称	符号	元器件外形	元器件作用
电度表	kW·h		计量电气设备所消耗的电能，具有累计功能
漏电保护器	QF　QF		在用电设备发生漏电故障时，对有致命危险的人身触电进行保护，具有过载和短路保护功能

注：对于元器件的选择，电气参数要符合要求，具体元器件的型号和外形要根据现场要求和实际配电箱结构选择。

（3）电路接线实操

电路实际接线如图 14-20 所示。

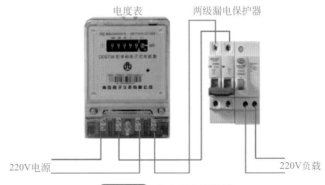

电度表　　　　　两级漏电保护器

220V电源　　　　　220V负载

图14-20 电度表实际接线

8.三相四线制交流电度表的实操接线

（1）接线原理

三相四线制交流电度表共有 11 个接线端子，其中 1、4、7 端子分别接电源相线，3、6、9 是相线出线端子，10、11 分别是中性线（零线）进、出线接线端子，而 2、5、8 为电度表三个电压线圈接线端子，电度表电源接上后，通过连接片分别接入电度表三个电压线圈，电度表才能正常工作。图 14-21 为三相四线制交流电度表的接线示意图。

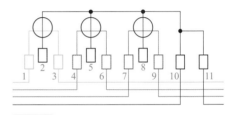

图14-21 三相四线制交流电度表的接线示意

（2）电气线路元器件与作用

电气线路元器件及作用如表 14-8 所示。

表 14-8　三相四线制交流电度表电气线路元器件及作用

名称	符号	元器件外形	元器件作用
电度表	kW·h		计量电气设备所消耗的电能，具有累计功能
漏电保护器	QF		在用电设备发生漏电故障时对有致命危险的人身触电进行保护，具有过载和短路保护功能

注：对于元器件的选择，电气参数要符合要求，具体元器件的型号和外形要根据现场要求和实际配电箱结构选择。

（3）电路接线实操

三相四线制交流电度表的接线电路如图 14-22 所示。

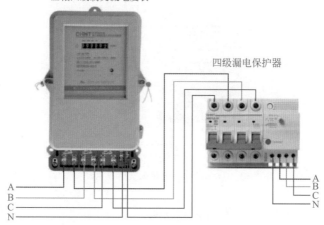

图14-22　三相四线制交流电度表的接线电路

9.双联开关控制一只灯电路实操

（1）接线原理图

双联开关控制一只灯电路接线原理图如图 14-23 所示。此电路主要用于两地控制电路。

（2）电气线路元器件与作用

电气线路所选元器件及作用如表 14-9 所示。

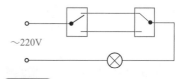

图14-23　双联开关控制一只灯电路接线原理

表 14-9　双联开关控制一只灯电气线路所选元器件及作用

名称	符号	元器件外形	元器件作用
吸顶灯			通电后发光
单开双控面板开关	③SA ① ②		控制灯的开和关

注：对于元器件的选择，电气参数要符合要求，具体元器件的型号和外形要根据现场要求和实际配电箱结构选择。

（3）电路接线实操

双联开关控制一只灯电路接线如图 14-24 所示。注意：在操作中要先断开电源控制漏电开关，其次把零线接好，再接面板端子线，最后接火线。禁止带电操作。

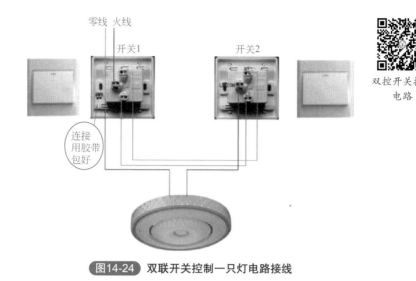

零线 火线

开关1　　　　开关2

连接
用胶带
包好

双控开关控制
电路

图14-24　双联开关控制一只灯电路接线

五　电工实验电子线路的安装与调试检修

1.通用串联稳压电源的制作

电路如图14-25所示。BX1、BX2为熔丝（图中未画出），T为电源变压器，VD1～VD4为整流二极管，C1、C2为保护电容，C3、C4为滤波电容，R1、R2、C5、C6为RC供电滤波电路，R3为稳定电阻，C8为加速电容，VW为稳压二极管，R4、R5、R6为分压取样电路，C7为输出滤波电容，VT1为调整管，VT2为推动管，VT3为误差放大管。

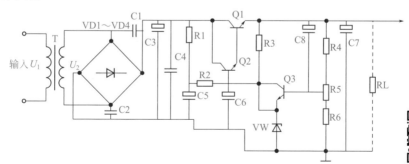

串联开关电源原理

图14-25　实际稳压电路

2.电路工作原理

（1）自动稳压原理

当某原因 +U（输出电压）↑ →R5中点电压↑ →VT3的 U_b↑ →U_{be}↑ →I_b↑ →

$I_c \uparrow \rightarrow U_{R1,\ R2} \uparrow \rightarrow U_c \downarrow \rightarrow$ VT2 的 $U_b \downarrow \rightarrow I_b \downarrow \rightarrow R_{ce} \uparrow \rightarrow U_e \downarrow \rightarrow$ VT1 的 $U_b \downarrow \rightarrow U_{be} \downarrow \rightarrow$ $I_b \downarrow \rightarrow I_c \downarrow \rightarrow R_{ce} \uparrow \rightarrow U_e \downarrow \rightarrow +$U $\downarrow$ 至原值。

（2）手动调压原理

此电路在设计时，只要手动调整 R5 中心位置，即可改变输出电压 U。当 R5 中点上移时，使 VT3 的 U_b 上升，根据自动稳压过程可知 +U 下降；如当 R5 中点下移时，则 +U 会上升。

3.制作过程

（1）根据图纸清点元器件

如图 14-26 所示。

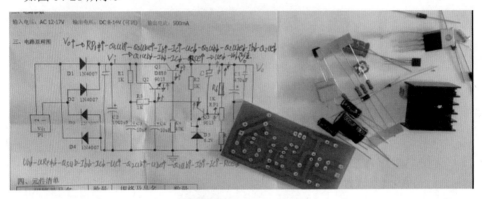

图14-26　清点电子元器件

（2）列写元器件清单

如表 14-10 所示，在电子制作中被称为元器件清单，每种电子产品在生产中都有详细的元器件清单。

表 14-10　元器件清单

规格及品名	数量	规格及品名	数量
0.5W　6.2V 稳压	1	三极管 9013	2
电阻0.25W　1kΩ	4	散热器	1
47kΩ	1	M3 螺钉	1
二极管 1N4007	4	25V/470μF	1
蓝白可调 W1K	1	KF126-2P 端子	2
三极管 D880	1	电路板	1
25V/1000μF	1	25V/10μF	2

注意： 此表为元器件清单，也可以叫材料定额，在工厂批量生产中供插件人员使用。

（3）测量电子元器件

如图 14-27 所示。

图14-27　测量电子元器件

（4）在电路板上安装电子元器件

如图 14-28 所示。

（5）焊接电子元器件

如图 14-29 所示。

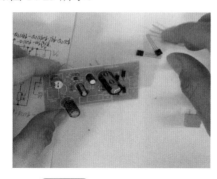 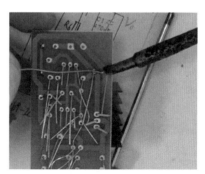

图14-28　安装电子元器件　　　图14-29　焊接电子元器件

（6）剪脚

如图 14-30 所示。

图14-30　剪脚

（7）调试

接通电源，对稳压电源进行调试，如图 14-31 所示。输入电压应大于输出电压 5V 以上。

（8）电路故障检修

如图 14-32 所示。此电路常出现的故障主要有：无输出、输出电压高、输出电压低、纹波大等。

图14-31　调试电源

图14-32　电路故障检修

无输出或输出不正常的检修过程如图 14-33 所示。

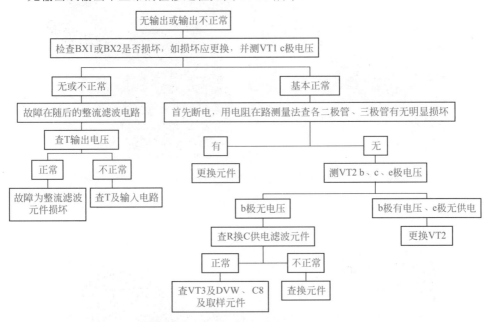

图14-33　无输出或输出不正常的检修过程

除利用上述方法检修外，在检修稳压部分时（输出电压不正常），还可以利用电压跟踪法由后级向前级检修，同时调 R5 中点位置，哪级电压无变化，则故障应在哪级。如图 14-34 所示。

如输出电压偏高或偏低，首先测取样三极管基极电压，调 R5 电压不变则查取样

串联开关电源检修

图14-34　电压跟踪法调试维修

电路，电压变化则测 VT3 集电极电压，调 R5 电压不变则查 VT3 电路及 R1、R2、C1 与 C6、VW 等元器件，如变再查 VT2、VT1 等各极电压，哪极不变化故障在哪极。

4.声控开关的制作

（1）电路基本工作原理

电路原理如图 14-35 所示。本电路主要由音频放大电路和双稳态触发电路组成。VT1 和 VT2 组成二级音频放大电路，由 MIC 接收的音频信号经 C1 耦合至 VT1 的基极，放大后由集电极直接馈至 VT2 的基极，在 VT2 的集电极得到一负方波，用来触发双稳态电路。R1、C1 将电路频响限制在 3kHz 左右，为高灵敏度范围。电源接通时，双稳态电路的状态为 VT4 截止，VT3 饱和，LED 不亮。当 MIC 接到控制信号，经过两级放大后输出一负方波，经过微分处理后负尖脉冲通过 VD1 加至 VT3 的基极，使电路迅速翻转，LED 被点亮。当 MIC 再次接到控制信号，电路又发生翻转，LED 熄灭。如果将 LED 回路与其他电路连接，也可以实现对其他电路的声控。

本电路采用直流 5V 电压供电，LED 熄灭时整机电流为 3.4mA，LED 点亮时整机电流为 8.8mA。

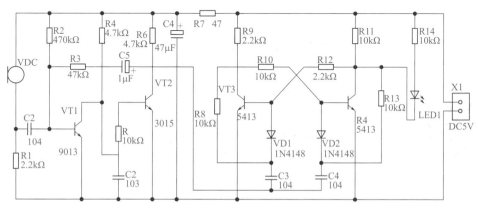

图14-35　声控开关电路原理

（2）电路组装

① 材料定额及元器件清单见表 14-11 所示。

表 14-11　声控开关的材料定额及元器件清单

位号	名称	规格	数量
R1、R9、R12	电阻	2.2K	3
R2	电阻	470 K	1
R3	电阻	47K	1
R4、R6	电阻	4.7K	2
R5、R8、R10、R11、R13	电阻	10K	5
R7	电阻	47	1
R14	电阻	1K	1
VD1、VD2	二极管	1N4148	2
MIC	驻极体话筒	直径 10mm，高 6mm	1
LED	发光二极管	红色	1
C1、C5、C6	瓷片电容	104	3
C3	瓷片电容	103	1
C2	电解电容	1μF	1
C4	电解电容	47μF	1
VT1、VT2、VT3、VT4	三极管	9013	4
VCC	插针	2P	1
	PCB 板	50mm×28mm	1

② 组装。电路组装过程与上例相同，组装好的电路如图 14-36 所示。

声光控开关的制作

图14-36　组装好的声控开关电路

　　通过两个例子的组装我们应该知道了具体组装步骤。实际应用中，电子产品组装过程基本就这些。

附录一　实操部分常见试题

一、低压电工防护用品使用（绝缘靴）类实操类型试题

1. 口述低压电工防护用品的作用（绝缘靴）

绝缘靴的作用是使人体与地面保持绝缘，是高压操作时操作者用来与大地保持绝缘的辅助安全用具，可以作为防跨步电压的基本安全用具，如附图 1-1 所示。按电压等级一般可以分为 6kV 绝缘靴、20kV 绝缘靴、25kV 绝缘靴和 35kV 绝缘靴，以在不同电压等级的环境下使用。

2. 使用前检查绝缘靴外观和可使用性

① 检查电压等级、标签和合格证，检查是否在有效期之内。

② 检查外观无破损、无烧灼痕迹，无毛刺、裂纹、破洞、断裂，如有禁止使用。

③ 查看鞋底是否磨损，如果看到黄色的绝缘层，则不能使用。

二、电工安全标示辨识类实操考试题

电工安全标示辨识图片举例如附图 1-2 所示。

附图1-1　绝缘靴

附图1-2　电工安全标示

1. 请将以上标示分类（禁止类标示、警告类标示、指令类标示）

禁止类标示 A，警告类标示 B、C，指令类标示 D、E。

2. 说明以上五种标识的使用场所及位置

A：悬挂于配电室停电施工线路的闸刀手柄上。

B：悬挂于高压配电室门口。要求与视线一致平齐，并且位置醒目。

C：悬挂于任何带电部位且容易发生触电的地点。要求与视线一致平齐，并且位置醒目。

D：悬挂于必须高压操作或带电操作的地方。要求与视线一致平齐，并且位置醒目。

E：在进行装卸高压熔丝、锯断电缆或打开运行中电缆盒，浇灌电缆混合剂、蓄电池电解液等工作时应佩戴护目镜。要求与视线一致平齐，并且位置醒目。

三、低压电工隐患排除图片考核考试题

根据图片指出隐患所在部位（图片各考试机构一般自行准备，附图1-3为常见典型隐患）。

未使用插头与插座进行接线

电箱出线从箱门位置出，容易夹断电缆发生事故。

配电箱内插座破损形成带电明露

配电箱内控制开关无标识

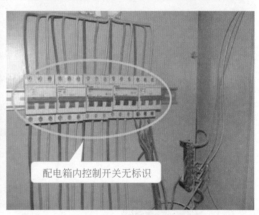

动力设备缺少保护接零、带电明露等

Ⅰ类手持电动工具没有进行保护接零，电源线为塑料线并有接头

电缆插头附近存在破损情况

带电体外露

电缆水平敷设高度不足2.5米

电焊机二次侧无防护罩

附图1-3 低压电工常见典型隐患

四、单相电度表与漏电保护器的实操接线

单相电度表与漏电保护器的接线可参考第 14 章图 14-19 和图 14-20。

五、三相四线制交流电度表与漏电保护器的实操接线

三相四线制交流电度表与漏电保护器的接线可参考第 14 章图 14-22。

六、双联开关控制一只灯电路实操

双联开关控制一只灯电路接线可参考第 14 章图 14-23。

七、其他实操考试内容

灭火器使用和现场触电急救可参考第 13 章。

附录二　安监特种作业证考试精选试题

一、选择题

1. 日光灯属于（　　）光源。

A. 气体放电　　　　　　　　B. 热辐射　　　　　　　　C. 生物放电

2. 当低压电气火灾发生时，首先应做的是（　　）。

A. 设法迅速切断电源

答案：1.A；2.A

B. 迅速离开现场去报告领导

C. 迅速用干粉或者二氧化碳灭火器灭火

3. 特种作业人员未按规定经专门的安全作业培训并取得相应资格就上岗作业的，责令生产经营单位（　　）。

A. 限期改正　　　　　　　　B. 罚款　　　　　　　　C. 停产停业整顿

4. 特种作业人员必须年满（　　）周岁。

A. 19　　　　　　　　　　　B. 18　　　　　　　　　C. 20

5. 三个阻值相等的电阻串联时的总电阻是并联时总电阻的（　　）倍。

A. 6　　　　　　　　　　　　B. 9　　　　　　　　　C. 3

6. 电磁力的大小与导体的有效长度成（　　）。

A. 反比　　　　　　　　　　B. 正比　　　　　　　　C. 不变

7. 单极型半导体器件是（　　）。

A. 二极管　　　　　　　　　B. 双极性二极管　　　　C. 场效应管

8.（　　）仪表由固定的永久磁铁，可转动的线圈及转轴、游丝、指针、机械调零机构等组成。

A. 电磁式　　　　　　　　　B. 磁电式　　　　　　　C. 感应式

9. 测量电动机线圈对地的绝缘电阻时，摇表的"L""E"两个接线柱应（　　）。

A. "E"接在电动机的出线端子，"L"接电动机的外壳

B. "L"接在电动机的出线端子，"E"接电动机的外壳

C. 随便接，没有规定

10. 万用表实质是一个带有整流器的（　　）仪表。

A. 电磁式　　　　　　　　　B. 磁电式　　　　　　　C. 电动式

11. 非自动切换电器是依靠（　　）直接操作来工作的。

A. 外力（如手控）　　　　　B. 电动　　　　　　　　C. 感应

12. 低压熔断器广泛应用于低压供配电系统和控制系统中，主要用于（　　）保护，有时也可用于过载保护。

A. 短路　　　　　　　　　　B. 速断　　　　　　　　C. 过流

13. 使用电流继电器时，其吸引线圈直接或通过电流互感器（　　）在被控电路中。

A. 并联　　　　　　　　　　B. 串联　　　　　　　　C. 串联或并联

14. 在采用多级熔断器保护中，后级的熔体额定电流比前级大，目的是防止熔断器越级熔断而（　　）。

A. 减小停电范围　　　　　　B. 查障困难　　　　　　C. 扩大停电范围

15. 在用万用表检查电容器时，指针摆动后应该（　　）。

A. 保持不动　　　　　　　　B. 逐渐回摆　　　　　　C. 来回摆动

16. 避雷针是常用的避雷装置，安装时，避雷针宜设独立的接地装置，如果在非高电阻率地区，其接地电阻不宜超过（　　）Ω。

A. 4　　　　　　　　　　　　B. 2　　　　　　　　　C. 10

答案： 3. A；4. B；5. B；6. B；7. C；8. B；9. B；10. B；11. A；12. A；13. B；14. C；15. B；16. C

17. 为避免高压变配电站遭受直击雷，引发大面积停电事故，一般可用（　　）来防雷。

A. 接闪杆　　　　　　　　B. 阀型避雷器　　　　　　C. 接闪网

18. 对于低压配电网，配电容量在 100kW 以下时，设备保护接地的接地电阻不应超过（　　）Ω。

A. 6　　　　　　　　　　B. 10　　　　　　　　　　C. 4

19.（　　）可用于操作高压跌落式熔断器、单极隔离开关及装设临时接地线等。

A. 绝缘手套　　　　　　　B. 绝缘鞋　　　　　　　　C. 绝缘棒

20. 登杆前，应对脚扣进行（　　）。

A. 人体载荷冲击试验　　　B. 人体静载荷试验　　　　C. 人体载荷拉伸试验

21. 交流接触器的额定工作电压，是指在规定条件下，能保证电器正常工作的（　　）电压。

A. 最低　　　　　　　　　B. 最高　　　　　　　　　C. 平均

22. 正确选用电器应遵循的两个基本原则是安全原则和（　　）原则。

A. 经济　　　　　　　　　B. 性能　　　　　　　　　C. 功能

23. 行程开关的组成包括有（　　）。

A. 保护部分　　　　　　　B. 线圈部分　　　　　　　C. 反力系统

24. 电容器组禁止（　　）。

A. 带电合闸　　　　　　　B. 带电荷合闸　　　　　　C. 停电合闸

25. 静电引起爆炸和火灾的条件之一是（　　）。

A. 静电能量要足够大　　　B. 有爆炸性混合物存在　　C. 有足够的温度

26. 运输液化气、石油等的槽车在行驶时，在槽车底部应采用金属链条或导电橡胶使之与大地接触，其目的是（　　）。

A. 中和槽车行驶中产生的静电荷　　　B. 泄漏槽车行驶中产生的静电荷

C. 使槽车与大地等电位

27. 建筑施工工地的用电机械设备（　　）安装漏电保护装置。

A. 应　　　　　　　　　　B. 不应　　　　　　　　　C. 没规定

28. 绝缘安全用具分为（　　）安全用具和辅助安全用具。

A. 直接　　　　　　　　　B. 间接　　　　　　　　　C. 基本

29. "禁止攀登，高压危险！"的标志牌应制作为（　　）。

A. 红底白字　　　　　　　B. 白底红字　　　　　　　C. 白底红边黑字

30. 据一些资料表明，心跳呼吸停止，在（　　）min 内进行抢救，约 80% 可以救活。

A. 1　　　　　　　　　　B. 2　　　　　　　　　　C. 3

31. 一般照明场所的线路允许电压损失是额定电压的（　　）。

A. ±10%　　　　　　　　B. ±5%　　　　　　　　　C. ±15%

32. 三相异步电动机虽然种类繁多，但基本结构均由（　　）和转子两大部分组成。

A. 外壳　　　　　　　　　B. 定子　　　　　　　　　C. 罩壳及机座

33. 热继电器的保护特性与电动机过载特性相近，是为了充分发挥电动机的（　　）能力。

A. 过载　　　　　　　　　B. 控制　　　　　　　　　C. 节流

34. 熔断器的保护特性又称为（　　）。

A. 安秒特性　　　　　　　B. 灭弧特性　　　　　　　C. 时间性

答案：17. A；18. B；19. C；20. A；21. B；22. A；23. C；24. B；25. B；26. B；27. A；28. C；29. C；
　　　30. A；31. B；32. B；33. A；34. A

35. 并联电力电容器的作用是（　　）。

A. 降低功率因数　　　　　　B. 提高功率因数　　　　　　C. 维持电流

36. 为了防止跨步电压对人造成伤害，要求防雷接地装置距离建筑物出入口、人行道最小距离不应小于（　　）m。

A. 3　　　　　　　　　　　B. 2.5　　　　　　　　　　C. 4

37. 防静电的接地电阻要求不大于（　　）Ω。

A. 10　　　　　　　　　　B. 40　　　　　　　　　　C. 100

38. PE 线或 PEN 线上除工作接地外，其他接地点的再次接地称为（　　）接地。

A. 直接　　　　　　　　　　B. 间接　　　　　　　　　　C. 重复

39. 保险绳的使用应（　　）。

A. 高挂低用　　　　　　　　B. 低挂高用　　　　　　　　C. 保证安全

40. "禁止合闸，有人工作"的标志牌应制作为（　　）。

A. 红底白字　　　　　　　　B. 白底红字　　　　　　　　C. 白底绿字

41. 当电气设备发生接地故障，接地电流通过接地体向大地流散，若人在接地短路点周围行走，其两脚间的电位差引起的触电叫（　　）触电。

A. 单相　　　　　　　　　　B. 跨步电压　　　　　　　　C. 感应电

42. 根据线路电压等级和用户对象，电力线路可分为配电线路和（　　）线路。

A. 照明　　　　　　　　　　B. 动力　　　　　　　　　　C. 送电

43. 一般情况下，220V 工频电压作用下人体的电阻为（　　）Ω。

A. 500 ～ 1000　　　　　　B. 800 ～ 1600　　　　　　C. 1000 ～ 2000

44. 保护线（接地或接零线）的颜色按标准应采用（　　）。

A. 红色　　　　　　　　　　B. 蓝色　　　　　　　　　　C. 黄绿双色

45. 三相笼型异步电动机的启动方式有两种，既在额定电压下的直接启动和（　　）启动。

A. 转子串频敏　　　　　　　B. 转子串电阻　　　　　　　C. 降低启动电压

46. 异步电动机在启动瞬间，转子绕组中感应的电流很大，使定子流过的启动电流也很大，约为额定电流的（　　）倍。

A. 2　　　　　　　　　　　B. 4 ～ 7　　　　　　　　　C. 9 ～ 10

47. 对颜色有较高区别要求的场所，宜采用（　　）。

A. 彩灯　　　　　　　　　　B. 白炽灯　　　　　　　　　C. 紫色灯

48. 在检查插座时，电笔在插座的两个孔均不亮，首先判断是（　　）。

A. 相线断线　　　　　　　　B. 短路　　　　　　　　　　C. 零线断线

49. 工作人员在 10kV 及以下电气设备上工作时，正常活动范围与带电设备的安全距离为（　　）m。

A. 0.2　　　　　　　　　　B. 0.35　　　　　　　　　C. 0.5

50. 一般电器所标或仪表所指示的交流电压、电流的数值是（　　）。

A. 最大值　　　　　　　　　B. 有效值　　　　　　　　　C. 平均值

51. PN 结两端加正向电压时，其正向电阻（　　）。

A. 大　　　　　　　　　　　B. 小　　　　　　　　　　　C. 不变

答案： 35. B；36. A；37. C；38. C；39. A；40. B；41. B；42. C；43. C；44. C；45. C；46. B；47. B；48. A；49. B；50. B；51. B

52. 低压断路器也称为（　　）。

A. 闸刀　　　　　　　　　B. 总开关　　　　　　　　C. 自动空气开关

53. 热继电器的整定电流为电动机额定电流的（　　）%。

A. 120　　　　　　　　　 B. 100　　　　　　　　　 C. 130

54. 星-三角降压启动，是启动时把定子三相绕组做（　　）连接。

A. 三角形　　　　　　　　B. 星形　　　　　　　　　C. 延边三角形

55. 对电机内部的脏物及灰尘清理，应用（　　）。

A. 布上蘸汽油、煤油等抹擦　　B. 湿布抹擦　　　　　　C. 用压缩空气吹或用干布抹擦

56. 对电机各绕组的绝缘检查，如测出绝缘电阻为零，在发现无明显烧毁的现象时，则可进行烘干处理，这时（　　）通电运行。

A. 允许　　　　　　　　　B. 不允许　　　　　　　　C. 烘干好后就可

57. 事故照明一般采用（　　）。

A. 日光灯　　　　　　　　B. 白炽灯　　　　　　　　C. 高压汞灯

58. 螺口灯头的螺纹应与（　　）相接。

A. 相线　　　　　　　　　B. 零线　　　　　　　　　C. 地线

59. 在电路中，开关应控制（　　）。

A. 零线　　　　　　　　　B. 相线　　　　　　　　　C. 地线

60. 线路或设备的绝缘电阻的测量是用（　　）测量。

A. 万用表的电阻挡　　　　B. 兆欧表　　　　　　　　C. 接地摇表

61. 钳形电流表测量电流时，可以在（　　）电路的情况下进行。

A. 短接　　　　　　　　　B. 断开　　　　　　　　　C. 不断开

62. 交流接触器的机械寿命是指在不带负载时的操作次数，一般达（　　）。

A. 600 万次～1000 万次　 B. 10 万次以下　　　　　 C. 10000 万次以上

63. 为了检查可以短时停电，在触及电容器前必须（　　）。

A. 充分放电　　　　　　　B. 长时间停电　　　　　　C. 冷却之后

64. 静电现象是十分普遍的电现象（　　）是它的最大危害。

A. 对人体放电，直接置人于死地　　　　　　　　　B. 高电压击穿绝缘

C. 易引发火灾

65. 特别潮湿的场所应采用（　　）V 的安全特低电压。

A. 24　　　　　　　　　　B. 42　　　　　　　　　　C. 12

66.（　　）是保证电气作业安全的技术措施之一。

A. 工作票制度　　　　　　B. 验电　　　　　　　　　C. 工作许可制度

67. 电流对人体的热效应造成的伤害是（　　）。

A. 电烧伤　　　　　　　　B. 电烙印　　　　　　　　C. 皮肤金属化

68. 运行中的线路的绝缘电阻每伏工作电压为（　　）Ω。

A. 1000　　　　　　　　　B. 500　　　　　　　　　C. 200

69. 低压线路中的零线采用的颜色是（　　）。

A. 深蓝色　　　　　　　　B. 淡蓝色　　　　　　　　C. 黄绿双色

答案：52. C；53. B；54. B；55. C；56. B；57. B；58. B；59. B；60. B；61. C；62. A；63. A；64. C；
65. C；66. B；67. A；68. A；69. B

70. 笼型异步电动机降压启动能减少启动电流，但由于电动机的转矩与电压的平方成（　　），因此降压启动时转矩减少较多。

A. 反比　　　　　　　　B. 正比　　　　　　　　C. 对应

71. 利用（　　）来降低加在定子三相绕组上的电压的启动叫自耦降压启动。

A. 频敏变压器　　　　　B. 自耦变压器　　　　　C. 电阻器

72. 下列材料中，导电性能最好的是（　　）。

A. 铝　　　　　　　　　B. 铜　　　　　　　　　C. 铁

73. 导线的中间接头采用铰接时，先在中间互铰（　　）圈。

A. 2　　　　　　　　　　B. 1　　　　　　　　　　C. 3

74. 国家标准规定凡（　　）kW 以上的电动机均采用三角形接法。

A. 3　　　　　　　　　　B. 4　　　　　　　　　　C. 7.5

75. 降压启动是指启动时降低加在电动机（　　）绕组上的电压，启动运转后，再使其电压恢复到额定电压正常运行。

A. 转子　　　　　　　　B. 定子　　　　　　　　C. 定子及转子

76. 电动机在额定工作状态下运行时，定子电路所加的（　　）叫额定电压。

A. 线电压　　　　　　　B. 相电压　　　　　　　C. 额定电压

77. 使用剥线钳时应选用比导线直径（　　）的刃口。

A. 稍大　　　　　　　　B. 相同　　　　　　　　C. 较大

78. 照明系统中的每一单相回路上，灯具与插座的数量不宜超过（　　）个。

A. 20　　　　　　　　　B. 25　　　　　　　　　C. 30

79. 导线接头连接不紧密，会造成接头（　　）。

A. 绝缘不够　　　　　　B. 发热　　　　　　　　C. 不导电

80. 电气火灾的引发是由于危险温度的存在，危险温度的引发主要是由于（　　）。

A. 电压波动　　　　　　B. 设备负载轻　　　　　C. 电流过大

81. 低压带电作业时，（　　）。

A. 既要戴绝缘手套，又要有人监护　　　　　　　B. 戴绝缘手套，不要有人监护

C. 有人监护不必戴绝缘手套

82. 纯电容元件在电路中（　　）电能。

A. 储存　　　　　　　　B. 分配　　　　　　　　C. 消耗

83. 三相四线制的零线的截面积一般（　　）相线截面积。

A. 小于　　　　　　　　B. 大于　　　　　　　　C. 等于

84. 交流 10kV 母线电压是指交流三相三线制的（　　）。

A. 线电压　　　　　　　B. 相电压　　　　　　　C. 线路电压

85. 尖嘴钳 150mm 是指（　　）。

A. 其总长度为 150mm　　B. 其绝缘手柄为 150mm

C. 其开口 150mm

86. 每一照明（包括风扇）支路总容量一般不大于（　　）kW。

A. 2　　　　　　　　　　B. 3　　　　　　　　　　C. 4

答案： 70. B；71. B；72. B；73. C；74. B；75. B；76. A；77. A；78. B；79. B；80. C；81. A；82. A；
83. A；84. A；85. A；86. B

87. 下列灯具中功率因数最高的是（　　）。

　　A. 节能灯　　　　　　　B. 白炽灯　　　　　　　C. 日光灯

88. 单相三孔插座的上孔接（　　）。

　　A. 零线　　　　　　　　B. 相线　　　　　　　　C. 地线

89. 当电气火灾发生时，应首先切断电源再灭火，但当电源无法切断时，只能带电灭火，500V 低压配电柜灭火可选用的灭火器是（　　）。

　　A. 泡沫灭火器　　　　　B. 二氧化碳灭火器　　　C. 水基式灭火器

90.（　　）属于顺磁性材料。

　　A. 水　　　　　　　　　B. 铜　　　　　　　　　C. 空气

91. 确定正弦量的三要素为（　　）。

　　A. 相位、初相位、相位差　　B. 最大值、频率、初相角　　C. 周期、频率、角频率

92. 选择电压表时，其内阻（　　）被测负载的电阻为好。

　　A. 远大于　　　　　　　B. 远小于　　　　　　　C. 等于

93. 利用交流接触器作欠压保护的原理是当电压不足时，线圈产生的（　　）不足，触点分断。

　　A. 磁力　　　　　　　　B. 涡流　　　　　　　　C. 热量

94. 摇表的两个主要组成部分是手摇（　　）和磁电式流比计。

　　A. 直流发电机　　　　　B. 电流互感器　　　　　C. 交流发电机

95. 钳形电流表是利用（　　）的原理制造的。

　　A. 电压互感器　　　　　B. 电流互感器　　　　　C. 变压器

96. 测量电压时，电压表应与被测电路（　　）。

　　A. 串联　　　　　　　　B. 并联　　　　　　　　C. 正接

97. 低压电器按其动作方式又可分为自动切换电器和（　　）电器。

　　A. 非自动切换　　　　　B. 非电动　　　　　　　C. 非机械

98. 交流接触器的电寿命约为机械寿命的（　　）。

　　A. 1 倍　　　　　　　　B. 10 倍　　　　　　　　C. 1/20

99. 铁壳开关在控制电动机启动和停止时，要求额定电流要大于或等于（　　）倍电动机额定电流。

　　A. 1　　　　　　　　　　B. 2　　　　　　　　　　C. 3

100. 断路器的选用，应先确定断路器的（　　），然后才进行具体参数的确定。

　　A. 类型　　　　　　　　B. 额定电流　　　　　　C. 额定电压

101. 电业安全工作规程上规定，对地电压为（　　）V 及以下的设备为低压设备。

　　A. 380　　　　　　　　　B. 400　　　　　　　　　C. 250

102. 属于配电电器的有（　　）。

　　A. 接触器　　　　　　　B. 熔断器　　　　　　　C. 电阻器

103. 从制造角度考虑，低压电器是指在交流 50Hz、额定电压（　　）V 或直流额定电压 1500V 及以下电气设备。

　　A. 800　　　　　　　　　B. 400　　　　　　　　　C. 1000

答案： 87. A；88. C；89. B；90. C；91. B；92. A；93. A；94. A；95. B；96. B；97. A；98. C；99. B；
　　　　100. A；101. C；102. B；103. C

104. 人体同时接触带电设备或线路中的两相导体时，电流从一相通过人体流入另一相，这种触电现象称为（　　）触电。

A. 单相　　　　　　　　B. 两相　　　　　　　　C. 感应电

105. 导线接头的机械强度不小于原导线机械强度的（　　）%。

A. 90　　　　　　　　　B. 80　　　　　　　　　C. 95

106. 导线接头电阻要足够小，与同长度同截面导线的电阻比不大于（　　）。

A. 1.5　　　　　　　　　B. 1　　　　　　　　　C. 2

107. 某四极电动机的转速为 1440r/min，则这台电动机的转差率为（　　）%。

A. 2　　　　　　　　　　B. 4　　　　　　　　　C. 6

108. 在对 380V 电机各绕组的绝缘检查中，发现绝缘电阻（　　），则可初步判定为电机受潮所致，应对电机进行烘干处理。

A. 大于 0.5MΩ　　　　　B. 小于 10MΩ　　　　　C. 小于 0.5MΩ

109. Ⅱ类手持电动工具是带有（　　）绝缘的设备。

A. 防护　　　　　　　　B. 基本　　　　　　　　C. 双重

110. 墙边开关安装时距离地面的高度为（　　）m。

A. 1.3　　　　　　　　　B. 1.5　　　　　　　　C. 2

111. 电容器可用万用表（　　）挡进行检查。

A. 电压　　　　　　　　B. 电流　　　　　　　　C. 电阻

112. 几种线路同杆架设时，必须保证高压线路在低压线路（　　）。

A. 右方　　　　　　　　B. 左方　　　　　　　　C. 上方

113. 高压验电器的发光电压不应高于额定电压的（　　）%。

A. 50　　　　　　　　　B. 25　　　　　　　　　C. 75

114. 如果触电者心跳停止，有呼吸，应立即对触电者施行（　　）急救。

A. 仰卧压胸法　　　　　B. 胸外心脏按压法　　　　C. 俯卧压背法

115. 绝缘材料的耐热等级为 E 级时，其极限工作温度为（　　）℃。

A. 105　　　　　　　　　B. 90　　　　　　　　　C. 120

116. 频敏变阻器其构造与三相电抗相似，即由三个铁芯柱和（　　）绕组组成。

A. 一个　　　　　　　　B. 两个　　　　　　　　C. 三个

117. 旋转磁场的旋转方向决定于通入定子绕组中的三相交流电源的相序，只要任意调换电动机（　　）所接交流电源的相序，旋转磁场既反转。

A. 一相绕组　　　　　　B. 两相绕组　　　　　　C. 三相绕组

118. 螺钉旋具的规格是以柄部外面的杆身长度和（　　）表示。

A. 厚度　　　　　　　　B. 半径　　　　　　　　C. 直径

119. 在易燃、易爆危险场所，电气设备应安装（　　）的电气设备。

A. 密封性好　　　　　　B. 安全电压　　　　　　C. 防爆型

120. 接地线应用多股软裸铜线，其截面积不得小于（　　）mm²。

A. 10　　　　　　　　　B. 6　　　　　　　　　C. 25

答案： 104. B；105. A；106. B；107. B；108. C；109. C；110. A；111. C；112. C；113. B；114. B；115. C；116. C；117. B；118. C；119. C；120. C

121. 在均匀磁场中，通过某一平面的磁通量为最大时，这个平面就和磁力线（　　）。

A. 平行　　　　　　　　B. 垂直　　　　　　　　C. 斜交

122. 串联电路中各电阻两端电压的关系是（　　）。

A. 各电阻两端电压相等　　B. 阻值越小两端电压越高

C. 阻值越大两端电压越高

123. 测量接地电阻时，电位探针应接在距接地端（　　）m 的地方。

A. 20　　　　　　　　　B. 5　　　　　　　　　C. 40

124. 拉开闸刀时，如果出现电弧，应（　　）。

A. 迅速拉开　　　　　　B. 立即合闸　　　　　　C. 缓慢拉开

125. 在电力控制系统中，使用最广泛的是（　　）式交流接触器。

A. 电磁　　　　　　　　B. 气动　　　　　　　　C. 液动

126. 静电防护的措施比较多，下面常用行之有效的可消除设备外壳静电的方法是（　　）。

A. 接地　　　　　　　　B. 接零　　　　　　　　C. 串接

127. TN-S 俗称（　　）。

A. 三相五线　　　　　　B. 三相四线　　　　　　C. 三相三线

128. 用于电气作业书面依据的工作票应一式（　　）份。

A. 3　　　　　　　　　B. 2　　　　　　　　　C. 4

129. 碳在自然界中有金刚石和石墨两种存在形式，其中石墨是（　　）。

A. 导体　　　　　　　　B. 绝缘体　　　　　　　C. 半导体

130. 笼型异步电动机采用电阻降压启动时，启动次数（　　）。

A. 不宜太少　　　　　　B. 不允许超过 3 次 / 时　　C. 不宜过于频繁

131.（　　）的电机，在通电前，必须先做各绕组的绝缘电阻检查，合格后才可通电。

A. 不常用，但电机刚停止不超过一天　　　　B. 一直在用，停止没超过一天

C. 新装或未用过的

132. 碘钨灯属于（　　）光源。

A. 气体放电　　　　　　B. 电弧　　　　　　　　C. 热辐射

133. 在易燃、易爆危险场所，供电线路应采用（　　）方式供电。

A. 单相三线制，三相五线制 B. 单相三线制，三相四线制

C. 单相两线制，三相五线制

134. 特种作业操作证每（　　）年复审 1 次。

A. 4　　　　　　　　　B. 5　　　　　　　　　C. 3

135. 交流电路中电流比电压滞后 90°，该电路属于（　　）电路。

A. 纯电阻　　　　　　　B. 纯电感　　　　　　　C. 纯电容

136. 感应电流的方向总是使感应电流的磁场阻碍引起感应电流的磁通的变化，这一定律称为（　　）。

A. 法拉第定律　　　　　B. 特斯拉定律　　　　　C. 楞次定律

137. 下列（　　）是保证电气作业安全的组织措施。

A. 停电　　　　　　　　B. 工作许可制度　　　　C. 悬挂接地线

答案： 121. B；122. C；123. A；124. A；125. A；126. A；127. A；128. B；129. A；130. C；131. C；132. C；133. A；134. C；135. B；136. C；137. B

138. 人体直接接触带电设备或线路中的一相时，电流通过人体流入大地，这种触电现象称为（　　）触电。

　　A. 单相　　　　　　　　　B. 两相　　　　　　　　　C. 三相

139. 电动机在额定工作状态下运行时，（　　）的机械功率叫额定功率。

　　A. 允许输出　　　　　　　B. 允许输入　　　　　　　C. 推动电机

140. 生产经营单位的主要负责人在本单位发生重大生产安全事故后逃匿的，由（　　）处15 日以下拘留。

　　A. 检察机关　　　　　　　B. 公安机关　　　　　　　C. 安全生产监督管理部门

141. 将一根导线均匀拉长为原长的 2 倍，则它的阻值为原阻值的（　　）倍。

　　A. 1　　　　　　　　　　　B. 2　　　　　　　　　　　C. 4

142. 在半导体电路中，主要选用快速熔断器作（　　）保护。

　　A. 过压　　　　　　　　　B. 短路　　　　　　　　　C. 过热

143. 在建筑物、电气设备和构筑物上能产生电效应、热效应和机械效应，具有较大的破坏作用的雷属于（　　）。

　　A. 感应雷　　　　　　　　B. 球形雷　　　　　　　　C. 直击雷

144. 在选择漏电保护装置的灵敏度时，要避免由于正常（　　）引起的不必要的动作而影响正常供电。

　　A. 泄漏电压　　　　　　　B. 泄漏电流　　　　　　　C. 泄漏功率

145. 更换和检修用电设备时，最好的安全措施是（　　）。

　　A. 切断电源　　　　　　　B. 站在凳子上操作

　　C. 戴橡皮手套操作

146. 《安全生产法》规定，任何单位或者（　　）对事故隐患或者安全生产违法行为，均有权向负有安全生产监督管理职责的部门报告或者举报。

　　A. 职工　　　　　　　　　B. 个人　　　　　　　　　C. 管理人员

147. 当电压为 5V 时，导体的电阻值为 5Ω，那么当电阻两端电压为 2V 时，电阻值为（　　）Ω。

　　A. 10　　　　　　　　　　　B. 5　　　　　　　　　　　C. 2

148. 用摇表测量电阻的单位是（　　）。

　　A. 千欧　　　　　　　　　B. 欧姆　　　　　　　　　C. 兆欧

149. 单相电度表主要由一个可转动铝盘和分别绕在不同铁芯上的一个（　　）和一个电流线圈组成。

　　A. 电压线圈　　　　　　　B. 电压互感器　　　　　　C. 电阻

150. 穿管导线内最多允许（　　）个导线接头。

　　A. 1　　　　　　　　　　　B. 2　　　　　　　　　　　C. 0

151. 在铝绞线中加入钢芯的作用是（　　）。

　　A. 提高导电能力　　　　　B. 增大导线面积　　　　　C. 提高机械强度

152. 导线接头缠绝缘胶布时，后一圈压在前一圈胶布宽度的（　　）处。

　　A. 1/2　　　　　　　　　　B. 1/3　　　　　　　　　　C. 1

答案：138. A；139. A；140. B；141. C；142. B；143. C；144. B；145. A；146. B；147. B；148. C；149. A；
　　　150. C；151. C；152. A

153. 国家规定了（   ）个作业类别为特种作业。

A. 20 B. 15 C. 11

154. 指针式万用表一般可以测量交直流电压、（   ）电流和电阻。

A. 交流 B. 交直流 C. 直流

155. 具有反时限安秒特性的元件就具备短路保护和（   ）保护能力。

A. 温度 B. 机械 C. 过载

156. 电容器属于（   ）设备。

A. 危险 B. 运动 C. 静止

157. 导线接头的绝缘强度应（   ）原导线的绝缘强度。

A. 等于 B. 大于 C. 小于

158. 我们平时称的瓷瓶，在电工专业中称为（   ）。

A. 隔离体 B. 绝缘瓶 C. 绝缘子

159. 对照电机与其铭牌检查，主要有（   ）、频率、定子绕组的连接方法。

A. 电源电压 B. 电源电流 C. 工作制

160. 钳形电流表使用时应先用较大量程，然后再视被测电流的大小变换量程。切换量程时应（   ）。

A. 先将导线退出，再转动量程开关

B. 直接转动量程开关

C. 一边进线一边换挡

161. 电能表是测量（   ）用的仪器。

A. 电流 B. 电压 C. 电能

162. 螺旋式熔断器的电源进线应接在（   ）。

A. 上端 B. 下端 C. 前端

163. 在生产过程中，静电对人体、对设备、对产品都是有害的，要消除或减弱静电，可使用喷雾增湿剂，这样做的目的是（   ）。

A. 使静电荷向四周散发泄漏 B. 使静电荷通过空气泄漏

C. 使静电沿绝缘体表面泄漏

164. 在雷暴雨天气，应将门和窗户等关闭，其目的是为了防止（   ）侵入屋内，造成火灾、爆炸或人员伤亡。

A. 球形雷 B. 感应雷 C. 直接雷

165. 带电体的工作电压越高，要求其间的空气距离（   ）。

A. 越大 B. 一样 C. 越小

166. 对电机各绕组的绝缘检查，要求是：电动机每 1kV 工作电压，绝缘电阻（   ）。

A. 小于 0.5MΩ B. 大于等于 1MΩ C. 等于 0.5MΩ

167. 一般照明线路中，无电的依据是（   ）。

A. 用摇表测量 B. 用电笔验电 C. 用电流表测量

168. 装设接地线，当检验明确无电压后，应立即将检修设备接地并（   ）短路。

A. 两相 B. 单相 C. 三相

答案：153. C；154. C；155. C；156. C；157. A；158. C；159. A；160. A；161. C；162. B；163. C；164. A；165. A；166. B；167. B；168. C

316

169. 通电线圈产生的磁场方向不但与电流方向有关,而且还与线圈( )有关。

A. 长度 B. 绕向 C. 体积

170. 接地电阻测量仪是测量( )的装置。

A. 绝缘电阻 B. 直流电阻 C. 接地电阻

171. 按国际和我国标准,( )线只能用做保护接地或保护接零线。

A. 黑色 B. 蓝色 C. 黄绿双色

172. 三相交流电路中,A 相用( )颜色标记。

A. 红色 B. 黄色 C. 绿色

173. 三相异步电动机按其( )的不同可分为开启式、防护式、封闭式三大类。

A. 供电电源的方式 B. 外壳防护方式 C. 结构形式

174. ( )仪表可直接用于交、直流测量,但精度低。

A. 电磁式 B. 磁电式 C. 电动式

175. ( )仪表可直接用于交、直流测量,且精确度高。

A. 磁电式 B. 电磁式 C. 电动式

176. 指针式万用表测量电阻时标度尺最右侧是( )。

A. 0 B. ∞ C. 不确定

177. 漏电保护断路器在设备正常工作时,电路电流的相量和( ),开关保持闭合状态。

A. 为正 B. 为负 C. 为零

178. 电机在正常运行时的声音,是平稳、轻快、( )和有节奏的。

A. 尖叫 B. 均匀 C. 摩擦

179. 锡焊晶体管等弱电元件应用( )W 的电烙铁为宜。

A. 75 B. 25 C. 100

180. 在易燃易爆场所使用的照明灯具应采用( )灯具。

A. 防潮型 B. 防爆型 C. 普通型

181. 下列现象中,可判定是接触不良的是( )。

A. 日光灯启动困难 B. 灯泡忽明忽暗 C. 灯泡不亮

182. 在电气线路安装时,导线与导线或导线与电气螺栓之间的连接最易引发火灾的连接工艺是( )。

A. 铝线与铝线铰接 B. 铜线与铝线铰接 C. 铜铝过渡接头压接

183. 《安全生产法》立法的目的是为了加强安全生产工作,防止和减少( ),保障人民群众生命和财产安全,促进经济发展。

A. 生产安全事故 B. 火灾、交通事故 C. 重大、特大事故

184. 特种作业人员在操作证有效期内,连续从事本工种 10 年以上,无违法行为,经考核发证机关同意,操作证复审时间可延长至( )年。

A. 6 B. 4 C. 10

185. 电动势的方向是( )。

A. 从正极指向负极 B. 从负极指向正极 C. 与电压方向相同

答案:169.B;170.C;171.C;172.B;173.B;174.A;175.C;176.A;177.C;178.B;179.B;180.B;
181.B;182.B;183.A;184.A;185.B

186. 钳形电流表由电流互感器和带（　　）的磁电式表头组成。

A. 整流装置　　　　　　　　B. 测量电路　　　　　　　　C. 指针

187. 万用表电压量程 2.5V 是当指针指在（　　）位置时电压值为 2.5V。

A. 1/2 量程　　　　　　　　B. 满量程　　　　　　　　C. 2/3 量程

188. 电压继电器使用时其吸引线圈直接或通过电压互感器（　　）在被控电路中。

A. 并联　　　　　　　　　　B. 串联　　　　　　　　　　C. 串联或并联

189. 电容量的单位是（　　）。

A. 法　　　　　　　　　　　B. 乏　　　　　　　　　　　C. 安时

190. 变压器和高压开关柜，防止雷电侵入产生破坏的主要措施是（　　）。

A. 安装避雷器　　　　　　　B. 安装避雷线　　　　　　　C. 安装避雷网

191. 使用竹梯时，梯子与地面的夹角以（　　）为宜。

A. 60°　　　　　　　　　　B. 50°　　　　　　　　　　C. 70°

192. 一般线路中的熔断器有（　　）保护。

A. 短路　　　　　　　　　　B. 过载　　　　　　　　　　C. 过载和短路

193. 更换熔体时，原则上新熔体与旧熔体的规格要（　　）。

A. 相同　　　　　　　　　　B. 不同　　　　　　　　　　C. 更新

194. 电机在运行时，要通过（　　）、看、闻等方法及时监视电动机。

A. 记录　　　　　　　　　　B. 听　　　　　　　　　　　C. 吹风

195. 电动机（　　）作为电动机磁通的通路，要求材料有良好的导磁性能。

A. 端盖　　　　　　　　　　B. 机座　　　　　　　　　　C. 定子铁芯

196. 一般照明的电源优先选用（　　）V。

A. 380　　　　　　　　　　B. 220　　　　　　　　　　C. 36

197. 稳压二极管的正常工作状态是（　　）。

A. 截止状态　　　　　　　　B. 导通状态　　　　　　　　C. 反向击穿状态

198. 载流导体在磁场中将会受到（　　）的作用。

A. 电磁力　　　　　　　　　B. 磁通　　　　　　　　　　C. 电动势

199. （　　）仪表由固定的线圈，可转动的线圈及转轴、游丝、指针、机械调零机构等组成。

A. 电磁式　　　　　　　　　B. 磁电式　　　　　　　　　C. 电动式

200. 万能转换开关的基本结构有（　　）。

A. 反力系统　　　　　　　　B. 触点系统　　　　　　　　C. 线圈部分

201. 组合开关用于电动机可逆控制时，（　　）允许反向接通。

A. 可在电动机停后就　　　　B. 不必在电动机完全停转后就

C. 必须在电动机完全停转后才

202. 胶壳刀开关在接线时，电源线接在（　　）。

A. 上端（静触点）　　　　　B. 下端（动触点）　　　　　C. 两端都可

203. 低压电器可归为低压配电电器和（　　）电器。

A. 电压控制　　　　　　　　B. 低压控制　　　　　　　　C. 低压电动

答案： 186. A；187. B；188. A；189. A；190. A；191. A；192. C；193. A；194. B；195. C；196. B；197. C；198. A；199. C；200. B；201. C；202. A；203. B

204.（　　）是登杆作业时必备的保护用具，无论用登高板或脚扣都要用其配合使用。

A. 安全带　　　　　　　　　B. 梯子　　　　　　　　　C. 手套

205. 熔断器的额定电流（　　）电动机的启动电流。

A. 等于　　　　　　　　　　B. 大于　　　　　　　　　C. 小于

206. 三相异步电动机一般可直接启动的功率为（　　）kW 以下。

A. 7　　　　　　　　　　　　B. 10　　　　　　　　　　C. 16

207. 对电机轴承润滑的检查，（　　）电动机转轴，看是否转动灵活，听有无异声。

A. 用手转动　　　　　　　　B. 通电转动　　　　　　　C. 用其他设备带动

208. 当一个熔断器保护一只灯时，熔断器应串联在开关（　　）。

A. 前　　　　　　　　　　　B. 后　　　　　　　　　　C. 中

209. 相线应接在螺口灯头的（　　）。

A. 螺纹端子　　　　　　　　B. 中心端子　　　　　　　C. 外壳

210. 特种作业操作证有效期为（　　）年。

A. 8　　　　　　　　　　　　B. 12　　　　　　　　　　C. 6

二、判断题

1. 在断电之后，电动机停转，当电网再次来电，电动机自行启动的运行方式称为失压保护。（×）

2. 绝缘体被击穿时的电压称为击穿电压。（√）

3. 在我国，超高压送电线路基本上是架空敷设。（√）

4. 改变转子电阻调速这种方法只适用于绕线型异步电动机。（√）

5. 电气安装接线图中，同一电器元件的各部分必须画在一起。（√）

6. 交流电动机铭牌上的频率是此电动机使用的交流电源的频率。（√）

7. 多用螺钉旋具的规格是以它的全长（手柄加旋杆）表示的。（√）

8. 手持式电动工具接线可以随意加长。（×）

9. 路灯的各回路应有保护，每一灯具宜设单独熔断器。（√）

10. 螺口灯头的台灯应采用三孔插座。（√）

11. 用电笔检查时，电笔发光就说明线路一定有电。（×）

12. 对于开关频繁的场所应采用白炽灯照明。（√）

13. 二氧化碳灭火器带电灭火只适用于 600V 以下的线路，如果是 10kV 或者 35kV 线路，如要带电灭火只能选择干粉灭火器。（√）

14. 电气设备缺陷、设计不合理、安装不当等都是引发火灾的重要原因。（√）

15. 日常电气设备的维护和保养应由设备管理人员负责。（×）

16. 特种作业操作证每 1 年由考核发证部门复审一次。（×）

17. 特种作业人员未经专门的安全作业培训，未取得相应资格，上岗作业导致事故的，应追究生产经营单位有关人员的责任。（√）

18. 视在功率就是无功功率加上有功功率。（×）

19. 在三相交流电路中，负载为三角形接法时，其相电压等于三相电源的线电压（如附图 2-1）。（√）

答案：204. A；205. C；206. A；207. A；208. B；209. B；210. C

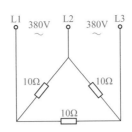

附图2-1 三相交流电路负载三角形接法

20. 我国正弦交流电的频率为 50Hz。（√）

21. 交流电流表和电压表所测得的值都是有效值。（√）

22. 指针万用表在测量电阻时，指针指在刻度盘中间最准确。（√）

23. 电压表内阻越大越好。（√）

24. 分断电流能力是各类刀开关的主要技术参数之一。（√）

25. 中间继电器的动作值与释放值可调节。（×）

26. 一般情况下，接地电网的单相触电比不接地的电网的危险性小，如附图 2-2。（×）

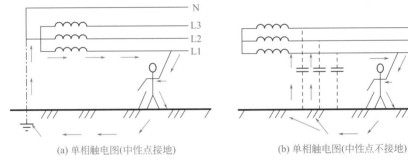

(a) 单相触电图(中性点接地)　　　　(b) 单相触电图(中性点不接地)

附图2-2 触电图

27. 事故照明不允许和其他照明共用同一线路。（√）

28. 在没有用验电器验电前，线路应视为有电。（√）

29. 不同电压的插座应有明显区别。（√）

30. 电机运行时发出沉闷声是电机在正常运行的声音。（×）

31. 在供配电系统和设备自动系统中刀开关通常用于电源隔离。（√）

32. 交流接触器的额定电流，是在额定的工作条件下所决定的电流值。（√）

33. 机关、学校、企业、住宅等建筑物内的插座回路不需要安装漏电保护装置。（×）

34. 手持电动工具有两种分类方式，即按工作电压分类和按防潮程度分类。（×）

35. 日光灯点亮后，镇流器起降压限流作用。（√）

36. 为了有明显区别，并列安装的同型号开关应高度不同、错落有致。（×）

37. 在有爆炸和火灾危险的场所，应尽量少用或不用便携式、移动式的电气设备。（√）

38. 企业、事业单位的职工无特种作业操作证从事特种作业，属违章作业。（√）

39. 右手定则是判定直导体做切割磁力线运动时所产生的感生电流的方向。（√）

40. 在串联电路中，电流处处相等。（√）

41. 并联电容器有减少电压损失的作用。（√）

42. 接触器的文字符号是 FR。（×）

43. 漏电断路器在被保护电路中有漏电或有人触电时，零序电流互感器就产生感应电流，经放大使脱扣器动作，从而切断电路。（√）

44. 热继电器的双金属片弯曲的速度与电流大小有关，电流越大，速度越快，这种特性称正比时限特性。（×）

45. 刀开关在作隔离开关时，要求刀开关的额定电流要大于或等于线路实际的故障电流。（×）

46. 自动切换电器是依靠本身参数的变化或外来信号而自动进行工作的。（√）

47. 当测量电容器时万用表指针摆动后停止不动，说明电容器短路。（√）

48. 补偿电容器的容量越大越好。（×）

49. 并联补偿电容器主要用在直流电路中。（×）

50. 除独立避雷针之外，在接地电阻满足要求的前提下，防雷接地装置可以和其他接地装置共用。（√）

51. 接地线是为了在已停电的设备和线路上意外地出现电压时保证工作人员安全的重要工具。按规定，接地线必须是截面积 $25mm^2$ 以上裸铜软线制成。（√）

52. 熔断器在所有电路中都能起到过载保护。（×）

53. 电缆保护层的作用是保护电缆。（√）

54. "止步，高压危险"的标志牌的式样是白底、红边，有红色箭头。（√）

55. 使用脚扣进行登杆作业时，上、下杆的每一步必须使脚扣环完全套入并可靠地扣住电杆，才能移动身体，否则会造成事故。（√）

56. 两相触电危险性比单相触电小。（×）

57. 额定电压为 380V 的熔断器可用在 220V 的线路中。（√）

58. 雷电后造成架空线路产生高电压冲击波，这种雷电称为直击雷。（×）

59. 规定小磁针的北极所指的方向是磁力线的方向。（√）

60. 电度表是专门用来测量设备功率的装置。（×）

61. 按钮的文字符号为 SB。（√）

62. 熔体的额定电流不可大于熔断器的额定电流。（√）

63. 频率的自动调节补偿是热继电器的一个功能。（×）

64. 电容器的容量就是电容量。（×）

65. 因闻到焦臭味而停止运行的电动机，必须找出原因后才能再通电使用。（√）

66. 电气控制系统图包括电气原理图和电气安装图。（√）

67. 漏电开关跳闸后，允许采用分路停电再送电的方式检查线路。（√）

68. 当电气火灾发生时，如果无法切断电源，就只能带电灭火，并选择干粉或者二氧化碳灭火器，尽量少用水基式灭火器。（×）

69. 防雷装置应沿建筑物的外墙敷设，并经最短途径接地，如有特殊要求可以暗设。（√）

70. 雷电时，应禁止在屋外高空检修、试验和在屋内验电等。（√）

71. 挂登高板时，应勾口向外并且向上。（√）

72. 遮栏是为防止工作人员无意碰到带电设备部分而装设的屏护，分临时遮栏和常设遮栏两种。（√）

73. 在电压低于额定值的一定比例后能自动断电的称为欠压保护。（√）

74. 电动机按铭牌数值工作时，短时运行的定额工作制用 S2 表示。（√）

75. 三相电动机的转子和定子要同时通电才能工作。（×）

76. 转子串频敏变阻器启动的转矩大，适合重载启动。（×）

77. 在电气原理图中，当触点图形垂直放置时，以"左开右闭"原则绘制。（√）

78. 电工钳、电工刀、螺钉旋具是常用电工基本工具。（√）

79. 可以用相线碰地线的方法检查地线是否接地良好。（×）

80. 在高压线路发生火灾时，应采用有相应绝缘等级的绝缘工具，迅速拉开隔离开关切断电源，选择二氧化碳或者干粉灭火器进行灭火。（×）

81. 在易燃、易爆、易灼烧及有静电发生的场所作业的工作人员，不可以发放和使用化纤防护用品。（√）

82. 当电气火灾发生时，首先应迅速切断电源，在无法切断电源的情况下，应迅速选择干粉、二氧化碳等不导电的灭火器材进行灭火。（√）

83. 电工应做好用电人员在特殊场所作业的监护作业。（√）

84. 在串联电路中，电路总电压等于各电阻的分电压之和。（√）

85. 符号"A"表示交流电源。（×）

86. 摇表在使用前，无须先检查摇表是否完好，可直接对被测设备进行绝缘测量。（×）

87. 用钳形电流表测量电流时，尽量将导线置于钳口铁芯中间，以减少测量误差。（√）

88. 钳形电流表可做成既能测交流电流，也能测直流电流。（√）

89. 电压的大小用电压表来测量，测量时将其串联在电路中。（×）

90. 热继电器的保护特性在保护电机时，应尽可能与电动机过载特性贴近。（√）

91. 电容器室内应有良好的通风。（√）

92. 当静电的放电火花能量足够大时，能引起火灾和爆炸事故，在生产过程中静电还会妨碍生产和降低产品质量等。（√）

93. TT 系统是配电网中性点直接接地，用电设备外壳也采用接地措施的系统。（√）

94. 交流电每交变一周所需的时间叫做周期 T。（√）

95. 并联电路的总电压等于各支路电压之和。（×）

96. 导电性能介于导体和绝缘体之间的物体称为半导体。（√）

97. 热继电器的双金属片是由一种热膨胀系数不同的金属材料碾压而成。（×）

98. 电容器放电的方法就是将其两端用导线连接。（×）

99. SELV（安全特低电压）是指不接地系统的电击防护。（√）

100. RCD（剩余电流装置、漏电保护器）的选择，必须考虑用电设备和电路正常泄漏电流的影响。（√）

101. 脱离电源后，触电者神志清醒，应让触电者来回走动，加强血液循环。（×）

102. 三相异步电动机的转子导体中会形成电流，其电流方向可用右手定则判定。（√）

103. 导线连接后接头与绝缘层的距离越小越好。（√）

104. 对电机各绕组的绝缘检查，如测出绝缘电阻不合格，不允许通电运行。（√）

105. 为安全起见，更换熔断器时，最好断开负载。（×）

106. 为了防止电气火花、电弧等引燃爆炸物，应选用防爆电气级别和温度组别与环境相适应的防爆电气设备。（√）

107.《中华人民共和国安全生产法》第二十七条规定：生产经营单位的特种作业人员必须按

照国家有关规定经专门的安全作业培训，取得相应资格，方可上岗作业。（√）

108. 使用兆欧表前不必切断被测设备的电源。（×）

109. 交流接触器常见的额定最高工作电压达到10000V。（√）

110. 雷击产生的高电压和耀眼的光芒可对电气装置和建筑物及其他设施造成毁坏，电力设施或电力线路遭破坏可能导致大规模停电。（×）

111. 对于容易产生静电的场所，应保持环境湿度在70%以上。（√）

112. 在高压操作中，无遮栏作业人体或其所携带工具与带电体之间的距离应不少于0.7m。（√）

113. 低压配电屏是按一定的接线方案将有关低压一、二次设备组装起来，每一个主电路方案对应一个或多个辅助方案，从而简化了工程设计。（√）

114. 断路器可分为框架式和塑料外壳式两种。（√）

115. 胶壳开关不适合用于直接控制5.5kW以上的交流电动机。（√）

116. 漏电开关只有在有人触电时才会动作。（×）

117. 低压验电器可以验出500V以下的电压。（×）

118. 危险场所室内的吊灯与地面垂直距离不少于3m。（×）

119. 用电笔验电时，应赤脚站立，保证与大地有良好的接触。（×）

120. 为了安全可靠，所有开关均只控制相线。（×）

121. 如果电容器运行时，检查发现温度过高，应加强通风。（×）

122. 静电现象是普遍的电现象，其危害不小，固体静电可达200kV以上，人体静电也可达10kV以上。（√）

123. 漏电保护器（RCD）的额定动作电流是指能使RCD动作的最大电流。（×）

124. 漏电保护器（RCD）后的中性线可以接地。（×）

125. 变配电设备应有完善的屏护装置。（√）

126. 绝缘棒在闭合或拉开高压隔离开关和跌落式熔断器，装拆携带式接地线，以及进行辅助测量和试验中使用。（√）

127. 验电是保证电气作业安全的技术措施之一。（√）

128. 在安全色标中用绿色表示安全、通过、允许、工作。（√）

129. 相同条件下，交流电比直流电对人体危害大。（√）

130. 按通过人体电流的大小，人体反应状态的不同，可将电流划分为感知电流、摆脱电流和室颤电流。（√）

131. 通电时间增加，人体电阻因出汗而增加，导致通过人体的电流减小。（×）

132. 过载是指线路中的电流大于线路的计算电流或允许载流量。（√）

133. 水和金属比较，水的导电性能更好。（×）

134. 剥线钳是用来剥削小导线头部表面绝缘层的专用工具。（√）

135. 移动电气设备可以参考手持电动工具的有关要求使用。（√）

136. 当灯具达不到最小高度时，应采用24V以下电压。（×）

137. 在带电灭火时，如果用喷雾水枪应将水枪喷嘴接地，并穿上绝缘靴和戴上绝缘手套，才可进行灭火操作。（√）

138. 电工特种作业人员应当具备初中或相当于初中以上文化程度。（√）

139. 取得高级电工证的人员就可以从事电工作业。（×）

140. 电工应严格按照操作规程进行作业。（√）

141. 并联电路中各支路上的电流不一定相等。（√）

142. 磁力线是一种闭合曲线。（√）

143. 当导体温度不变时，通过导体的电流与导体两端的电压成正比，与其电阻成反比。$R = \dfrac{U}{I}$（√）

144. 摇测大容量设备吸收比是测量 60s 时的绝缘电阻与 15s 时的绝缘电阻之比。（√）

145. 用万用表 $R \times 1\text{k}\Omega$ 挡测量二极管时，红表笔接一只脚，黑表笔接另一只脚测得的电阻值约为几百欧姆，反向测量时电阻值很大，则该二极管是好的。（√）

146. 行程开关的作用是利用生产机械运动部件的碰撞使其触点动作来实现接通或分断控制电路，达到一定的控制目的。（√）

147. 常用绝缘安全防护用具有绝缘手套、绝缘靴、绝缘隔板、绝缘垫、绝缘站台等。（√）

148. 30 ～ 40Hz 的电流危险性最大。（×）

149. 电机在正常运行时，如闻到焦臭味，则说明电动机速度过快。（×）

150. 一号电工刀比二号电工刀的刀柄长度长。（√）

151. 吊灯安装在桌子上方时，与桌子的垂直距离不少于 1.5m。（×）

152. 旋转电器设备着火时不宜用干粉灭火器灭火。（√）

153. 用钳形电流表测量电动机空转电流时，可直接用小电流挡一次测量出来。（×）

154. 隔离开关承担接通和断开电流任务，将电路与电源隔开。（×）

155. 雷电可通过其他带电体或直接对人体放电，使人的身体遭到巨大的破坏直至死亡。（√）

156. 剩余动作电流小于或等于 0.3A 的 RCD 属于高灵敏度 RCD。（×）

157. 在选择导线时必须考虑线路投资，但导线截面积不能太小。（√）

158. 异步电动机的转差率是旋转磁场的转速与电动机转速之差与旋转磁场的转速之比。（√）

159. 对绕线型异步电机应经常检查电刷与集电环的接触及电刷的磨损、压力、火花等情况。（√）

160. 对电动机轴承润滑的检查，可通电转动电动机转轴，看是否转动灵活，有无异声。（×）

161. 同一电器件的各部件分散地画在原理图中，必须按顺序标注文字符号。（×）

162. 接地电阻测试仪就是测量接地物体的接地电阻的仪器。（√）

163. 电流表的内阻越小越好。（√）

164. 测量电流时应把电流表串联在被测电路中。（√）

165. 直流电流表可以用于交流电路测量。（×）

166. 从过载角度出发，规定了熔断器的额定电压。（×）

167. 万能转换开关的定位结构一般采用滚轮卡转轴辐射型结构。（×）

168. 组合开关在选作直接控制电机时，要求其额定电流可取电动机额定电流的 2 ～ 3 倍。（√）

169. 能耗制动这种方法是将转子的动能转化为电能，并消耗在转子回路的电阻上。（√）

170. 使用竹梯作业时，梯子放置与地面成 50° 左右为宜。（×）

171. 工频电流比高频电流更容易引起皮肤灼伤。（×）

172. 铜线与铝线在需要时可以直接连接。（×）

173. 移动电气设备电源应采用的是软护套电缆。（√）

174. 在带电维修线路时，应站在绝缘垫上。（√）

175. 几个电阻并联后，总电阻的倒数等于各分电阻的倒数之和。（√）

176. 测量电机的对地绝缘电阻和相间绝缘电阻，常使用兆欧表，而不宜使用万用表。（×）

177. 自动空气开关具有过载、短路和欠电压保护。（√）

178. 按钮根据使用场合，可选的种类有开启式、防水式、防腐式、保护式等。（√）

179. 触电者神志不清，有心跳，但呼吸停止，应立即进行口对口人工呼吸。（√）

180. 低压绝缘材料的耐压等级一般为500V。（√）

181. 载流导体在磁场中一定受到磁场力的作用。（×）

182. 使用万用表测量电阻，每换一次欧姆挡都要进行欧姆调零。（√）

183. 组合开关可直接启动5kW以下的电动机。（√）

184. 中间继电器实际上是一种动作与释放值可调节的电压继电器。（×）

185. 当电容器爆炸时，应立即检查。（×）

186. 为保证零线安全，三相四线的零线必须加装熔断器。（×）

187. 用星-三角降压启动时，启动转矩为直接采用三角形连接时启动转矩的1/3。（√）

188.《安全生产法》所说的"负有安全生产监督管理职责的部门"就是指各级安全生产监督管理部门。（×）

189. 正弦交流电的周期与角频率的关系是互为倒数。（×）

190. 电流和磁场密不可分，磁场总是伴随着电流而存在，而电流永远被磁场所包围。（√）

191. 使用万用表电阻挡能够测量变压器的线圈电阻。（×）

192. 用钳形电流表测量电动机空转电流时，不需要挡位变换可直接进行测量。（×）

193. 概率为50%时，成年男性的平均感知电流值约为1.1mA，最小为0.5mA，成年女性约为0.6mA。（×）

194. 为了安全，高压线路通常采用绝缘导线。（×）

195. 二极管只要工作在反向击穿区，一定会被击穿。（×）

196. 黄绿双色的导线只能用于保护线。（√）

197. 对于异步电动机，国家标准规定3kW以下的电动机均采用三角形连接。（×）

198. 并联电容器所接的线停电后，必须断开电容器组。（√）

199. 停电作业安全措施按保安作用依据安全措施分为预见性措施和防护措施。（√）

200. 对于转子有绕组的电动机，将外电阻串入转子电路中启动，并随电动机转速升高而逐渐地将电阻值减小并最终切除，叫转子串电阻启动。（√）

三、填空题

1. 热继电器具有一定的（温度）自动调节补偿功能。

2. 低压电器按其动作方式可分为自动切换电器和（非自动切换）电器。

3. 图 是（复合按钮）的电气图形符号。

4. 图 是（铁壳开关）的电气图形符号，文字符号为QS。

5. 图 是（断路器）的电气图形符号。

6. 图 是（按钮）的电气图形符号。

7. 图 是接触器的电气图形符号。

8. 图 是熔断器的电气图形符号。

9. 图 是（延时断开）触点电气图形符号。

10. 三相异步电动机按其外壳防护方式的不同可分为（开启式、防护式、封闭式）三大类。

11. 三相异步电动机虽然种类繁多，但基本结构均由（定子）和转子两大部分组成。

12. 电动机（定子铁芯）作为电动机磁通的通路，要求材料有良好的导磁性能。

13. 电动机在额定工作状态下运行时，（允许输出）的机械功率叫额定功率。

14. 电动机在额定工作状态下运行时，定子电路所加的（线电压）叫额定电压。

15. 一般照明的电源优先选用（220V）。

16. 在易燃、易爆场所使用的照明灯具应采用（防爆型）灯具。

17. 对颜色有较高区别要求的场所，宜采用（白炽灯）。

18. 事故照明一般采用（白炽灯）。

19. 墙边开关安装时距离地面的高度为（1.3m）

20. 螺口灯头的螺纹应与（零线）相接。

21. 三相交流电路中，A 相用（黄色）标记。

22. 根据线路电压等级和用户对象，电力线路可分为配电线路和（输电）线路。

23. 我们平时称的瓷瓶，在电工专业中称为（绝缘子）。

24. 在铝绞线中加入钢芯的作用是（提高机械强度）。

25. 低压线路中的零线采用的颜色是（淡蓝色）。

26. 熔断器在电动机的电路中起（短路）保护作用。

27. 电容的单位是（法）。

28. 电容器的功率单位是（乏）。

29. 用摇表测量电阻的单位是（兆欧）。

30. 万用表由表头、（测量电路）及转换开关三个主要部分组成。

31. 接地电阻测量仪是测量（接地电阻）的装置。

32. 接地电阻测量仪主要由手摇发动机、（电流互感器）、电位器以及检流计组成。

33. 指针式万用表一般可以测量交直流电压、（直流电流）和电阻。

34. A 是（电流表）的符号。

35. 测量电压时，电压表应与被测电路（并联）。

36. 电能表是测量（电能）的仪表。

37. 电工使用的带塑料套柄的钢丝钳，其耐压为（500V）以上

38. 尖嘴钳 150mm 是指其总长度为（150mm）

39. 一字螺丝刀 30mm×3mm 的工作部分宽度为（3mm）。

40. 在狭窄场所如锅炉、金属容器、管道内作业时应使用（Ⅲ类）工具。

41. 静电现象是十分普遍的放电现象，（易引发火灾）是它最大的危害。

42. 雷电流产生的（接触）电压和跨步电压可直接使人触电死亡。

43. 为避免高压变、配电站遭受直击雷，引发大面积停电事故，一般可用（接闪杆）类防雷。

44. 在易燃、易爆危险场所，电气设备应安装（防爆型）的电气设备。

45. 当低压电气火灾发生时，首先应做的是（迅速设法切断电源）。

46. 电气火灾发生时，应先切断电源再扑救，但不知或不清楚开关在何处时，应剪断电线，剪切时要（不同）相线在不同位置剪切。

47. 干粉灭火器可适用于（50kV）以下线路带电灭火。

48. 6～10kV 架空线路的导线经过居民区时，线路与地面的最小距离为（6.5）m。

49. 新装和大修后的低压线路和设备，要求绝缘电阻不小于（0.5）MΩ。

50. PE 线或 PEN 线上除工作接地外，其他接地点的再次接地称为（重复）接地。

51. TN-S 俗称（三相五线）。

52. 工作许可制度是保证电气作业安全的（组织）措施。

53. 验电是保证电气作业安全的（技术）措施之一。

54. 用于电气作业书面依据的工作票应一式（两）份。

55. 保险绳的使用应（高挂低用）。

56. 高压验电器的发光电压不应高于额定电压的（25%）。

57. 使用竹梯时，梯子与地面的夹角以（60°）为宜。

58. 电伤是由电流（热效应、化学效应与机械效应）对人体造成的伤害。

59. 在对可能存在较高跨步电压的接地故障点进行检查时，室内不得接近故障点（4m）以内。

60. 人体直接接触带电设备或线路中的一相时，电流通过人体流入大地，这种触电现象称为（单相）触电。

61. 引起电光眼的主要原因是（紫外线）。

62. 国家规定了（11）个作业类别为特种作业。

63. 特种作业人员必须满（18）岁周岁。

64. 特种作业操作证有效期为（6）年。

65. 特种作业操作证每（3）年复审 1 次。

66. 电工特种作业人员应当具备（初中）及以上文化程度。

67. 低压运行维修作业是指在对地电压（1000V）及以下的电气设备上进行安装、运行、检修、试验等电工作业。

68. 我国正弦交流电的频率为（50）Hz。

69. 串联电路中各电阻两端电压的关系是阻值越大两端电压越（高）。

70. 水、铜、空气中，属于顺磁性材料的是（空气）。

四、简答题

1. 按照人体带电的方式和电流通过人体的途径，触电可分为哪几种？

答：单相触电，两相触电，跨步电压触电。

2. 电流对人体伤害程度与哪些因素有直接关系？

答：通过人体电流的大小，通电时间的长短，电流通过人体的途径，电流的种类，触电者的健康状况。

3. 工作中用以防止间接接触电击的安全措施有哪些？

答：保护接地和保护接零是防止间接接触电击最基本的措施。

保护接地限制设备漏电后的对地电压，使之不超过安全范围。

保护接零是借助接零线路使设备漏电形成单相短路，促使线路保护动作，切断故障设备电源。

4. 在易燃、易爆危险场所，电气设备选型依据是什么？

答：电气设备使用环境的等级，电气设备的使用条件，电气设备的可靠性。

5. 雷电的危害主要有哪些？

答：引起火灾和爆炸，可使人遭受电击，破坏电力设备，破坏建筑物。

6. 一套完整的避雷装置包括哪些部分？

答：接闪器、引下线、接地装置。

7. 对手持电动工具的电源线的要求有哪些？

答：应采用橡皮绝缘软电缆，单相用三芯电缆，三相用四芯电缆，电缆中不得有接头。

8. 万用表具有多功能、多量程的测量特性，一般可测量哪些量？

答：直流电压、交流电压、直流电流、电阻等。

9. 按照工作原理划分，电工仪表分为哪几类？

答：磁电式、电磁式、电动式、感应式。

10. 电力电缆的敷设方式有哪些？

答：直埋敷设、架空敷设、穿管敷设、水底敷设。

11. 并联电容器在电力系统中有哪些补偿方式？

答：集中补偿、分散补偿、个别补偿。

12. 电光源根据工作原理可分为哪几类？

答：热辐射光源，气体放电光源。

13. 日光灯的电子镇流器的优点有哪些？

答：体积小、无噪声、低压启动、节能。

14. 新装或未用过的电动机，在通电前，必须先做哪些检查工作？

答：检查电动机外部清洁及铭牌各数据与实际电动机是否相符；拆除电动机所有外部连接线，对电动机进行绝缘测量，合格后才可用；检查电动机轴承的润滑脂是否正常；检查电动机的辅助设备、电动机与安装底座、接地等。

15. 铁壳开关操作机构有哪些特点？

答：采用储能合、分闸操作机构；当铁盖打开时，不能进行合闸操作；当合闸后，不能打开铁盖。

16. 交流接触器的主要技术参数有哪些？

答：额定电流、额定电压、通断能力、线圈的参数、机械寿命与电寿命。

17. 断路器用于电动机保护时，瞬时脱扣器电流整定值的选用有哪些原则？

答：断路器的长延时电流整定值等于电动机的额定电流；保护笼型电动机时，整定电流等于系数"$K_f \times$ 电动机的额定电流"（系数与型号、容量、启动方法有关，整定电流在 $8 \sim 15A$ 之间）；保护绕线转子电动机时，整定电流等于系数"$K_f \times$ 电动机的额定电流"（系数与型号、容量、启动方法有关，整定电流在 $3 \sim 6A$ 之间）；考虑断路的操作条件和电寿命。

18. 电路一般由哪些部分组成？

答：一般由电源、负载、控制设备和连接导线组成。

19. 三相对称电动势的特点是什么？

答：最大值相同、频率相同、相位上互差120°。

20. 电工作业包括哪几个工种？

答：高压电工作业、防爆电气作业和低压电工作业。

21. 特种作业人员哪些行为是给予警告，并处 1000 元以上 5000 元以下的罚款？

答：伪造特种作业操作证；涂改特种作业操作证；使用伪造的特种作业操作证。

附录三 低压电工作业操作证复审精选部分考试题

一、判断题

1. PN 结正向导通时，其内外电场方向一致。（×）

2. 电流和磁场密不可分，磁场总是伴随着电流而存在，而电流永远被磁场所包围。（√）

3. 旋转电器设备着火时不宜用干粉灭火器灭火。（√）

4. 白炽灯属热辐射光源。（√）

5. 为了有明显区别，并列安装的同型号开关应高度不同、错落有致。（×）

6. 移动电气设备可以参考手持电动工具的有关要求进行使用。（√）

7. RCD 的选择，必须考虑用电设备和电路正常泄漏电流的影响。（√）

8. 时间继电器的文字符号为 kM。（×）

9. 在供配电系统和设备自动控制系统中，刀开关通常用于电源隔离。（√）

10. 接地电阻表主要由手摇发电机、电流互感器、电位器以及检流计组成。（√）

11. 交流电流表和电压表所测得的值都是有效值。（√）

12. 欧姆定律指出，在一个闭合电路中，当导体温度不变时，通过导体的电流与加在导体两端的电压成反比，与其电阻成正比。（×）

13. 为了安全可靠，所有开关均应同时控制相线和零线。（×）

14. 不同电压的插座应有明显区别。（√）

15. 带电机的设备，在电机通电前要检查电机的辅助设备和安装底座、接地等，正常后再通电使用。（√）

16. 在断电之后，电动机停转，当电网再次来电，电动机能自行启动的运行方式称为失压保护。（×）

17. 使用竹梯作业时，梯子放置与地面成 50°左右为宜。（×）

18. 使用脚扣进行登杆作业时，上、下杆的每一步必须使脚扣环完全套入并可靠地扣住电杆，才能移动身体，否则会造成事故。（√）

19. SELV 只作为接地系统的电击保护。（×）

20. 雷电按其传播方式可分为直击雷和感应雷两种。（×）

21. 从过载角度出发，规定了熔断器的额定电压。（×）

22. 使用万用表测量电阻，每换一次欧姆挡都要进行欧姆调零。（√）

23. 电流的大小用电流表来测量，测量时将其并联在电路中。（×）

24. 特种作业操作证每 1 年由考核发证部门复审一次。（×）

25. 电气设备缺陷、设计不合理、安装不当等都是引发火灾的重要原因。（√）

26. 剩余动作电流小于或等于 0.3A 的 RCD 属于高灵敏度 RCD。（×）

27. 测量电流时应把电流表串联在被测电路中。（√）

28. 吊灯安装在桌子上方时，与桌子的垂直距离不少于 1.5m。（×）

29. 低压验电器可以验出 500V 以下的电压。（×）

30. 多用螺钉旋具的规格是以它的全长（手柄加旋杆）表示。（√）

31. 在安全色标中用绿色表示安全、通过、允许、工作。（√）

32. 10kV 以下运行的阀型避雷器的绝缘电阻应每年测量一次。（×）

33. 铁壳开关安装时外壳必须可靠接地。（√）

34.《安全生产法》所说的"负有安全生产监督管理职责的部门"就是指各级安全生产监督管理部门。（×）

35. 试验对地电压为 50V 以上的带电设备时，氖泡式低压验电器应显示有电。（×）

36. 电动式时间继电器的延时时间不受电源电压波动及环境温度变化的影响。（√）

37. 为改善电动机的启动及运行性能，笼型异步电动机转子铁芯一般采用直槽结构。（×）

38. 交流电动机铭牌上的频率是此电动机使用的交流电源的频率。（√）

39. 对于容易产生静电的场所，应保持环境湿度在 70% 以上。（√）

40. 电容器的容量就是电容量。（×）

41. 刀开关在作隔离开关时，要求刀开关的额定电流要大于或等于线路实际的故障电流。（×）

42. 对于开关频繁的场所应采用白炽灯照明。（√）

43. 电工刀的手柄是无绝缘保护的，不能在带电导线或器材上剖切，以免触电。（√）

44. 雷击产生的高电压和耀眼的光芒可对电气装置和建筑物及其他设施造成毁坏，电力设施或电力线路遭破坏可能导致大规模停电。（×）

45. 跨越铁路、公路等的架空绝缘铜导线截面不小于 16mm²。（√）

46. "止步，高压危险"的标志牌的式样是白底、红边，有红色箭头。（√）

47. 当测量电容器时万用表指针摆动后停止不动，说明电容器短路。（√）

48. 熔体的额定电流不可大于熔断器的额定电流。（√）

49. 电工钳、电工刀、螺钉旋具是常用电工基本工具。（√）

50. 日光灯点亮后，镇流器起降压限流作用。（√）

51. 在串联电路中，电流处处相等。（√）

52. 取得高级电工证的人员就可以从事电工作业。（×）

53. 一号电工刀比二号电工刀的刀柄长度长。（√）

54. 能耗制动这种方法是将转子的动能转化为电能，并消耗在转子回路的电阻上。（√）

55. 再生发电制动只用于电动机转速高于同步转速的场合。（√）

56. 绝缘老化只是一种化学变化。（×）

57. 脱离电源后，触电者神志清醒，应让触电者来回走动，加强血液循环。（×）

58. 静电现象是很普遍的电现象，其危害不小，固体静电可达 200kV 以上，人体静电也可达 10kV 以上。（√）

59. 如果电容器运行时检查发现温度过高，应加强通风。（×）

60. 民用住宅严禁装设床头开关。（√）

61. 高压水银灯的电压比较高，所以称为高压水银灯。（×）

62. 在选择导线时必须考虑线路投资，但导线截面积不能太小。（√）

63. 导线接头的抗拉强度必须与原导线的抗拉强度相同。（×）

64. 补偿电容器的容量越大越好。（×）

65. 胶壳开关不适合用于直接控制 5.5kW 以上的交流电动机。（√）

66. 交流发电机是应用电磁感应的原理发电的。（√）

67. 电动机在正常运行时，如闻到焦臭味，则说明电动机速度过快。（×）

68. 三相电动机的转子和定子要同时通电才能工作。（×）

69. 导线连接后接头与绝缘层的距离越小越好。（√）

70. 机关、学校、企业、住宅等建筑物内的插座回路不需要安装漏电保护装置。（×）

71. 当电容器爆炸时，应立即检查。（×）

72. 并联补偿电容器主要用在直流电路中。（×）

73. 为了防止电气火花、电弧等引燃爆炸物，应选用防爆电气级别和温度组别与环境相适应的防爆电气设备。（√）

74. 手持电动工具有两种分类方式，即按工作电压分类和按防潮程度分类。（×）

75. 电机异常发响发热的同时，转速急速下降，应立即切断电源，停机检查。（√）

76. RCD 的额定动作电流是指能使 RCD 动作的最大电流。（×）

77. 防雷装置应沿建筑物的外墙敷设，并经最短途径接地，如有特殊要求可以暗设。（√）

78. 中间继电器实际上是一种动作与释放值可调节的电压继电器。（×）

79. 当电气火灾发生时，如果无法切断电源，就只能带电灭火，并选择干粉或者二氧化碳灭火器，尽量少用水基式灭火器。（×）

80. 分断电流能力是各类刀开关的主要技术参数之一。（√）

81. 磁力线是一种闭合曲线。（√）

82. 改革开放前我国强调以铝代铜作导线，以减轻导线的重量。（×）

83. 在直流电路中，常用棕色标示正极。（√）

84. 熔断器的特性，是通过熔体的电压值越高，熔断时间越短。（×）

85. 幼儿园及小学等儿童活动场所插座安装高度不宜小于 1.8m。（√）

86. 为保证零线安全，三相四线的零线必须加装熔断器。（×）

87. 熔断器的文字符号为 FU。（√）

88. 二氧化碳灭火器带电灭火只适用于 600V 以下的线路，如果是 10kV 或者 35kV 线路，如要带电灭火只能选择干粉灭火器。（√）

89. 铁壳开关可用于不频繁启动 28kW 以下的三相异步电动机。（√）

90. 规定小磁针的北极所指的方向是磁力线的方向。（√）

91. 并联电路中各支路上的电流不一定相等。（√）

92. 摇表在使用前，无须先检查摇表是否完好，可直接对被测设备进行绝缘测量。（×）

93. 交流钳形电流表可测量交直流电流。（×）

94. 直流电流表可以用于交流电路测量。（×）

95. 在设备运行中，发生起火的原因，电流热量是间接原因，火花或电弧则是直接原因。（×）

96. 漏电开关跳闸后，允许采用分路停电再送电的方式检查线路。（√）

97. 对电动机轴承润滑的检查，可通电转动电动机转轴，看是否转动灵活，听有无异声。（×）

98. 为了安全，高压线路通常采用绝缘导线。（×）

99. 停电作业安全措施按保安作用依据安全措施分为预见性措施和防护措施。（√）

100. 遮栏是为防止工作人员无意碰到带电设备部分而装设的屏护，分临时遮栏和常设遮栏两种。（√）

101. 在没有用验电器验电前，线路应视为有电。（√）

102. 剥线钳是用来剥削小导线头部表面绝缘层的专用工具。（√）

103. 因闻到焦臭味而停止运行的电动机，必须找出原因后才能再通电使用。（√）

104. 据部分省市统计，农村触电事故要少于城市的触电事故。（×）

105. 万能转换开关的定位结构一般采用滚轮卡转轴辐射型结构。（×）

106. 行程开关的作用是将机械行走的长度用电信号传出。（×）

107. 漏电断路器在被保护电路中有漏电或有人触电时，零序电流互感器就产生感应电流，经放大使脱扣器动作，从而切断电路。（√）

108. 测量交流电路的有功电能时，因是交流电，故其电压线圈、电流线圈的各两个端可任意接在线路上。（×）

109. 电压的大小用电压表来测量，测量时将其串联在电路中。（×）

110. 并联电路的总电压等于各支路电压之和。（×）

111. 路灯的各回路应有保护，每一灯具宜设单独熔断器。（√）

112. 导线接头位置应尽量在绝缘子固定处，以方便统一扎线。（×）

113. 异步电动机的转差率是旋转磁场的转速与电动机转速之差与旋转磁场的转速之比。（√）

114. 电气原理图中的所有元件均按未通电状态或无外力作用时的状态画出。（√）

115. 截面积较小的单股导线平接时可采用铰接法。（√）

116. 通用继电器可以更换不同性质的线圈，从而将其制成各种继电器。（√）

117. 铜线与铝线在需要时可以直接连接。（×）

118. 验电是保证电气作业安全的技术措施之一。（√）

119. 在有爆炸和火灾危险的场所，应尽量少用或不用便携式、移动式的电气设备。（√）

120. 自动切换电器是依靠本身参数的变化或外来信号而自动进行工作的。（√）

121. Ⅱ类设备和Ⅲ类设备都要采取接地或接零措施。（×）

122. 低压运行维修作业是指对地电压220V及以下的电气设备上进行安装、运行、检修、试验等电工作业。（×）

123. 当电气火灾发生时，首先应迅速切断电源，在无法切断电源的情况下，应迅速选择干粉、二氧化碳等不导电的灭火器进行灭火。（√）

124. 断路器可分为框架式和塑料外壳式。（√）

125. 符号"A"表示交流电源。（×）

126. 黄绿双色的导线只能用于保护线。（√）

127. 为安全起见，更换熔断器时，最好断开负载。（×）

128. 对绕线型异步电机应经常检查电刷与集电环的接触及电刷的磨损、压力、火花等情况。（√）

129. 电度表是专门用来测量设备功率的装置。（×）

130. 电工特种作业人员应当具备高中或相当于高中以上文化程度。（×）

131. 危险场所室内的吊灯与地面距离不少于3m。（×）

132. 三相异步电动机的转子导体中会形成电流，其电流方向可用右手定则判定。（√）

133. 水和金属比较，水的导电性能更好。（×）

134. 熔断器在所有电路中，都能起到过载保护。（×）

135. 雷电可通过其他带电体或直接对人体放电，使人的身体遭到巨大的破坏直至死亡。（√）

136. 目前我国生产的接触器额定电流一般大于或等于630A。（×）

137. 在采用多级熔断器保护时，后级熔体的额定电流比前级大，以电源端为最前端。（×）

138. 安全可靠是对任何开关电器的基本要求。（√）

139. 摇测大容量设备吸收比是测量 60s 时的绝缘电阻与 15s 时的绝缘电阻之比。（√）

140. 右手定则是判定直导体做切割磁力线运动时所产生的感生电流方向。（√）

141.《中华人民共和国安全生产法》第二十七条规定：生产经营单位的特种作业人员必须按照国家有关规定经专门的安全作业培训，取得相应资格，方可上岗作业。（√）

142. 使用电器设备时，由于导线截面选择过小，当电流较大时也会因发热过大而引发火灾。（√）

143. 使用手持式电动工具应当检查电源开关是否失灵、是否破损、是否牢固、接线不得松动。（√）

144. Ⅱ类手持电动工具比Ⅰ类工具安全可靠。（√）

145. 同一电器元件的各部件分散地画在原理图中，必须按顺序标注文字符号。（×）

146. 电气安装接线图中，同一电器元件的各部分必须画在一起。（√）

147. 电压表内阻越大越好。（√）

148. 热继电器的保护特性在保护电机时，应尽可能与电动机过载特性贴近。（√）

149. 电工应做好用电人员在特殊场所作业的监护作业。（√）

150. 载流导体在磁场中一定受到磁场力的作用。（×）

151. 电机运行时发出沉闷声是电机在正常运行的声音。（×）

152. 工频电流比高频电流更容易引起皮肤灼伤。（×）

153. 选用电器应遵循的经济原则是本身的经济价值和使用的价值，不致因运行不可靠而产生损失。（√）

154. 复合按钮的电工符号是 E-|-␘-␘。（√）

155. 交流接触器的通断能力，与接触器的结构及灭弧方式有关。（√）

156. 热继电器是利用双金属片受热弯曲而推动触点动作的一种保护电器，它主要用于线路的速断保护。（×）

157. 规定小磁针的北极所指的方向是磁力线的方向。（√）

158. 用钳形电流表测量电动机空转电流时，可直接用小电流挡一次测量出来。（×）

159. 电流和磁场密不可分，磁场总是伴随着电流而存在，而电流永远被磁场所包围。（√）

160. 当导体温度不变时，通过导体的电流与导体两端的电压成正比，与其电阻成反比。（√）

161. 改变转子电阻调速这种方法只适用于绕线型异步电动机。（√）

162. 当采用安全特低电压作直接电击防护时，应选用 25V 及以下的安全电压。（√）

163. 单相 220V 电源供电的电气设备，应选用三极式漏电保护装置。（×）

164. 并联电容器有减少电压损失的作用。（√）

165. 在电压低于额定值的一定比例后能自动断电的称为欠压保护。（√）

166. 30 ～ 40Hz 的电流危险性最大。（×）

167. 按照通过人体电流的大小，人体反应状态的不同，可将电流划分为感知电流、摆脱电流和室颤电流。（√）

168. 触电者神志不清，有心跳，但呼吸停止，应立即进行口对口人工呼吸。（√）

169. RCD 后的中性线可以接地。（×）

170. 验电器在使用前必须确认验电器良好。（√）

171. 对于异步电动机，国家标准规定 3kW 以下的电动机均采用三角形连接。（×）

172. 对称的三相电源是由振幅相同、初相依次相差 120° 的正弦电源连接组成的供电系统。（×）

173. 用星 - 三角降压启动时，启动转矩为直接采用三角形连接时启动转矩的 1/3。（√）

174. 并联电容器所接的线停电后，必须断开电容器组。（√）

175. 自动开关属于手动电器。（×）

176. 移动电气设备的电源一般采用架设或穿钢管保护的方式。（√）

177. 防雷装置的引下线应满足足够的机械强度、耐腐蚀和热稳定的要求，如用钢绞线，其截面不得小于 35mm²。（×）

178. 按规范要求，穿管绝缘导线用铜芯线时，截面积不得小于 1mm²。（√）

179. 绝缘材料就是指绝对不导电的材料。（×）

180. 特种作业人员未经专门的安全作业培训，未取得相应资格，上岗作业导致事故的，应追究生产经营单位有关人员的责任。（√）

181. 当灯具达不到最小高度时，应采用 24V 以下电压。（×）

182. 电机在检修后，经各项检查合格后，就可对电机进行空载试验和短路试验。（√）

183. 当采用安全特低电压作直接电击防护时，应选用 25V 及以下的安全电压。（√）

184. 导电性能介于导体和绝缘体之间的物体称为半导体。（√）

185. 导线连接时必须注意做好防腐措施。（√）

186. 剩余电流动作保护装置主要用于 1000V 以下的低压系统。（√）

187. 为了避免静电火花造成爆炸事故，凡在加工、运输、储存各种易燃液体、气体时，设备都要分别隔离。（×）

188. 特种作业人员必须年满 20 周岁，且不超过国家法定退休年龄。（×）

189. 在带电灭火时，如果用喷雾水枪应将水枪喷嘴接地，并穿上绝缘靴和戴上绝缘手套，才可进行灭火操作。（√）

190. 一般情况下，接地电网的单相触电比不接地的电网的危险性小。（×）

191. 除独立避雷针之外，在接地电阻满足要求的前提下，防雷接地装置可以和其他接地装置共用。（√）

192. 电解电容器的电工符号如图 ⊥ 所示。（√）

193. 正弦交流电的周期与角频率的关系是互为倒数的。（√）

194. 在电气原理图中，当触点图形垂直放置时，以"左开右闭"原则绘制。（√）

195. 锡焊晶体管等弱电元件应用 100W 的电烙铁。（×）

196. 额定电压为 380V 的熔断器可用在 220V 的线路中。（√）

197. 电子镇流器的功率因数高于电感式镇流器。（√）

198. 电容器的放电负载不能装设熔断器或开关。（√）

199. 电动机按铭牌数值工作时，短时运行的定额工作制用 S2 表示。（√）

200. 220V 的交流电压的最大值为 380V。（×）

201. 对于在易燃、易爆、易灼烧及有静电发生的场所作业的工作人员，不可以发放和使用化纤防护用品。（√）

202. 在安全色标中用红色表示禁止、停止或消防。（√）

203. 交流接触器的额定电流，是在额定的工作条件下所决定的电流值。（√）

204. 事故照明不允许和其他照明共用同一线路。（√）

205. 电气控制系统图包括电气原理图和电气安装图。（√）

206. 变配电设备应有完善的屏护装置。（√）

207. 转子串频敏变阻器启动的转矩大，适合重载启动。（×）

208. 常用绝缘安全防护用具有绝缘手套、绝缘靴、绝缘隔板、绝缘垫、绝缘站台等。（√）

209. 触电分为电击和电伤。（√）

210. 接了漏电开关之后，设备外壳就不需要再接地或接零了。（×）

211. 组合开关可直接启动 5kW 以下的电动机。（√）

212. 断路器在选用时，要求线路末端单相对地短路电流要大于或等于 1.25 倍断路器的瞬时脱扣器整定电流。（√）

213. 在三相交流电路中，负载为星形接法时，其相电压等于三相电源的线电压。（×）

214. 用电笔检查时，电笔发光就说明线路一定有电。（×）

215. 对于转子有绕组的电动机，将外电阻串入转子电路中启动，并随电动机转速升高而逐渐地将电阻值减小并最终切除，叫转子串电阻启动。（√）

216. 移动电气设备电源应采用高强度铜芯橡皮护套硬绝缘电缆。（×）

217. 交流电每交变一周所需的时间叫做周期 T。（√）

218. 通电时间增加，人体电阻因出汗而增加，导致通过人体的电流减小。（×）

219. 接地线是为了在已停电的设备和线路上意外地出现电压时保证工作人员的重要工具。按规定，接地线必须是截面积 25mm² 以上裸铜软线制成。（√）

220. 对电机各绕组的绝缘检查，如测出绝缘电阻不合格，不允许通电运行。（√）

221. 手持式电动工具接线可以随意加长。（×）

222. 有美尼尔氏症的人不得从事电工作业。（√）

223. 当静电的放电火花能量足够大时，能引起火灾和爆炸事故，在生产过程中静电还会妨碍生产和降低产品质量等。（√）

224. 企业、事业单位使用未取得相应资格的人员从事特种作业的，发生重大伤亡事故，处以三年以下有期徒刑或者拘役。（×）

225. 低压绝缘材料的耐压等级一般为 500V。（√）

226. 低压配电屏是按一定的接线方案将有关低压一、二次设备组装起来，每一个主电路方案对应一个或多个辅助方案，从而简化了工程设计。（√）

227. 接地电阻测试仪就是测量线路的绝缘电阻的仪器。（×）

228. 我国正弦交流电的频率为 50Hz。（√）

229. 可以用相线碰地线的方法检查地线是否接地良好。（×）

230. 两相触电危险性比单相触电小。（×）

231. 从过载角度出发，规定了熔断器的额定电压。（×）

232. 在三相交流电路中，负载为三角形接法时，其相电压等于三相电源的线电压。（√）

233. 在带电维修线路时，应站在绝缘垫上。（√）

234. 绝缘棒在闭合或拉开高压隔离开关和跌落式熔断器，装拆携带式接地线，以及进行辅助测量和试验中使用。（√）

235. 断路器在选用时，要求断路器的额定通断能力要大于或等于被保护线路中可能出现的最大负载电流。（×）

236. 无论在任何情况下，三极管都具有电流放大功能。（×）

237. 电动势的正方向规定为从低电位指向高电位，所以测量时电压表应正极接电源负极，电压表负极接电源的正极。（×）

238. 电缆保护层的作用是保护电缆。（√）

239. 保护接零适用于中性点直接接地的配电系统。（√）

240. 电容器室内应有良好的通风。（√）

241. 低压断路器是一种重要的控制和保护电器，断路器都装有灭弧装置，因此可以安全地带负荷合、分闸。（√）

242. 在爆炸危险场所，应采用三相四线制、单相三线制方式供电。（×）

243. 电容器室内要有良好的天然采光。（×）

244. 接触器的文字符号为FR。（×）

245. 螺口灯头的台灯应采用三孔插座。（√）

246. 用避雷针、避雷带是防止雷电破坏电力设备的主要措施。（×）

二、选择题

1. TN-S 俗称（　　）。

A. 三相五线　　　　　　　B. 三相四线　　　　　　　C. 三相三线

2. 为了检查可以短时停电，在触及电容器前必须（　　）。

A. 充分放电　　　　　　　B. 长时间停电　　　　　　C. 冷却之后

3. （　　）是登杆作业时必备的保护用具，无论用登高板或脚扣都要用其配合使用。

A. 安全带　　　　　　　　B. 梯子　　　　　　　　　C. 手套

4. 绝缘手套属于（　　）安全用具。

A. 辅助　　　　　　　　　B. 直接　　　　　　　　　C. 基本

5. 电感式日光灯镇流器的内部是（　　）。

A. 电子电路　　　　　　　B. 线圈　　　　　　　　　C. 振荡电路

6. Ⅱ类手持电动工具是带有（　　）绝缘的设备。

A. 防护　　　　　　　　　B. 基本　　　　　　　　　C. 双重

7. 熔断器的额定电流（　　）电动机的启动电流。

A. 大于　　　　　　　　　B. 等于　　　　　　　　　C. 小于

8. 导线的中间接头采用铰接时，先在中间互铰（　　）圈。

A.2　　　　　　　　　　　B.1　　　　　　　　　　　C.3

9. 下列材料不能作为导线使用的是（　　）。

A. 铜绞线　　　　　　　　B. 钢绞线　　　　　　　　C. 铝绞线

10. 三相四线制的零线的截面积一般（　　）相线截面积。

A. 小于　　　　　　　　　B. 大于　　　　　　　　　C. 等于

11. 确定正弦量的三要素为（　　）。

A. 相位、初相位、相位差　B. 最大值、频率、初相角　C. 周期、频率、角频率

答案： 1. A；2. A；3. A；4. A；5. B；6. C；7. C；8. C；9. B；10. A；11. B

12. 建筑施工工地的用电机械设备（　　）安装漏电保护装置。

A. 应　　　　　　　　　　B. 不应　　　　　　　　　　C. 没规定

13. 在易燃、易爆危险场所，电气设备应安装（　　）的电气设备。

A. 安全电压　　　　　　　B. 密封性好　　　　　　　　C. 防爆型

14. 图┤├是（　　）触点。

A. 延时闭合动合　　　　　B. 延时断开动合　　　　　　C. 延时断开动断

15. 如果触电者心跳停止，有呼吸，应立即对触电者施行（　　）急救。

A. 仰卧压胸法　　　　　　B. 胸外心脏按压法　　　　　C. 俯卧压背法

16. 线路或设备的绝缘电阻的测量是用（　　）测量。

A. 万用表的电阻挡　　　　B. 兆欧表　　　　　　　　　C. 接地摇表

17. 钳形电流表测量电流时，可以在（　　）电路的情况下进行。

A. 短接　　　　　　　　　B. 断开　　　　　　　　　　C. 不断开

18. 电容器在用万用表检查时指针摆动后应该（　　）。

A. 保持不动　　　　　　　B. 逐渐回摆　　　　　　　　C. 来回摆动

19. 日光灯属于（　　）光源。

A. 气体放电　　　　　　　B. 热辐射　　　　　　　　　C. 生物放电

20. 电烙铁用于（　　）导线接头等。

A. 锡焊　　　　　　　　　B. 铜焊　　　　　　　　　　C. 铁焊

21. 保护线（接地或接零线）的颜色按标准应采用（　　）。

A. 蓝色　　　　　　　　　B. 红色　　　　　　　　　　C. 黄绿双色

22. 变压器和高压开关柜，防止雷电侵入产生破坏的主要措施是（　　）。

A. 安装避雷线　　　　　　B. 安装避雷器　　　　　　　C. 安装避雷网

23. 感应电流的方向总是使感应电流的磁场阻碍引起感应电流的磁通的变化，这一定律称为（　　）。

A. 法拉第定律　　　　　　B. 特斯拉定律　　　　　　　C. 楞次定律

24. 电机在正常运行时的声音，是平稳、轻快、（　　）和有节奏的。

A. 均匀　　　　　　　　　B. 尖叫　　　　　　　　　　C. 摩擦

25. 应装设报警式漏电保护器而不自动切断电源的是（　　）。

A. 招待所插座回路　　　　B. 生产用的电气设备　　　　C. 消防用电梯

26. 主令电器很多，其中有（　　）。

A. 接触器　　　　　　　　B. 行程开关　　　　　　　　C. 热继电器

27. 在民用建筑物的配电系统中，一般采用（　　）断路器。

A. 电动式　　　　　　　　B. 框架式　　　　　　　　　C. 漏电保护

28.（　　）仪表由固定的线圈、可转动的铁芯及转轴、游丝、指针、机械调零机构等组成。

A. 电磁式　　　　　　　　B. 磁电式　　　　　　　　　C. 感应式

29. 照明线路熔断器的熔体的额定电流取线路计算电流的（　　）倍。

A.0.9　　　　　　　　　　B.1.1　　　　　　　　　　　C.1.5

答案：12. A；13. C；14. B；15. B；16. B；17. C；18. B；19. A；20. A；21. C；22. B；23. C；24. A；
25. C；26. B；27. C；28. A；29. B

30. 在铝绞线中加入钢芯的作用是（　　）。

A. 提高导电能力　　　　　B. 增大导线面积　　　　　C. 提高机械强度

31. 在三相对称交流电源星形连接中，线电压超前于所对应的相电压（　　）。

A.120°　　　　　　　　B.30°　　　　　　　　C.60°

32. PN 结两端加正向电压时，其正向电阻（　　）。

A. 大　　　　　　　　B. 小　　　　　　　　C. 不变

33. 电动机定子三相绕组与交流电源的连接叫接法，其中 Y 为（　　）。

A. 星形接法　　　　　　B. 三角形接法　　　　　C. 延边三角形接法

34. 异步电动机在启动瞬间，转子绕组中感应的电流很大，使定子流过的启动电流也很大，约为额定电流的（　　）倍。

A.2　　　　　　　　B.4 ～ 7　　　　　　　　C.9 ～ 10

35. 三相笼型异步电动机的启动方式有两类，既在额定电压下的直接启动和（　　）启动。

A. 转子串频敏　　　　　B. 转子串电阻　　　　　C. 降低启动电压

36. 在选择漏电保护装置的灵敏度时，要避免由于正常（　　）引起的不必要的动作而影响正常供电。

A. 泄漏电压　　　　　　B. 泄漏电流　　　　　C. 泄漏功率

37. 电容器可用万用表（　　）挡进行检查。

A. 电压　　　　　　　　B. 电流　　　　　　　　C. 电阻

38. 落地插座应具有牢固可靠的（　　）。

A. 标志牌　　　　　　B. 保护盖板　　　　　C. 开关

39. 相线应接在螺口灯头的（　　）。

A. 中心端子　　　　　　B. 螺纹端子　　　　　C. 外壳

40. 导线接头要求应接触紧密和（　　）等。

A. 牢固可靠　　　　　　B. 拉不断　　　　　C. 不会发热

41. 三个阻值相等的电阻串联时的总电阻是并联时总电阻的（　　）倍。

A.6　　　　　　　　B.9　　　　　　　　C.3

42. 行程开关的组成包括有（　　）。

A. 线圈部分　　　　　　B. 保护部分　　　　　C. 反力系统

43. 保险绳的使用应（　　）。

A. 高挂低用　　　　　　B. 低挂调用　　　　　C. 保证安全

44. 热继电器的保护特性与电动机过载特性贴近，是为了充分发挥电动机的（　　）能力。

A. 控制　　　　　　　　B. 过载　　　　　　　　C. 节流

45. 照明系统中的每一单相回路上，灯具与插座的数量不宜超过（　　）个。

A.20　　　　　　　　B.25　　　　　　　　C.30

46. 引起电光性眼炎的主要原因是（　　）。

A. 可见光　　　　　　B. 红外线　　　　　C. 紫外线

47. 万用表电压量程 2.5V 是当指针指在（　　）位置时电压值为 2.5V。

A. 满量程　　　　　　B.1/2 量程　　　　　C.2/3 量程

答案：30. C；31. B；32. B；33. A；34. B；35. C；36. B；37. C；38. B；39. A；40. A；41. B；42. C；43. A；44. B；45. B；46. C；47. A

48. 装设接地线，当检验明确无电压后，应立即将检修设备接地并（　　　）短路。

A. 两相　　　　　　　　　　B. 单相　　　　　　　　　　C. 三相

49. "禁止攀登，高压危险！"的标志牌应制作为（　　　）。

A. 红底白字　　　　　　　　B. 白底红字　　　　　　　　C. 白底红边黑字

50. 绝缘材料的耐热等级为 E 级时，其极限工作温度为（　　　）℃。

A.90　　　　　　　　　　　B.100　　　　　　　　　　　C.120

附录四　电工职业资格证部分考试试题

一、名词解释

1. 三相交流电：由三个频率相同、电势振幅相等、相位差互差 120°的交流电路组成的电力系统。

2. 电缆：由芯线（导电部分）、外加绝缘层和保护层三部分组成的电线称为电缆。

3. 二次设备：对一次设备进行监视、测量、操作、控制和保护作用的辅助设备。如各种继电器信号装置测量仪表、录波记录装置、以及遥测遥信装置和各种控制电缆小母线等。

4. 接地线：是为了在已停电的设备和线路上意外地出现电压时保证工作人员安全的重要工具。按部颁规定，接地线务必是 25mm² 以上裸铜软线制成。

5. 负荷开关：负荷开关的构造与隔离开关相似，只是加装了简单的灭弧装置。它有一个明显的断开点，有一定的断流能力，能够带负荷操作，但不能直接断开短路电流，如果需要，要依靠与它串接的高压熔断器来实现。

6. 遮栏：为防止工作人员无意碰到带电设备部分而装设备的屏护，分临时遮栏和常设遮栏两种。

7. 动力系统：发电厂、变电所及用户的用电设备，其相间以电力网及热力网（或水力）系统连接起来的总体叫做动力系统。

8. 高压验电笔：用来检查高压网络变配电设备、架空线、电缆是否带电的工具。

9. 绝缘棒：又称令克棒、绝缘拉杆、操作杆等。绝缘棒由工作头绝缘杆和握柄三部分构成。它供闭合或拉开高压隔离开关，装拆携带式接地线，以及进行测量和试验时使用。

10. 电力网：电力网是电力系统的一部分，它是由各类变电站（所）和各种不一样电压等级的输配电线路连接起来组成的统一网络。

11. 母线：电气母线是汇集和分配电能的通路设备，它决定了配电装置设备的数量，并证明以什么方式来连接发电机、变压器和线路，以及怎样与系统连接来完成输配电任务。

12. 电流互感器：又称仪用变流器，是一种将大电流变成小电流的仪器。

13. 一次设备：直接与生产电能和输配电有关的设备称为一次设备。包括各种高压断路器、隔离开关、母线、电力电缆、电压互感器、电流互感器、电抗器、避雷器、消弧线圈、并联电容器及高压熔断器等。

14. 变压器：一种静止的电气设备，是用来将某一数值的交流电压变成频率相同的另一种或几种数值不一样的交流电压的设备。

15. 跨步电压：如果地面上水平距离为 0.8m 的两点之间有电位差，当人体两脚接触该两点，则在人体上将承受电压，此电压称为跨步电压。最大的跨步电压出现在离接地体的地面水平距离 0.8m 处与接地体之间。

16. 空气断路器（自动开关）：是用手动（或电动）合闸，用锁扣持续合闸位置，由脱扣机构作用于跳闸并具有灭弧装置的低压开关，目前被广泛用于 500V 以下的交直流装置中，当电路内发生过负荷、短路、电压降低或消失时，能自动切断电路。

17. 标示牌：用来警告人们不得接近设备和带电部分，为工作人员准备的工作地点，提醒采取安全措施，以及禁止某设备或某段线路合闸通电的通告牌。可分为警告类、允许类、提示类和禁止类等。

18. 相序：就是相位的顺序，是交流电的瞬时值从负值向正值变化经过零值的依次顺序。

19. 电力系统：电力系统是动力系统的一部分，它由发电厂的发电机及配电装置、升压及降压变电所、输配电线路及用户的用电设备所组成。

20. 电流互感器：又称仪用变流器，是一种将大电流变成小电流的仪器。

二、判断题

1. 瓷柱和瓷瓶配线不适用于室内、外的明配线。（×）

2. 钢管布线一般适用于室内、外场所，但对钢管有严重腐蚀的场所不宜采用。（√）

3. 事故照明装置应由单独线路供电。（√）

4. 一般照明电源对地电压不应大于 250V。（√）

5. 拉线开关距地面一般在 2～3m。（√）

6. 高压熔断器具有定时限特性。（×）

7. 正常情况是指设备的正常启动、停止、正常运行和维修。不正常情况是指有可能发生设备故障的情况。（×）

8. 保持防爆电气设备正常运行，主要包括保持电压、电流参数不超出允许值，电气设备和线路有足够的绝缘能力。（×）

9. 地面上 1.7m 至地面以下 0.3m 的一段引下线应加保护管，采用金属保护管时，应与引下线连接起来，以减小通过雷电流时的电抗。（√）

10. 电力网是电力系统的一部分，它是由各类变电站（所）和各种不同电压等级的输、配电线路连接起来组成的统一网络。（√）

11. 每张操作票只能填写一个操作任务，每操作一项，做一个记号"√"。（√）

12. 已执行的操作票注明"已执行"。作废的操作票应注明"作废"字样。两种操作票至少要保存三个月。（√）

13. 变电站（所）倒闸操作必须由两人执行，其中对设备熟悉者做监护人。（√）

14. 在倒闸操作中若产生疑问，可以更改操作票后再进行操作。（×）

15. 填写操作票，要包括操作任务、操作顺序、发令人、操作人、监护人及操作时间等。（√）

16. 爆炸危险场所对于接地（接零）方面是没有特殊要求的。（×）

17. 为了避免短路电流的影响，电流互感器必须装熔断器。（×）

18. 使用 RL 螺旋式熔断器时，其底座的中心触点接负荷，螺旋部分接电源。（×）

19. 对于具有多台电动机负荷的线路上，熔断器熔丝的额定熔断电流应大于或等于 1.5～2.5 倍的各台电动机额定电流之和。（×）

20. 在中性点接地系统中，带有保护接地的电气设备，当发生相线碰壳故障时，若人体接

触设备外壳，仍会发生触电事故。（√）

21. 高压设备发生接地故障时，人体与接地点的安全距离为：室内应大于 4m，室外应大于 8m。（√）

22. 变压器的冷却方式有油浸自冷式、油浸风冷式、强油风冷式和强油水冷却式。（√）

23. 电气上的"地"的含义不是指大地，而是指电位为零的地方。（√）

24. 隔离开关可以拉合无故障的电压互感器和避雷器。（√）

25. 各级调度在电力系统的运行指挥中是上、下级关系。下级调度机构的值班调度员、发电厂值长、变电站值班长，在调度关系上，受上级调度机构值班调度员的指挥。（√）

26. 严禁工作人员在工作中移动或拆除围栏、接地线和标示牌。（ ）

27. 雷雨天巡视室外高压设备时，应穿绝缘靴，并不得靠近避雷器和避雷针。（√）

28. 电气设备的金属外壳接地属于工作接地。（×）

29. 用兆欧表测绝缘时，E 端接导线，L 端接地。（×）

30. 使用钳形表时，钳口两个面应接触良好，不得有杂质。（√）

31. 阀型避雷器的阀型电阻盘是非线性电阻。（√）

32. 母线停电操作时，电压互感器应先断电，送电时应先合电压互感器。（×）

33. 在电气试验工作中，必须两人进行。（√）

34. 线路停电时，必须按照断路器母线侧隔离开关、负荷侧隔离开关的顺序操作，送电时相反。（×）

35. 熟练的值班员，简单的操作可不用操作票，可凭经验和记忆进行操作。（×）

36. 心肺复苏应在现场就地坚持进行，但为了方便，也可以随意移动伤员。（×）

37. 发现杆上或高处有人触电，有条件时应争取在杆上或高处及时进行抢救。（√）

38. 带电设备着火时，应使用干粉灭火器、CO_2 灭火器等灭火，不得使用泡沫灭火器。（√）

39. 在装有漏电保护器的低压供电线路上带电作业时，可以不用穿戴绝缘手套、绝缘鞋等安保用品。（×）

40. 由于安装了漏电保护器，在金属容器内工作不必采用安全电压。（×）

41. 防止直击雷的主要措施是装设避雷针、避雷线、避雷器、避雷带。（×）

42. 变配电所内部过电压包括操作过电压、工频过电压和雷击过电压。（×）

43. 为保证安全，手持电动工具应尽量选用 I 类。（×）

44. 手持电动工具，应有专人管理，经常检查其安全可靠性。应尽量选用 II 类、III 类。（√）

45. 电压互感器二次绕组不允许开路，电流互感器二次绕组不允许短路。（×）

46. 直流电流表可以用于交流电路。（×）

47. 钳形电流表既能测交流电流，也能测量直流电流。（×）

48. 使用万用表测量电阻，每换一次欧姆挡都要把指针调零。（√）

49. 测量电流的电流表内阻越大越好。（×）

50. 电磁场强度愈大，对人体的伤害反而愈轻。（×）

51. 用万用表欧姆挡测试晶体管元件时不允许使用最高挡和最低挡。（√）

52. 无论是测直流电或交流电，验电器的氖灯泡发光情况是一样的。（×）

53. 电烙铁的保护接线端可以接线，也可不接线。（×）

54. 装临时接地线时，应先装三相线路端，然后装接地端；拆时相反，先拆接地端，后拆三相线路端。（×）

55. 电焊机的一、二次接线长度均不宜超过 20m。（×）

56. 交流电流表和电压表所指示的都是有效值。（√）

57. 绝缘靴也可作耐酸、耐碱、耐油靴使用。（×）

58. 导线的安全载流量，在不同环境温度下，应有不同数值，环境温度越高，安全载流量越大。（×）

59. 选用漏电保护器，应满足使用电源电压、频率、工作电流和短路分断能力的要求。（√）

60. 应采用安全电压的场所，不得用漏电保护器代替，如使用安全电压确有困难，须经企业安全管理部门批准，方可用漏电保护器作为补充保护。（√）

61. 手持式电动工具（除Ⅲ类外）、移动式生活日用电器（除Ⅲ类外）、其他移动式机电设备，以及触电危险性大的用电设备，必须安装漏电保护器。（√）

62. 建筑施工场所、临时线路的用电设备，必须安装漏电保护器。（√）

63. 额定动作电流不超过３０ｍA 的漏电保护器，在其他保护措施失效时，可作为直接接触的补充保护，但不能作为唯一的直接接触保护。（√）

64. 应采用安全电压的场所，不得用漏电保护器代替。（√）

65. 运行中的漏电保护器发生动作后，应根据动作的原因排除了故障，方能进行合闸操作。严禁带故障强行送电。（√）

66. 值班人员必须熟悉电气设备，单独值班人员或值班负责人还应有实际工作经验。（√）

67. 巡视配电装置，进出高压室，必须随手将门锁好。（√）

68. 试验现场应装设遮栏或围栏，向外悬挂"止步，高压危险"标示牌，并派人看守。被试设备两端不在同一地点时，另一端还应派人看守。（√）

69. 使用便携型仪器在高压回路上进行工作，需要高压设备停电或做安全措施的，不填工作票就可以单人进行。（×）

70. 值班人员在高压回路上使用钳形电流表的测量工作，应由两人进行。非值班人员测量时，应填第二种工作票。（√）

71. 使用摇表测量高压设备绝缘，可以一人进行。（×）

72. 特种作业人员需要两年复审一次。（√）

73. 电力电缆停电工作应填用第一种工作票，不需停电的工作应填用第二种工作票。（√）

74. 进入高空作业现场，应戴安全帽。高处作业人员必须使用安全带。（√）

75. 钢芯铝绞线在通过交流电时，由于交流电的集肤效应，电流实际只从铝线中流过，故其有效截面积只是铝线部分面积。（√）

76. 裸导线在室内敷设高度必须在 3.5m 以上，低于 3.5m 不许架设。（×）

77. 导线敷设在吊顶或天棚内，可不穿管保护。（×）

78. 所有穿管线路，管内接头不得多于 1 个。（×）

79. 电缆线芯有时压制成圆形、半圆形、扇形等形状，这是为了缩小电缆外形尺寸，节约原材料。（×）

80. 变电所停电时，先拉隔离开关，后切断断路器。（×）

81. 高压隔离开关在运行中，若发现绝缘子表面严重放电或绝缘子破裂，应立即将高压隔离开关分断，退出运行。（×）

82. 高压负荷开关有灭弧装置，可以断开短路电流。（×）

83. 触电的危险程度完全取决于通过人体的电流大小。（×）

84. 很有经验的电工，停电后不一定非要再用验电笔测试便可进行检修。（×）

85. 采用 36V 安全电压后，就一定能保证绝对不会再发生触电事故了。（×）

86. 低压临时照明若装设得十分可靠，也可采用"一线一地制"供电方式。（×）

87. 雨天穿用的胶鞋，在进行电工作业时也可暂作绝缘鞋使用。（×）

88. 在发生人身触电事故时，为了解救触电人，可以不经许可，即行断开有关设备的电源，但事后必须立即报告上级。（√）

89. 部分停电的工作，系指高压设备部分停电，或室内虽全部停电，而通至邻接高压室的门并未全部闭锁。（×）

90. 带电作业必须设专人监护。监护人应由有带电作业实践经验的人员担任。监护人不得直接操作。监护的范围不得超过一个作业点。（√）

91. 高压试验工作可以一人来完成。（×）

92. 高压试验填写工作票。（×）

93. 对电气安全规程中的具体规定，实践中应根据具体情况灵活调整。（×）

94. 在有易燃、易爆危险的厂房内，禁止采用铝芯绝缘线布线。（√）

95. 使用 1∶1 安全隔离变压器时，其二次端一定要可靠接地。（×）

96. 通常并联电容器组在切断电路后，通过电压互感器或放电灯泡自行放电，故变电所停电后不必再进行人工放电就可以进行检修工作。（×）

97. 异步电动机采用丫-△降压启动时，定子绕组先按△连接，后改换成丫连接运行。（×）

98. 漏电保护器对两相触电不能进行保护，对相间短路也起不到保护作用。（√）

99. 验电笔是低压验电的主要工具，用于 500～1000V 电压的检测。（×）

100. 一般对低压设备和线路，绝缘电阻应不小于 0.5MΩ，照明线路应不小于 0.25MΩ。（√）

101. 在接地网中，带有保护接地的电气设备，当发生相线碰壳故障时，若人体接触设备外壳，仍会发生触电事故。（√）

102. 单投刀闸安装时静触点放在上面接电源；动触点放在下面接负载。（√）

103. 检修刀开关时只要将刀开关拉开，就能确保安全。（×）

104. 小容量的交流接触器多采用拉长电弧的方法灭弧。（√）

105. 运行中的电容器电流超过额定值的 1.3 倍，应退出运行。（√）

106. 熔体熔断后，可以用熔断熔体的方法查找故障原因，但不能轻易改变熔体的规格。（×）

107. 电动机外壳一定要有可靠的保护接地或接零。（√）

108. 运行中电源缺相时电动机继续运转，但电流增大。（√）

109. 非铠装电缆不准直接埋设。（√）

110. 普通灯泡的表面亮度比荧光灯高。（×）

111. 每个照明支路的灯具数量不宜超过 10 个。（×）

112. 在易燃、易爆场所的照明灯具，应使用密闭形或防爆形灯具，在多尘、潮湿和有腐蚀性气体的场所的灯具，应使用防水防尘型。（√）

113. 多尘、潮湿的场所或户外场所的照明开关，应选用瓷质防水拉线开关。（√）

114. 电源相（火）线可直接接入灯具，而开关可控制地线。（×）

115. 安全电压照明变压器使用双圈变压器，也可用自耦变压器。（×）

116. 可将单相三孔电源插座的保护接地端（面对插座最上端）与接零端（面对插座最左下孔）用导线连接起来，共用一根线。（×）

117. 螺口灯头的相（火）线应接于灯口中心的舌片上，零线接在螺纹口上。（√）

118. 电动机的额定电压是指输入定子绕组的每相电压而不是线间电压。（×）

119. 停、送电操作可进行口头约时。（×）

120. 变压器停电时先停负荷侧，再停电源侧；送电时相反。（√）

121. 爆炸危险场所，按爆炸性物质状态，分为气体爆炸危险场所和粉尘爆炸危险场所两类。（√）

122. 爆炸危险场所对于接地（接零）方面是没有特殊要求的。（×）

123. 为了防止静电感应产生的高电压，应将建筑物内的金属管道、金属设备结构的钢筋等接地，接地装置可与其他接地装置共用。（√）

124. 电气安全检查一般每季度 1 次。（√）

125. 动力负荷小于 60A 时，一般选用螺旋式熔断器而不选用管式熔断器。（√）

126. 铜导线电阻最小，导电性能较差。（×）

127. 变电所停电操作，在电路切断后的"验电"工作可不填入操作票。（×）

128. 抢救触电伤员时，用兴奋呼吸中枢的尼可刹米、洛贝林，或使心脏复跳的肾上腺素等强心针剂可代替手工呼吸和胸外心脏按压两种急救措施。（×）

129. 电气设备停电后，在没有断开电源开关和采取安全措施以前，不得触及设备或进入设备的遮栏内，以免发生人身触电事故。（√）

130. 改变异步电动机电源频率就是改变电动机的转速。（√）

131. 高压验电笔是用来检查高压网络变配电设备、架空线、电缆是否带电的工具。（√）

132. 接地线是为了在已停电的设备和线路上意外地出现电压时保证工作人员安全的重要工具。按部颁规定，接地线必须是 25mm² 以上裸铜软线制成。（√）

133. 遮栏是为防止工作人员无意碰到设备带电部分而装设备的屏护，分临时遮栏和常设遮栏两种。（√）

134. 跨步电压是指如果地面上水平距离为 0.8m 的两点之间有电位差，当人体两脚接触该两点时在人体上将承受电压。（√）

135. 漏电保护器安装时，应检查产品合格证、认证标志、试验装置，发现异常情况必须停止安装。（√）

136. 漏电保护器的保护范围应是独立回路，不能与其他线路有电气上的连接。一台漏电保护器容量不够时，不能两台并联使用，应选用容量符合要求的漏电保护器。（√）

137. 漏电保护器发生故障，必须更换合格的漏电保护器。（√）

138. 对运行中的漏电保护器应进行定期检查，每月至少检查一次，并做好检查记录。检查内容包括外观检查，试验装置检查，接线检查，信号指示及按钮位置检查。（√）

139. 摆脱电流是人能忍受并能自主摆脱的通过人体的最大电流。（√）

140. 所谓触电是指当电流通过人体时，对人体产生的生理和病理的伤害。（√）

141. 电伤是电流通过人体时所造成的外伤。（√）

142. 电击是电流通过人体时造成的内部器官在生理上的反应和病变。（√）

三、填空题

1. 安全工作规程中规定：设备对地电压高于 250V 为高电压；低电压在 250V 以下；安全电压为 36V 以下；（安全电流为 10mA）以下。

2. 值班人员因工作需要移开遮栏进行工作，要求的安全距离是 10kV 时（0.7m），35kV 时

1.0m，110kV 时 1.5m，220kV 时 3.0m。

3. 雷雨天气需要巡视室外高压设备时，应（穿绝缘靴），并不得接近避雷器、避雷针和接地装置。

4. 遇有电气设备着火时，应立即将（该设备的电源切断，然后进行灭火）。

5. 电工的常用工具有钢丝钳、（螺钉旋具、电工刀、活扳手、尖嘴钳）、电烙铁和低压验电笔等。

6. 在变压器的图形符号中丫表示三相线圈（星形连接）。

7. 变电站（所）控制室内信号一般分为（电压信号、电流信号）、电阻信号。

8. 在带电设备周围严禁使用（皮尺、线尺、金属尺）进行测量。

9. 带电设备着火时应使用（干粉、1211、二氧化碳灭火器），不得使用泡沫灭火器灭火。

10. 变电站（所）常用直流电源有（蓄电池）、硅整流、电容储能。

11. 变电站（所）事故照明必须是（独立电源），与常用照明回路不能混接。

12. 高压断路器或隔离开关的拉合操作术语应是（拉开、合上）。

13. 继电保护装置和自动装置的投解操作术语应是（投入、解除）。

14. 装拆接地线的操作术语是（装设、拆除）。

15. 每张操作票只能填写一个操作任务，每操作一项，做一个记号"√"。

16. 已执行的操作票注明"已执行"。作废的操作票（应注明"作废"字样）。两种操作票至少要保存三个月。

17. 在晶体管的输出特性中有三个区域分别是（截止区、放大区）和饱和区。

18. 在电阻、电容、电感串联电路中，只有电阻是消耗电能，而（电感和电容）只是进行能量变换。

19. 变电站（所）倒闸操作必须由（两人）执行，其中对设备熟悉者做监护人。

20. 在倒闸操作中若产生疑问，不准擅自更改操作票，待向值班调度员或值班负责人报告，弄清楚后（再进行操作）。

21. 在变电站（所）操作中，不填用操作票工作的是（事故处理）、拉合开关的单一操作、拉开接地刀闸或拆除全厂仅有的一组接地线。

22. 填写操作票，要包括操作任务、操作顺序、（发令人、操作人）、监护人及操作时间等。

23. 高压设备发生接地故障时，人体接地点的安全距离：（室内应大于 4m），室外应大于 8m。

24. 电流互感器一次电流，是由一次回路的（负荷电流所决定的），它不随二次回路阻抗变化，这是与变压器工作原理的主要区别。

25. 变压器油枕的作用是调节油量、延长油的（使用寿命）。油枕的容积一般为变压器总油量的十分之一。

26. 变压器内部故障时，瓦斯继电器上接点接信号回路，下接点接（开关跳闸）回路。

27. 变压器的冷却方式有（油浸自冷式、油浸风冷式、强油风冷式）和强油水冷式。

28. 万用表的转换开关是实现（各种测量及量程的开关）。

29. 三相异步电动机的启停控制线路中需要有短路保护、过载保护和（失压保护）功能。

30. 我国电网交流电的频率是（50）Hz。

四、选择题

1. 倒闸操作票执行后，必须（B）。

A. 保存至交接班   B. 保存三个月   C. 长时间保存

2. 接受倒闸操作命令时（A）。

A. 要有监护人和操作人在场，由监护人接受

B. 只要监护人在场，操作人也可以接受

C. 可由变电站（所）长接受

3. 直流母线的正极相色漆规定为（C）。

A. 蓝　　　　　　　　　　B. 白　　　　　　　　　　C. 褚

4. 接地中线相色漆规定涂为（A）。

A、黑　　　　　　　　　　B. 紫　　　　　　　　　　C. 白

5. 电力变压器的油起（A）作用。

A. 绝缘和灭弧　　　　　　B. 绝缘和防锈　　　　　　C. 绝缘和散热

6. 继电保护装置是由（B）组成的。

A. 二次回路各元件　　　　B. 各种继电器　　　　　　C. 包括各种继电器和仪表回路

7. 相线应接在螺口灯头的（A）。

A. 中心端子　　　　　　　B. 螺纹端子　　　　　　　C. 外壳

8. 线路继电保护装置在该线路发生故障时，能迅速将故障部分切除并（B）。

A. 自动重合闸一次　　　　B. 发出信号　　　　　　　C. 将完好部分继续运行

9. 装设接地线时，应（B）。

A. 先装中相　　　　　　　B. 先装接地端，再装两边相　　C. 先装导线端

10. 戴绝缘手套进行操作时，应将外衣袖口（A）。

A. 装入绝缘手套中　　　　B. 卷上去　　　　　　　　C. 套在手套外面

11. 某线路开关停电检修，线路侧旁路运行，这时应该在该开关操作手把上悬挂（C）的标示牌。

A. 在此工作　　　　　　　B. 禁止合闸　　　　　　　C. 禁止攀登、高压危险

12. 变电站（所）设备接头和线夹的最高允许温度为（A）。

A. 85℃　　　　　　　　　B. 90℃　　　　　　　　　C. 95℃

13. 电流互感器的外皮最高允许温度为（B）。

A. 60℃　　　　　　　　　B. 75℃　　　　　　　　　C. 80℃

14. 电力电缆不得过负荷运行，在事故情况下，10kV 以下电缆只允许连续（C）运行。

A. 1h 过负荷 35%　　　　B. 1.5h 过负荷 20%　　　　C. 2h 过负荷 15%

15. 两只额定电压相同的电阻，串联接在电路中，则阻值较大的电阻（A）。

A. 发热量较大　　　　　　B. 发热量较小　　　　　　C. 没有明显差别

16. 万用表的转换开关是实现（A）。

A. 各种测量种类及量程的开关

B. 万用表电流接通的开关

C. 接通被测物的测量开关

17. 绝缘棒平时应（B）。

A. 放置平稳

B. 使它们不与地面和墙壁接触，以防受潮变形

C. 放在墙角

18. 绝缘手套的测验周期是（B）。

A. 每年一次　　　　　　　B. 六个月一次　　　　　　C. 五个月一次

19. 绝缘靴的试验周期是（B）。

A. 每年一次　　　　　　　B. 六个月一次　　　　　　C. 三个月一次

20. 在值班期间需要移开或越过遮栏时（C）。

A. 必须有领导在场　　　　B. 必须先停电　　　　　　C. 必须有监护人在场

21. 值班人员巡视高压设备（A）。

A. 一般由两人进行　　　B. 值班员可以干其他工作　　C. 若发现问题可以随时处理

22. 下列仪表准确度等级分组中，可作为工程测量仪表使用的为（C）组。

A. 0.1，0.2　　　　　　　B. 0.5，1.0　　　　　　　C. 1.5，2.5，5.0

23. 要测量非正弦交流电的平均值，应选用（A）仪表。

A. 整流系　　　　　　　　B. 电磁系　　　　　　　C. 磁电系　　　　　　D. 电动系

24. 一块磁电系直流表，表头满标度 100A，标明需配 100A、75mV 的外附分流器，今配用一个 300A、75mV 的分流器，电流表指示 50A，实际线路中电流为（C）。

A. 50A　　　　　　　　　B. 100A　　　　　　　　　C. 150A

25. 钳形电流表使用时应先用较大量程，然后再视被测电流的大小变换量程。切换量程时应（B）。

A. 直接转动量程开关　　　B. 先将钳口打开，再转动量程开关

26. 要测量 380V 交流电动机绝缘电阻，应选用额定电压为（B）的绝缘电阻表。

A. 250V　　　　　　　　　B. 500V　　　　　　　　　C. 1000V

27. 用绝缘电阻表摇测绝缘电阻时，要用单根电线分别将线路 L 及接地 E 端与被测物连接。其中（A）端的连接线要与大地保持良好绝缘。

A. L　　　　　　　　　　　B. E

28. 一感性负载，功率为 800W，电压 220V，功率因数为 0.8，应选配功率表的量程为（B）。

A. 额定电压 150V，电流 10A　　　　　　　　B. 额定电压 300V，电流 5A

29. 银及其合金及金基合金适用于制作（C）。

A. 电阻　　　　　　　　　B. 电位器　　　　　　　C. 弱电触点　　　　D. 强电触点

30. TN-S 俗称（A）。

A. 三相五线　　　　　　　B. 三相四线　　　　　　C. 三相三线

31. 为了检查可以短时停电，在触及电容器前必须（A）。

A. 充分放电　　　　　　　B. 长时间停电　　　　　　C. 冷却之后

32. （A）是登杆作业时必备的保护用具，无论用登高板或脚扣都要其配合使用。

A、安全带　　　　　　　　B. 梯子　　　　　　　　C. 手套

33. Ⅱ类手持电动工具是带有（C）绝缘的设备。

A. 防护　　　　　　　　　B. 基本　　　　　　　　C. 双重

34. 熔断器的额定电流（C）电动机的启动电流。

A. 大于　　　　　　　　　B. 等于　　　　　　　　C. 小于

35. 导线的中间接头采用铰接时，先在中间互铰（C）圈。

A. 2　　　　　　　　　　　B. 1　　　　　　　　　　C. 3

36. 下列材料不能作为导线使用的是（B）。

A. 铜铰线　　　　　　　　B. 钢铰线　　　　　　　C. 铝铰线

37. 如果触电者心跳停止，有呼吸，应立即对触电者施行（B）急救。

A. 仰卧压胸法　　　　　　　B. 胸外心脏按压法　　　　　　C. 俯卧压背法

38. 线路或设备的绝缘电阻的测量是用（B）测量。

A. 万用表的电阻挡　　　　　B. 兆欧表　　　　　　　　　　C. 接地摇表

39. 钳形电流表测量电流时，可以在（C）电路的情况下进行。

A. 短接　　　　　　　　　　B. 断开　　　　　　　　　　　C. 不断开

40. 电烙铁用于（A）导线接头等。

A. 锡焊　　　　　　　　　　B. 铜焊　　　　　　　　　　　C. 铁焊

41. 保护线（接地或接零线）的颜色按标准应采用（C）。

A. 蓝色　　　　　　　　　　B. 红色　　　　　　　　　　　C. 黄绿双色

42. 电机在正常运行时的声音是平稳、轻快、（A）和有节奏的。

A. 均匀　　　　　　　　　　B. 尖叫　　　　　　　　　　　C. 摩擦

43. 三相四线制的零线的截面积一般（A）相线截面积。

A. 小于　　　　　　　　　　B. 大于　　　　　　　　　　　C. 等于

44. 确定正弦量的三要素为（B）。

A. 相位、初相位、相位差　　B. 最大值、频率、初相角

C. 周期、频率、角频率

45. 建筑施工工地的用电机械设备（A）安装漏电保护装置。

A. 应　　　　　　　　　　　B. 不应　　　　　　　　　　　C. 没规定

46. 在易燃、易爆危险场所，电气设备应安装（C）的电气设备。

A. 安全电压　　　　　　　　B. 密封性好　　　　　　　　　C. 防爆型

47. 在民用建筑物的配电系统中，一般采用（C）断路器。

A. 电动式　　　　　　　　　B. 框架式　　　　　　　　　　C. 漏电保护

48. 照明线路熔断器的熔体的额定电流取线路计算电流的（B）倍。

A. 0.9　　　　　　　　　　　B. 1.1　　　　　　　　　　　　C. 1.5

49. 电动机定子三相绕组与交流电源的连接叫接法，其中丫为（A）。

A. 星形接法　　　　　　　　B. 三角形接法　　　　　　　　C. 延边三角形接法

50. 三相笼型异步电动机的启动方式有两类，既在额定电压下的直接启动和（C）启动。

A. 转子串频敏　　　　　　　B. 转子串电阻　　　　　　　　C. 降低启动电压

五、简答题

1. 为什么变压器的低压绕组在里边，而高压绕组在外边？

答：变压器高低压绕组的排列方式，是由多种因素决定的。但就大多数变压器来讲，是把低压绕组布置在高压绕组的里边。这主要是从绝缘方面考虑的。理论上，不管高压绕组或低压绕组怎样布置，都能起变压作用。但因为变压器的铁芯是接地的，由于低压绕组靠近铁芯，从绝缘角度容易做到。如果将高压绕组靠近铁芯，则由于高压绕组电压很高，要达到绝缘要求，就需要很多的绝缘材料和较大的绝缘距离。这样不但增大了绕组的体积，而且浪费了绝缘材料。由于变压器的电压调节是靠改变高压绕组的抽头，即改变其匝数来实现的，因此把高压绕组安置在低压绕组的外边，引线也较容易。

2. 三相异步电动机是怎样转起来的？

答：当三相交流电流通入三相定子绕组后，在定子腔内便产生一个旋转磁场。转动前静止

不动的转子导体在旋转磁场作用下，相当于转子导体相对地切割磁场的磁力线，从而在转子导体中产生了感应电流（电磁感应原理）。这些带感应电流的转子导体在磁场中便会发生运动（电流的效应——电磁力）。由于转子内导体总是对称布置的，因而导体上产生的电磁力正好方向相反，从而形成电磁转矩，使转子转动起来。由于转子导体中的电流是定子旋转磁场感应产生的，因此也称感应电动机。又由于转子的转速始终低于定子旋转磁场的转速，所以又称为异步电动机。

3. 电焊机在使用前应注意哪些事项？

答：新的或长久未用的电焊机，常由于受潮使绕组间、绕组与机壳间的绝缘电阻大幅度降低，在开始使用时容易发生短路和接地，造成设备和人身事故。因此在使用前，应用摇表检查其绝缘电阻是否合格。启动新电焊机前，应检查电气系统接触器部分是否良好，认为正常后，可在空载下启动试运行。证明无电气隐患时，方可在负载情况下试运行，最后才能投入正常运行。直流电焊机应按规定方向旋转，对于带有通风机的要注意风机旋转方向是否正确，应使风由上方吹出，以达到冷却电焊机的目的。

4. 中小容量异步电动机一般都有哪些保护？

答：短路保护：一般熔断器就是短路保护装置。

失压保护：磁力启动器的电磁线圈在启动电动机控制回路中起失压保护作用。

自动空气开关、自耦降压补偿器一般都装有失压脱扣装置，以便在短路和失压情况下对电动机起过载保护。

过载保护：热继电器就是电动机的过载保护装置。

5. 电缆穿入电缆管时有哪些规定？

答：敷设电缆时，若需将电缆穿入电缆管时应符合下列规定：

① 铠装电缆与铅包电缆不得穿入同一管内；

② 一极电缆管只允许穿入一根电力电缆；

③ 电力电缆与控制电缆不得穿入同一管内；

④ 裸铅包电缆穿管时，应将电缆穿入段用麻或其他柔软材料保护，穿送时不得用力过猛。

6. 母线的相序排列及涂漆颜色是怎样规定的？

答：母线的相序排列（观察者从设备正面所见）原则如下：

① 从左到右排列时，左侧为A相，中间为B相，右侧为C相；

② 从上到下排列时，上侧为A相，中间为B相，下侧为C相；

③ 从远至近排列时，远为A相，中间为B相，近为C相；

④ 涂色：A—黄色，B—绿色，C—红色，中性线不接地紫色，正极—赭色，负极—蓝色，接地线—黑色。